普通高等教育"十二五"规划教材

大学物理
学习指导与训练

（第二版）

主　编　袁艳红

编　写　赵华林　璠金华
　　　　陈　锐　王相虎

主　审　苗润才

中国电力出版社
CHINA ELECTRIC POWER PRESS

内 容 提 要

本书是参照国家教委物理课程指导委员会制定的高等工业学校大学物理教学基本要求编写的与工科大学物理教学相配套的辅助性教学用书,主要针对工科非物理专业的学生应掌握的物理基础知识,旨在使学生了解本课程的教学基本要求,明确物理基本概念和规律间的联系与区别,帮助学生掌握运用所学的知识去正确地分析问题和解决问题。本书内容包括力学、热学、电学、磁学、光学和近代物理等。每章均由基本要求、基础知识点、例题分析、单元习题四个部分组成。另外最后有自测试卷。

本书可供工科院校非物理专业的本科学生使用,也可供高等专科和高职学校的学生使用。

图书在版编目 (CIP) 数据

大学物理学习指导与训练/袁艳红主编. —2 版.—北京:中国电力出版社,2014.10
普通高等教育"十二五"规划教材
ISBN 978 - 7 - 5123 - 6320 - 5

Ⅰ.①大… Ⅱ.①袁… Ⅲ.①物理学－高等学校－教学参考资料 Ⅳ.①O4

中国版本图书馆 CIP 数据核字(2014)第 187588 号

中国电力出版社出版、发行
(北京市东城区北京站西街 19 号 100005 http://www.cepp.sgcc.com.cn)
北京丰源印刷厂印刷
各地新华书店经售

*

2009 年 3 月第一版
2014 年 10 月第二版 2014 年 10 月北京第五次印刷
787 毫米×1092 毫米 16 开本 14.25 印张 344 千字
定价 28.00 元

前　言

　　大学物理是一门重要的基础学科，是高等工科院校基础理论课程，物理学的基本理论渗透到自然科学的许多领域，它是自然科学的核心，是新技术的源泉。在培养技术应用型人才的创新意识和科学素养中具有重要的作用和地位。

　　目前有办学特色的技术应用型大学，使用的教材与其他高校相同，都是优秀教材，这类书中的习题对这类学校的学生有一定的难度，为了帮助技术应用型工科院校非物理专业的在校学生掌握大学物理基础知识，特编写了《大学物理学习指导与训练》。在内容的选取上，紧扣工科学生应必备的物理基础知识，强化物理观念和规律间的联系，通过对典型例题的分析和讲解使学生能正确运用所学的知识分析问题和解决问题。并且精选了由浅到深与基本要求相符的习题供学生练习。

　　"基本要求"部分，根据《高等工业学校大学物理教学基本要求》，结合工科物理教学特点而编写。它扼要地指出了每章中哪些基本概念和定律必须掌握和熟练运用，哪些内容必须理解，哪些只需要了解一下即可。

　　"基础知识点"部分，为了使学生明了每章主要知识之间的联系，对每一章的重点内容做了概括性、综合性的阐述，对应掌握的基础知识和应用时应该注意的地方作了较为细致的分析。

　　"例题分析"部分，通过适量的典型例题来阐述基本物理规律、定理、定律的应用和解题方法，以及在应用过程中的注意事项，在解题过程中，力求做到思路清晰、条理清楚。书中不少例题都有一题多解，可以开拓学生的思维，引导学生深入钻研，对每一道题所涉及的物理内容有一个透彻的理解，而不是仅满足于得出一个正确的答案。

　　"单元习题"部分，精选了由浅到深与基本要求相符的习题，其中包括选择题、填空题和计算题，书后附有每道题的答案。做习题是大学物理学习过程中必不可少的一环，通过必要的解题基本训练，可以使学生巩固所学到的基础知识，加深对物理概念和定律的理解，掌握解题的技巧和方法，培养分析问题、解决问题的能力，提高运用所学的理论解决实际问题的能力，扩大知识面。

　　"自测试卷"部分由 10 套自测试卷组成，其中五套包含力学和热学内容，另五套包含电磁学、光学和近代物理的内容，可以供学生在学完内容后进行巩固和自我检测之用。

　　《大学物理学习指导与训练》着力于训练和培养学生的科学思维方法，提高学生分析问题和解决问题的能力，帮助学生把大学物理这门基础课学得扎扎实实，有利于学生学习成绩取得长足的进步。

　　陕西师范大学苗润才教授在百忙之中审阅了全部书稿，提出了许多重要的建议和修改意见，在此表示感谢。

　　限于编者水平，书中难免有不妥之处，望读者批评指正。

编　者

2014 年 6 月

目　录

第1章 质点运动学

1.1 基本要求

（1）掌握描述质点运动状态的方法，建立运动学的基本概念：质点、参考系、位置矢量、位移、路程、速度、加速度等。

（2）熟练掌握质点运动学的两类问题，用求导法由已知的运动学方程求速度和加速度；用积分法由已知质点的运动速度或加速度求质点的运动学方程。

（3）熟悉和掌握速度和加速度在直角坐标系和自然坐标系中的表达形式，加深对速度与加速度的瞬时性、矢量性等基本特性的理解。

（4）掌握圆周运动的角量表示及角量与线量之间的关系。

（5）加深对运动相对性的理解，掌握相对运动概念以及相应的速度合成公式。

1.2 基础知识点

1. 质点

当描述一个物体的运动，可以忽略它的大小、内部结构等时，这个物体便可视为质点。一个物体能否看作质点，主要决定于所研究的问题的性质。

2. 参考系

参考系是为描述物体的运动而选的标准物。

3. 运动学方程

运动学方程表示质点位置随时间的变化而变化

$$\vec{r} = \vec{r}(t)$$

用直角坐标表示

$$\begin{cases} x = x(t) \\ y = y(t) \\ z = z(t) \end{cases}$$

位移

$$\Delta \vec{r} = \vec{r}(t + \Delta t) - \vec{r}(t)$$

4. 速度和加速度

速度是描述物体运动状态的物理量，表示位置随时间的变化率。加速度是描述物体运动状态变化的物理量，表示速度随时间的变化率。

$$\vec{v} = \frac{d\vec{r}}{dt}, \vec{a} = \frac{d\vec{v}}{dt} = \frac{d^2\vec{r}}{dt^2}$$

在直角坐标系中

$$\vec{v} = v_x\vec{i} + v_y\vec{j} + v_z\vec{k} = \frac{dx}{dt}\vec{i} + \frac{dy}{dt}\vec{j} + \frac{dz}{dt}\vec{k}$$

$$\vec{a} = a_x\vec{i} + a_y\vec{j} + a_z\vec{k} = \frac{dv_x}{dt}\vec{i} + \frac{dv_y}{dt}\vec{j} + \frac{dv_z}{dt}\vec{k} = \frac{d^2x}{dt^2}\vec{i} + \frac{d^2y}{dt^2}\vec{j} + \frac{d^2z}{dt^2}\vec{k}$$

在自然坐标系中

$$\vec{v} = v\vec{e}_t = \frac{dS}{dt}\vec{e}_t$$

$$\vec{a} = a_t\vec{e}_t + a_n\vec{e}_n = \frac{dv}{dt}\vec{e}_t + \frac{v^2}{\rho}\vec{e}_n$$

5. 圆周运动

运动学方程（角坐标）

$$\theta = \theta(t)$$

角位移

$$\Delta\theta = \theta(t + \Delta t) - \theta(t)$$

角速度

$$\omega = \frac{d\theta}{dt}$$

角加速度

$$\alpha = \frac{d\omega}{dt} = \frac{d^2\theta}{dt^2}$$

角量与线量之间的关系

$$v = r\omega, \quad a_t = r\alpha, \quad a_n = r\omega^2$$

6. 相对运动

一质点相对于两个相对平动参照系的速度间的关系为

$$\vec{v} = \vec{v}' + \vec{u}$$

该式称为质点的速度变换关系式，也叫做伽利略速度变换式。式中 $\vec{v}$ 为质点相对于绝对坐标系（定坐标系）的运动速度，叫做绝对速度；$\vec{u}$ 为动坐标系相对于定坐标系平动的速度，叫做牵连速度；$\vec{v}'$ 为质点相对于动坐标系的运动速度，叫做相对速度。

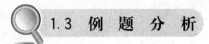 1.3 例题分析

例1. 下列说法不正确的是_____。　　　　　　　　　　　　　　（　）

(A) 加速度恒定不变，物体的运动方向也有可能变化

(B) 加速度恒定不变，物体的运动方向不变

(C) 当物体的速度为零时，加速度可以不为零

(D) 质点做曲线运动时，质点速度大小的变化产生切向加速度，速度的方向的变化产生法向加速度

[答案]：(B)

[解析]：物体做平抛运动时，加速度为重力加速度 $\vec{g}$ 恒定不变，但是物体的运动方向始终在改变，因而选项（B）有误。

例 2. 下列四种运动形式中，加速度保持不变的运动是_____。( )

(A) 单摆运动 (B) 匀速圆周运动

(C) 平抛运动 (D) 行星的椭圆轨道运动

[答案]：(C)

[解析]：在这四种运动中，只有平抛运动的加速度为重力加速度 g，保持大小、方向不变。

例 3. 已知质点的直线运动方程为 $x=2+2t-t^2$，则质点在第 2 秒末速度的大小为_____。

[答案]：8m/s

[解析]：由公式 $v=\dfrac{\mathrm{d}x}{\mathrm{d}t}=4-2t$，当 $t=2$ 时，$v=-2\mathrm{m/s}$，所以 $|v|=2\mathrm{m/s}$。

例 4. 质点沿半径为 R 的圆周运动，运动方程 $\theta=3+t^2$（SI，国际单位制的简称），则 t 时刻质点的法向加速度 $a_\mathrm{n}=$_____；角加速度 $\alpha=$_____。

[答案]：$4t^2R\mathrm{m/s}$，$2\mathrm{m/s^2}$

[解析]：由于角速度可由圆周运动的方程求导得到，即公式 $\omega=\dfrac{\mathrm{d}\theta}{\mathrm{d}t}=2t$，又由于 $a_\mathrm{n}=\omega^2R$，所以

$$a_\mathrm{n}=4t^2R$$

$$\alpha=\frac{\mathrm{d}\omega}{\mathrm{d}t}=2$$

例 5. 一质点作直线运动，其运动方程为 $x=2+2t-t^2$，式中 t 的单位为 s，x 的单位为 m。试求：从 $t=0$ 到 $t=4\mathrm{s}$ 时间间隔内质点位移的大小和它走过的路程。

[解]：位移大小为

$$|\Delta x|=|x|_{t=4}-x|_{t=0}|=8\mathrm{m}$$

对 x 求极值

$$\frac{\mathrm{d}x}{\mathrm{d}t}=2-2t=0$$

可得 $t=1\mathrm{s}$，即质点在 $t=0$ 到 $t=1\mathrm{s}$ 内沿 x 正向运动，然后反向运动。

分段计算

$$\Delta x_1=x|_{t=1}-x|_{t=0}=1\mathrm{m}$$

$$|\Delta x_2|=|x|_{t=4}-x|_{t=1}|=9\mathrm{m}$$

路程为

$$\Delta x_1+|\Delta x_2|=10\mathrm{m}$$

例 6. 一质点沿 oy 轴作直线运动，它在 t 时刻的坐标是 $y=4.5t^2-2t^3$，式中 t 的单位为 s，y 的单位为 m。试求：

(1) $t=1\sim2\mathrm{s}$ 内质点的位移、平均速度和 2s 末的瞬时速度；

(2) $t=1\sim2\mathrm{s}$ 内质点平均加速度和 2s 末的瞬时加速度。

[解]：(1) 位移为

$$\Delta y=y|_{t=2}-y|_{t=1}=2-2.5=-0.5\mathrm{m}$$

平均速度为

$$\bar{v}_y = \frac{\Delta y}{\Delta t} = \frac{-0.5}{1} = -0.5\text{m/s}$$

瞬时速度

$$v_y = \frac{\mathrm{d}y}{\mathrm{d}t} = 9t - 6t^2 \qquad\qquad (1)$$

将 $t=2\text{s}$ 代入式（1）得

$$v_y|_{t=2} = -6\text{m/s}$$

（2）由式（1）可知

$$\Delta v_y = v_y|_{t=2} - v_y|_{t=1} = -6 - 3 = -9\text{m/s}$$

平均加速度为

$$\bar{a}_y = \frac{\Delta v_y}{\Delta t} = \frac{-9}{1} = -9\text{m/s}^2$$

瞬时加速度为

$$a_y = \frac{\mathrm{d}v_y}{\mathrm{d}t} = 9 - 12t \qquad\qquad (2)$$

将 $t=2\text{s}$ 代入式（2）得

$$a_y|_{t=2} = -15\text{m/s}^2$$

例 7. 某质点在 xy 平面上作加速运动，加速度 $\vec{a} = 3\vec{i} + 2\vec{j}\ \text{m/s}^2$。在零时刻的速度为 0，位置矢量 $\vec{r}_0 = 5\vec{i}\ \text{m}$。试求：

（1）t 时刻的速度和位移矢量；

（2）质点在平面上的轨迹方程。

[解]：（1）t 时刻的速度 $\vec{v}$ 为

$$\mathrm{d}\vec{v} = \vec{a}\,\mathrm{d}t = (3\vec{i} + 2\vec{j})\mathrm{d}t$$

积分得

$$\int_0^{\vec{v}} \mathrm{d}\vec{v} = \int_0^t (3\vec{i} + 2\vec{j})\mathrm{d}t$$

因此

$$\vec{v} = 3t\vec{i} + 2t\vec{j}\ \text{m/s}$$

t 时刻的位移矢量 $\vec{r}$ 为

$$\mathrm{d}\vec{r} = \vec{v}\,\mathrm{d}t = (3t\vec{i} + 2t\vec{j})\mathrm{d}t$$

$$\int_{\vec{r}_0}^{\vec{r}} \mathrm{d}\vec{r} = \int_0^t (3t\vec{i} + 2t\vec{j})\mathrm{d}t$$

因此

$$\vec{r} = \vec{r}_0 + (1.5t^2\vec{i} + t^2\vec{j}) = (5 + 1.5t^2)\vec{i} + t^2\vec{j}\ \text{m}$$

（2）由 $\vec{r}$ 的表达式可得

$$\begin{cases} x = 5 + \dfrac{3}{2}t^2 \\ y = t^2 \end{cases}$$

消去两式中的 t，便得轨迹方程

$$y = \frac{2}{3}x - \frac{10}{3}$$

例 8. 已知一质点由静止出发，它的加速度在 x 轴和 y 轴上的分量分别为 $a_x=10t$，$a_y=15t^2$，式中 t 的单位为 s，a_x、a_y 的单位为 m/s²。试求：5s 时质点的速度和位矢。

[**解**]：取质点的出发点为坐标原点。由题意知质点的加速度为

$$a_x = \frac{\mathrm{d}v_x}{\mathrm{d}t} = 10t \tag{1}$$

$$a_y = \frac{\mathrm{d}v_y}{\mathrm{d}t} = 15t^2 \tag{2}$$

由初始条件 $t=0$ 时，$v_{0x}=v_{0y}=0$，对式（1）、式（2）分别积分，有

$$v_x = \int_0^t 10t\mathrm{d}t = 5t^2 \tag{3}$$

$$v_y = \int_0^t 15t^2\mathrm{d}t = 5t^3 \tag{4}$$

即

$$\vec{v} = 5t^2\vec{i} + 5t^3\vec{j} \tag{5}$$

将 $t=5$s 代入式（5）有

$$\vec{v} = 125\vec{i} + 625\vec{j}\,\mathrm{m/s^2}$$

又由速度的定义及初始条件 $t=0$ 时，$x_0=y_0=0$，对式 (3)、式 (4) 分别积分，有

$$x = \int_0^t 5t^2\mathrm{d}t = \frac{5}{3}t^3$$

$$y = \int_0^t 5t^3\mathrm{d}t = \frac{5}{4}t^4$$

即

$$\vec{r} = \frac{5}{3}t^3\vec{i} + \frac{5}{4}t^4\vec{j} \tag{6}$$

将 $t=5$s 代入式（6）有

$$\vec{r} = \frac{625}{3}\vec{i} + \frac{3125}{4}\vec{j}\,\mathrm{m}$$

例 9. 某一质点以初速度 v_0 作一维运动，所受阻力与其速度成正比，试求当质点速度为 $\frac{v_0}{n}$（$n>1$）时，质点经过的距离与质点所能行经的总距离之比。

[**解**]：取一维坐标 ox，原点 $x=0$ 为质点在 $t=0$ 时刻以初速度 v_0 开始运动的位置。

由题意，质点的加速度可表示为

$$a = -kv$$

式中 k 为大于零的常数。

由加速度的定义，作变量替换有

$$a = \frac{\mathrm{d}v}{\mathrm{d}t} = \frac{\mathrm{d}x}{\mathrm{d}t}\frac{\mathrm{d}v}{\mathrm{d}x} = v\frac{\mathrm{d}v}{\mathrm{d}x} = -kv$$

即

$$\mathrm{d}v = -k\mathrm{d}x$$

由初始条件 $x=0$，$v=v_0$ 有

$$\int_{v_0}^v \mathrm{d}v = -k\int_0^x \mathrm{d}x$$

积分得

$$v = v_0 - kx \tag{1}$$

由速度的定义及式（1）有

$$\frac{\mathrm{d}x}{v_0 - kx} = \mathrm{d}t$$

由初始条件 $t=0$，$x=0$，积分得

$$\ln \frac{v_0 - kx}{v_0} = -kt$$

即

$$x = \frac{v_0}{k}(1 - e^{-kt}) \tag{2}$$

由式（2）知，质点所能行经的最大距离为

$$x_{\max} = \frac{v_0}{k}$$

由题意及式（1）得

$$x = \frac{1}{k}\left(v_0 - \frac{v_0}{n}\right) = \frac{v_0}{k}\left(1 - \frac{1}{n}\right)$$

故

$$\frac{x}{x_{\max}} = 1 - \frac{1}{n}$$

例 10. 一质点运动方程为 $\vec{r} = 2t\,\vec{i} - 3t^2\vec{j}$，式中 t 的单位为 s，$\vec{r}$ 的单位为 m。试求：

（1）$t=2$s 时质点的速度和加速度；

（2）在 $t=1$s 到 $t=2$s 内质点的平均速度；

（3）$t=1$s 时质点的切向加速度和法向加速度的大小。

[**解**]：（1）由题意得

$$\vec{v} = \frac{\mathrm{d}\vec{r}}{\mathrm{d}t} = 2\vec{i} - 6t\,\vec{j}$$

$$\vec{a} = \frac{\mathrm{d}\vec{v}}{\mathrm{d}t} = -6\vec{j}$$

故 $t=2$s 时，速度为

$$\vec{v}\,|_{t=2} = 2\vec{i} - 12\vec{j} \ \mathrm{m/s}$$

加速度为

$$\vec{a}\,|_{t=2} = -6\vec{j} \ \mathrm{m/s^2}$$

（2）在 $t=1\sim2$s 内质点的位移为

$$\Delta\vec{r} = \vec{r}(2) - \vec{r}(1) = 2\vec{i} - 9\vec{j}$$

故平均速度为

$$\frac{\Delta\vec{r}}{\Delta t} = 2\vec{i} - 9\vec{j} \ \mathrm{m/s}$$

（3）由于速度为

$$\vec{v} = 2\vec{i} - 6t\,\vec{j}$$

故速率为

$$v = 2\sqrt{1+9t^2}$$

切向加速度的大小

$$a_t = \frac{dv}{dt} = \frac{18t}{\sqrt{1+9t^2}}$$

而加速度

$$\vec{a} = -6\vec{j} \ \text{m/s}^2$$

加速度大小

$$a = 6 \text{m/s}^2$$

所以当 $t=1$s 时质点的切向加速度的大小为

$$a_t = \frac{9}{5}\sqrt{10} \ \text{m/s}^2$$

法向加速度的大小为

$$a_n = \sqrt{a^2 - a_t^2} = \frac{3}{5}\sqrt{10} \ \text{m/s}^2$$

例 11. 质点做圆周运动，轨道半径 $R=0.2$m，以角量表示的运动方程为 $\theta = 10\pi t + \frac{1}{2}\pi t^2$，式中 t 的单位为 s，θ 的单位为 rad。试求：

(1) 第 3s 末的角速度和角加速度；

(2) 第 3s 末的切向加速度和法向加速度的大小。

[**解**]：(1)
$$\theta = 10\pi t + \frac{1}{2}\pi t^2$$

$$\omega = 10\pi + \pi t \tag{1}$$

$$\alpha = \pi \tag{2}$$

将 $t=3$s 代入式 (1)、式 (2)，得

$$\omega = 13\pi \ \text{rad/s}$$

$$\alpha = \pi \ \text{rad/s}^2$$

(2)
$$a_t = R\alpha = 0.2\pi \ \text{m/s}^2$$

$$a_n = R\omega^2 = 33.8\pi^2 \ \text{m/s}^2$$

例 12. 设有一架飞机从 A 处向东飞到 B 处，然后又向西飞回到 A 处，飞机相对空气保持不变的速率 v'，而空气相对于地面的速率为 u，A 与 B 间的距离为 l。在下列两种情况下，试求飞机来回飞行的时间。

(1) 空气的速度向东；

(2) 空气的速度向北。

[**解**]：取地面为绝对参照系，空气为相对参照系。

(1) 由速度变换定理，飞机由 A 到 B 向东飞行时的速度大小为

$$v_{AB} = v' + u$$

由 B 到 A 向西飞行时的速度大小为

$$v_{BA} = v' - u$$

因此，飞机往返飞行的所需时间为

$$t = t_{AB} + t_{BA} = \frac{l}{v'+u} + \frac{l}{v'-u} = \frac{2l}{v'[1-(u/v')^2]}$$

（2）当空气的速度 $\vec{u}$ 向北时，飞机相对于地面的飞行速度 $\vec{v}$ 及飞机相对空气的速度 $\vec{v}'$ 与 $\vec{u}$ 间相对运动关系有

$$\vec{v} = \vec{v}' + \vec{u}$$

因此，飞机相对地面飞行的速度大小为

$$v = \sqrt{v'^2 - u^2}$$

故，飞机往返飞行所需时间

$$t = t_{AB} + t_{BA} = \frac{2l}{v} = \frac{2l}{\sqrt{v'^2 - u^2}}$$

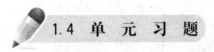

1.4　单元习题

一、选择题

1. 一运动质点在时刻 t 位于位矢 $\vec{r}(x, y)$ 的末端处，其速度大小为　　　　（　　）

(A) $\dfrac{\mathrm{d}r}{\mathrm{d}t}$　　　　　(B) $\dfrac{\mathrm{d}|\vec{r}|}{\mathrm{d}t}$　　　　　(C) $\dfrac{\mathrm{d}\vec{r}}{\mathrm{d}t}$　　　　(D) $\sqrt{\left(\dfrac{\mathrm{d}x}{\mathrm{d}t}\right)^2 + \left(\dfrac{\mathrm{d}y}{\mathrm{d}t}\right)^2}$

2. 质点做半径为 R 的匀速率圆周运动，每 T 秒转一圈。在 $3T$ 时间间隔内其平均速度与平均速率分别为　　　　　　　　　　　　　　　　　　　　　　　　　（　　）

(A) $\dfrac{2\pi R}{T}$，$\dfrac{2\pi R}{T}$　　(B) 0，$\dfrac{2\pi R}{T}$　　　(C) 0，0　　　(D) $\dfrac{2\pi R}{T}$，0

3. 质点作曲线运动，位置矢量 $\vec{r}$，路程 s，a_t 为切向加速度，a 为加速度大小，v 为速率，则有　　　　　　　　　　　　　　　　　　　　　　　　　　　　　（　　）

(A) $a = \dfrac{\mathrm{d}v}{\mathrm{d}t}$　　　　(B) $v = \dfrac{\mathrm{d}\vec{r}}{\mathrm{d}t}$　　　　(C) $v = \dfrac{\mathrm{d}s}{\mathrm{d}t}$　　　(D) $a_t = \left|\dfrac{\mathrm{d}\vec{v}}{\mathrm{d}t}\right|$

4. 质点运动规律为 $\dfrac{\mathrm{d}v}{\mathrm{d}t} = -\alpha v^2 t$（常量 $\alpha > 0$）。已知当 $t = 0$ 时，初速度为 v_0，则 $v-t$ 关系为　　　　　　　　　　　　　　　　　　　　　　　　　　　　　　　（　　）

(A) $v = \dfrac{1}{2}\alpha t^2 + v_0$　　　　　　(B) $v = -\dfrac{1}{2}\alpha t^2 + v_0$

(C) $\dfrac{1}{v} = \dfrac{1}{2}\alpha t^2 + \dfrac{1}{v_0}$　　　　　(D) $\dfrac{1}{v} = -\dfrac{1}{2}\alpha t^2 + \dfrac{1}{v_0}$

5. 一质点做半径为 R 的圆周运动，其路程 $s = v_0 t + a t^2$，其中 v_0、a 均为正的常量，则 t 时刻质点的加速度大小为　　　　　　　　　　　　　　　　　　　　　　　（　　）

(A) $2a$　　　　　　　　　　　(B) $\dfrac{(v_0 + 2at)^2}{R}$

(C) $\dfrac{v_0^2}{R}$　　　　　　　　　　(D) $\sqrt{4a^2 + \dfrac{(v_0 + 2at)^4}{R^2}}$

二、填空题

1. 一质点沿直线运动，其坐标 x 与时间 t 的关系为 $x = Ae^{-\beta t}\cos\omega t$，其中 A、β 均为常数，则任意时刻 t 时，质点的加速度 $a =$ _____。

2. 一物体沿直线运动，运动方程为 $y=A\sin\omega t$，其中 A、ω 均为常数，则物体的速度与时间的函数关系式为_____，物体的速度与坐标的函数关系式为_____。

3. 一质点的直线运动方程为 $x=8t-t^2$(SI)，则在 $t=0\sim5$s 的时间间隔内，质点的位移为_____，在这段时间间隔内质点走过的路程为_____。

4. 一质点做平面曲线运动，其速率 v 与路程 s 的关系为 $v=2+2s^2$ (SI)，则其切向加速度的表达式（以路程 s 表示）为 $a_t=$_____。

5. 在 oxy 平面内运动的一质点，其运动方程为 $\vec{r}=5\cos5t\,\vec{i}+5\sin5t\,\vec{j}$ (SI)，则 t 时刻其速度 $\vec{v}=$_____，其切向加速度 $a_t=$_____，法向加速度 $a_n=$_____。

三、计算题

1. 粒子按规律 $x=t^3-3t^2-9t+5$（SI）沿 x 轴运动，在哪个时间间隔它沿着 x 轴正向运动？在哪个时间间隔沿着 x 轴负向运动？在哪个时间间隔加速？在哪个时间间隔减速？

2. 一质点的运动学方程 $x=t$，$y=4t^2$（SI），试求：

(1) t 时刻质点的速度和加速度；

(2) 轨迹方程。

3. 一质点的加速度 $\vec{a}=2\vec{i}-2t\vec{j}$ （SI），$t=0$ 时，$\vec{v_0}=2\vec{j}$ m/s，$\vec{r_0}=5\vec{i}$ m，求任意时刻质点的速度和运动方程。

4. 一质点沿 y 轴作直线运动，其速度大小 $v_y=8+3t^2$ （SI），质点的初始位置在 y 轴正方向 10m 处，试求：

(1) $t=2$s 时，质点的加速度；

(2) 质点的运动方程；

(3) 第 2s 内的平均速度。

5. 一物体沿 x 轴作直线运动，其加速度为 $a=-kv^2$，k 是常数。在 $t=0$ 时，$v=v_0$，$x=0$。试求：

(1) 速率随坐标变化的规律；

(2) 坐标和速率随时间变化的规律。

6. 一质点的运动学方程 $x=t^2$，$y=(t-1)^2$ （SI），试求：

(1) 质点的轨迹方程；

(2) 在 $t=2$s 时，质点的速度和加速度；

(3) t 时刻质点的切向和法向加速度的大小。

7. 一圆盘半径为 3m，它的角速度在 $t=0$ 时为 3.33πrad/s，以后均匀地减小，到 $t=4$s 时角速度变为零。试求：圆盘边缘上一点在 $t=2$s 时的切向加速度和法向加速度的大小。

8. 一辆带篷的卡车，雨天在平直公路上行驶，司机发现：车速过小时，雨滴从车后斜向落入车内；车速过大时，雨滴从车前斜向落入车内。已知雨滴相对地面的速度大小为 v，方向与水平面夹角为 α，试求：

(1) 车速为多大时，雨滴恰好不能落入车内？

(2) 此时雨滴相对车厢的速度为多大？

9. 一质点在半径为 0.10m 的圆周上运动，其角坐标为 $\theta=2+4t^3$，式中 θ 的单位为 rad，

t 的单位为 s。

（1）求在 $t=2.0$s 时质点的法向加速度和切向加速度；

（2）当切向加速度的大小恰等于总加速度大小的 1/2 时，θ 值为多少？

（3）t 为多少时，法向加速度和切向加速度的值相等？

10．一无风的下雨天，一列火车以 $v_1=20.0$m/s 的速度匀速前进，在车内的旅客看见玻璃窗外的雨滴和垂线成 75° 角下降，求雨滴下落的速度 v_2（设下降的雨滴做匀速运动）。

第2章　牛　顿　定　律

2.1　基　本　要　求

（1）掌握牛顿运动定律，树立牛顿运动定律是经典力学中的基本原理的观念。

（2）熟练掌握常见的几种力（如万有引力、重力、弹性力、摩擦力等）及其计算方法。

（3）能熟练地应用牛顿运动定律分析和解决基本力学问题，包括涉及弹簧和静摩擦力等的问题。理解牛顿运动定律的适用范围。

2.2　基　础　知　识　点

1. 牛顿运动定律

第一定律：任何物体都要保持其静止或匀速直线运动状态，直到外力迫使它改变运动状态为止。第一定律给出了惯性和力的概念以及惯性系的定义。

第二定律：物体动量随时间的变化率 $\dfrac{\mathrm{d}\vec{p}}{\mathrm{d}t}$ 等于作用于物体的合外力 $\vec{F}$，即

$$\vec{F} = \frac{\mathrm{d}\vec{p}}{\mathrm{d}t} = \frac{\mathrm{d}(m\vec{v})}{\mathrm{d}t}$$

当 m 为常量时，上式可写成

$$\vec{F} = m\frac{\mathrm{d}\vec{v}}{\mathrm{d}t} = m\vec{a}$$

在直角坐标系中

$$\vec{F} = m\frac{\mathrm{d}v_x}{\mathrm{d}t}\vec{i} + m\frac{\mathrm{d}v_y}{\mathrm{d}t}\vec{j} + m\frac{\mathrm{d}v_z}{\mathrm{d}t}\vec{k} = ma_x\vec{i} + ma_y\vec{j} + ma_z\vec{k}$$

在自然坐标系中

$$\vec{F} = m\vec{a} = m(\vec{a}_t + \vec{a}_n) = m\frac{\mathrm{d}v}{\mathrm{d}t}\vec{e}_t + m\frac{v^2}{\rho}\vec{e}_n$$

第三定律：两个物体之间的作用力 $\vec{F}$ 和 $\vec{F}'$，沿同一直线，大小相等，方向相反，分别作用在两个物体上。数学表达式为

$$\vec{F} = -\vec{F}'$$

2. 几种常见的力

万有引力：$\vec{F} = -G\dfrac{m_1 m_2}{r^2}\vec{e}_r$，式中 $G = 6.67\times10^{-11}\,\mathrm{N\cdot m^2/kg}$，$\vec{F}$ 为由 m_1 施于 m_2 的万有引力，$\vec{e}_r$ 为由 m_1 指向 m_2 的单位矢量。

重力：$\vec{p} = m\vec{g}$，式中 $g = 9.8\,\mathrm{m/s^2}$

弹性力：由物体形变而产生的。由于形变的原因不同，有弹簧中的弹性力、相互接触物体间的压力或支持力、绳中的张力等。

摩擦力：一般可分为静摩擦力、滑动摩擦力、滚动摩擦力。静摩擦力：$F_{f0} \leqslant F_{f0m} = \mu_0 F_N$，$\mu_0$ 为静摩擦因数。滑动摩擦力：$F_f = \mu F_N$，μ 为动摩擦因数。

3. 用牛顿运动定律解题的基本思路

（1）选取研究对象；

（2）隔离物体，受力分析，并画出受力分析图；

（3）建立坐标系；

（4）列出物体的运动方程并解之；

（5）讨论解的合理性。

2.3 例 题 分 析

例 1. 下列说法错误的是　　　　　　　　　　　　　　　　　　　　（　　）

（A）作用力和反作用力是一对平衡力

（B）作用力和反作用力是属于同种性质的力

（C）作用力和反作用分别作用在不同的物体上

（D）作用力和反作用力同时产生，同时消失

［答案］：（A）

［解析］：要求能够区分作用力、反作用力和一对平衡力这两个不同概念。一对平衡力是作用在同一个物体上的两个力，这两个力可以是不同性质的力，并且可以单独存在。

例 2. 用水平力 F_N，把一个物体压着靠在粗糙的竖直墙面上保持静止，当 F_N 逐渐增大时，物体所受的静摩擦力 F_f 的大小　　　　　　　　　　　　　　　（　　）

（A）不为零，但保持不变

（B）随 F_N 成正比地增大

（C）开始随 F_N 增大，达到某一最大值后，就保持不变

（D）无法确定

［答案］：（A）

［解析］：当 F_N 逐渐增大时，水平方向，物体与墙面间的支持力和压力都将逐渐增大；竖直方向，物体仍然保持静止，$F_f = mg$，即 F_f 不为零，大小为 mg，保持不变。

例 3. 一质点在力 $F = 5m(5-2t)$（SI 制）的作用下，$t=0$ 时，从静止开始作直线运动，式中，m 为质点质量，t 为时间。则当 $t=5\text{s}$，质点的速率为　　　　　　（　　）

（A）25m/s　　　　（B）-50m/s　　　　（C）0　　　　（D）50m/s

［答案］：C

［解析］：由牛顿第二定律

$$a = \frac{F}{m} = 5(5-2t)$$

因为

$$a = \frac{\mathrm{d}v}{\mathrm{d}t}$$

所以

$$\frac{\mathrm{d}v}{\mathrm{d}t} = 5(5 - 2t)$$

积分

$$\int_0^v \mathrm{d}v = \int_0^5 5(5 - 2t)\,\mathrm{d}t$$

$$v = 25t - 5t^2 \big|_0^5 = 0 - 0 = 0$$

例 4. 如图 2-1 所示,大小为 15N,与水平方向夹角 $\theta = 40°$ 的力 F,将一个质量为 3.5kg 的物块沿水平地板推动。物块与地板间的动摩擦因数是 0.25。求:

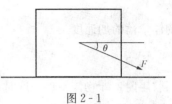

图 2-1

(1) 地板对物块的摩擦力;

(2) 物块的加速度。

[解]:(1) 竖直方向,物块对地面的压力为 $mg + F\sin\theta$,因此

$$f = \mu(mg + F\sin\theta) = 0.25 \times (3.5 \times 9.8 + 15 \times \sin40°) = 11\text{N}$$

(2) 水平方向,合外力为 $F\cos\theta - f$,由牛顿第二定律

$$a = \frac{F_{合}}{m} = \frac{F\cos\theta - f}{m} = \frac{15 \times \cos40° - 11}{3.5} = 0.14\text{m/s}^2$$

例 5. 质量 $m = 10\text{kg}$ 的物体沿 x 轴无摩擦地运动,设 $t = 0$ 时物体位于原点,速度为零(即 $x_0 = 0$,$v_0 = 0$)。$F = 3 + 4x$,式中 x 的单位为 m,F 的单位为 N。试求:物体在该力作用下运动到 3m 处的加速度及速度的大小。

[解]:由牛顿第二定律得

$$a = \frac{F}{m} \tag{1}$$

将 $x = 3\text{m}$,$m = 10\text{kg}$ 代入式(1)得

$$a = 1.5\text{m/s}^2$$

因为

$$a = \frac{\mathrm{d}v}{\mathrm{d}t} = \frac{\mathrm{d}x}{\mathrm{d}t}\frac{\mathrm{d}v}{\mathrm{d}x} = v\frac{\mathrm{d}v}{\mathrm{d}x}$$

所以

$$v\mathrm{d}v = a\mathrm{d}x$$

两边积分并代入初始条件得

$$\int_0^v v\mathrm{d}v = \int_0^x a\mathrm{d}x = \int_0^x \frac{3 + 4x}{m}\mathrm{d}x$$

解得

$$v = \sqrt{\frac{2(3x + 2x^2)}{m}} \tag{2}$$

将 $x = 3\text{m}$,$m = 10\text{kg}$ 代入式(2)得

$$v = 2.3\text{m/s}$$

例 6. 空气对自由落体的阻力决定于许多因素,一个有用的近似假设是,空气对物体的阻力的值为 $f = -kv$,其中 k 为大于零的常数。就物体在空气中由静止开始的自由下落考虑,并将 y 轴的正方向取为竖直向下。

（1）试证：物体运动的收尾速度（即物体不再加速时的速度）为 $v_T = \dfrac{mg}{k}$；

（2）试求：速度随时间变化的关系式。

[解]：（1）物体在下落过程中除受重力外，还受空气阻力。因此，其 y 方向的合力为 $mg - kv$。根据牛顿第二定律，有

$$mg - kv = m\frac{\mathrm{d}v}{\mathrm{d}t} = ma \tag{1}$$

物体下落的加速度

$$a = \frac{mg - kv}{m} \tag{2}$$

当收尾时，即物体不再加速时：$a = 0$。由式（2）得

$$v_T = \frac{mg}{k}$$

（2）由式（1）得

$$\frac{\mathrm{d}v}{mg - kv} = \frac{1}{m}\mathrm{d}t$$

故

$$\int_0^v \frac{\mathrm{d}v}{mg - kv} = \int_0^t \frac{1}{m}\mathrm{d}t$$

积分，有

$$\ln\frac{mg - kv}{mg} = -\frac{k}{m}t$$

得

$$v = \frac{mg}{k}(1 - \mathrm{e}^{-\frac{k}{m}t}) = v_T(1 - \mathrm{e}^{-\frac{k}{m}t})$$

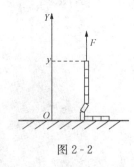

图 2-2

例 7. 有一条单位长度质量为 λ 的匀质细绳，开始时盘绕在光滑的水平桌面上（其所占的体积可忽略不计）。试求：现以一恒定的加速度 $\vec{a}$ 竖直向上提绳，当提起 y 高度时，作用在绳端上的力为多少？

[解]：取坐标 OY，如图 2-2 所示，以已提起的高度为 y 的细绳为研究对象，由牛顿第二定律，有

$$F - \lambda yg = \frac{\mathrm{d}(\lambda yv)}{\mathrm{d}t}$$

即

$$F = \lambda yg + \lambda v^2 + \lambda ya \tag{1}$$

当 $\vec{a}$ 为恒量时，由 $a = v\dfrac{\mathrm{d}v}{\mathrm{d}y}$ 及 $y = 0$ 时 $v = 0$，可得

$$v^2 = 2ay \tag{2}$$

将式（2）代入式（1）得

$$F = \lambda yg + 2\lambda ya + \lambda ya = \lambda y(g + 3a)$$

例 8. 如图 2-3 所示，质量为 20kg 的小球被挂在倾角 $\theta = 30°$ 的光滑斜面上，试求：当斜面以加速度 $a = \dfrac{1}{3}g$ 沿水平方向左运动时，绳中的张力及小球对斜面的正压力。

[解]：选取小球为研究对象，小球受到重力 mg，绳子对小球的拉力 T 和斜面对小球的支持力 N，各力的方向如图图 2 - 3 所示，并选如图所示的坐标系。

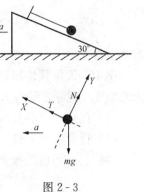

由牛顿运动定律得

$$T - mg\sin\theta = ma\cos\theta \tag{1}$$

$$N - mg\cos\theta = -ma\sin\theta \tag{2}$$

由式（1）得张力的大小为

$$T = mg\sin\theta + ma\cos\theta \approx 154.6\text{N}$$

方向如图所示。

图 2 - 3

由式（2）得斜面对小球的支持力的大小为

$$N = mg\cos\theta - ma\sin\theta \approx 136.0\text{N}$$

方向如图所示。

由牛顿第三定律可知，小球对斜面的压力的大小也为 136.0N，方向与支持力方向相反。

例 9. 如图 2 - 4 所示，一货箱在倾角 $\theta = 30°$ 的斜面上以初速度 $v_0 = 4.9\text{m/s}$ 上滑，货箱与斜面之间的动摩擦系数为 $\mu = 0.64$，试求：货箱的加速度和滑到最高点所经过的位移？并判断货箱到达最高点后是否下滑？

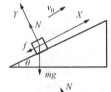
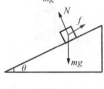

[解]：选取货箱为研究对象，小球受到重力 mg，斜面对货箱的支持力 N 和斜面对货箱的摩擦力 f，各力的方向如图 2 - 4 所示，并选如图所示的坐标系。

根据牛顿第二定律，货箱运动的动力学方程的分量式为

$$-mg\sin\theta - f = ma$$

$$N - mg\cos\theta = 0$$

图 2 - 4

其中

$$f = \mu N$$

解得

$$a = -g\sin\theta - \mu g\cos\theta$$

已知：$\theta = 30°$，$\mu = 0.64$，$g = 9.8\text{m/s}^2$

得

$$a = -10.3\text{m/s}^2$$

到最高点的位移，根据

$$v^2 - v_0^2 = 2ax$$

得

$$x = \frac{v^2 - v_0^2}{2a} = \frac{-v_0^2}{2a} \approx 1.17\text{m}$$

判断是否下滑：受力发生了变化，要下滑就需要

$$mg\sin\theta > f$$

$$mg\sin\theta = 0.5mg$$

$$f_m = f = \mu mg\cos\theta = 0.55mg$$

所以

$$mg\sin\theta < f$$

不能下滑。

例 10. 设摩托快艇以速率 v_0 行驶，它受到的摩擦阻力与速度平方成正比，设比例系数为常数 k，则可表示为 $F=-kv^2$。设摩托快艇的质量为 m，当摩托快艇发动机关闭后，求：

（1）任意时刻的速度；

（2）任意时刻的位置。

[解]：（1）由牛顿第二定律，有

$$a = \frac{F}{m} = -\frac{k}{m}v^2$$

另 $\frac{k}{m}=k'$，则

$$a = -k'v^2$$

因为

$$a = \frac{\mathrm{d}v}{\mathrm{d}t}$$

所以

$$\frac{\mathrm{d}v}{\mathrm{d}t} = -k'v^2$$

积分，得

$$\int_{v_0}^{v} \frac{\mathrm{d}v}{v^2} = -k'\int_0^t \mathrm{d}t$$

$$\frac{1}{v_0} - \frac{1}{v} = -k't$$

任意时刻的速度

$$v = \frac{v_0}{1+v_0k't} = \frac{mv_0}{m+v_0kt}$$

（2）因为

$$v = \frac{\mathrm{d}x}{\mathrm{d}t} = \frac{v_0}{1+v_0k't}$$

积分

$$\int_0^x \mathrm{d}x = \int_0^t \frac{v_0}{1+v_0k't}\mathrm{d}t$$

任意时刻的位置

$$x = \frac{1}{k'}\ln(1+v_0k't) = \frac{m}{k}\ln\left(1+\frac{k}{m}v_0t\right)$$

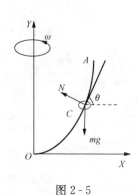

图 2-5

例 11. 有一曲杆 OA 可绕纵轴 OY 转动，如图 2-5 所示，杆上有一小圆环 C 可无摩擦地沿着曲杆自由滑动。当杆以某一角速度 ω 转动时，若要使圆环 C 相对于曲杆不动，试求：曲杆 OA 的几何方程 $y=f(x)$ 的表达式。

[解]： 由题意取直角坐标系如图所示。设小环 C 的质量为 m，

受力情况如图2-5所示，由牛顿运动定律得

在 x 方向上

$$N\sin\theta = mx\omega^2 \tag{1}$$

在 y 方向上

$$N\cos\theta - mg = 0 \tag{2}$$

两式相除得

$$\tan\theta = \frac{\omega^2}{g}x = \frac{\mathrm{d}y}{\mathrm{d}x}$$

因此

$$\mathrm{d}y = \frac{\omega^2}{g}x\,\mathrm{d}x \tag{3}$$

由题知，$x=0$ 时 $y=0$，故对式（3）积分，有

$$y = \frac{\omega^2}{2g}x^2$$

即曲杆 OA 的几何形状为一抛物线。

例 12. 一根均匀的轻质细绳，一端拴一质量为 m 的小球，在铅直平面内绕定点 O 做半径为 R 的圆周运动，已知 $t=0$ 时，小球在最低点以初速度 v_0 运动，如图 2-6 所示。试求：

（1）小球速率与位置的关系；

（2）小球在任一点所受的绳子张力与速率的关系。

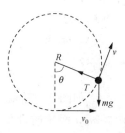

图 2-6

[**解**]：（1）在任一点处，小球的受力如图 2-6 所示，在自然坐标系中其运动方程为

在切向

$$-mg\sin\theta = m\frac{\mathrm{d}v}{\mathrm{d}t} \tag{1}$$

在法向

$$T - mg\cos\theta = m\frac{v^2}{R} \tag{2}$$

由式（1）有

$$-g\sin\theta = \frac{\mathrm{d}\theta}{\mathrm{d}t}\frac{\mathrm{d}v}{\mathrm{d}\theta} = \frac{v}{R}\frac{\mathrm{d}v}{\mathrm{d}\theta}$$

即

$$v\,\mathrm{d}v = -Rg\sin\theta\,\mathrm{d}\theta \tag{3}$$

对式（3）积分，并由已知条件 $\theta=0$ 时，$v=v_0$ 得

$$v^2 = v_0^2 - 2gR(1-\cos\theta) \tag{4}$$

（2）由式（4）得

$$g\cos\theta = g + \frac{v^2 - v_0^2}{2R}$$

代入式（2）得

$$T = mg + \frac{m(3v^2 - v_0^2)}{2R}$$

2.4 单元习题

一、选择题

1. 如图 2-7 所示，两个质量分别为 m_A 和 m_B 的物体 A、B，一起在水平面上沿 x 轴正向做匀减速直线运动，加速度大小为 a，A 与 B 间的静摩擦因数为 μ，则 A 作用于 B 的静摩擦力 $\vec{F}$ 的大小和方向分别为   (   )

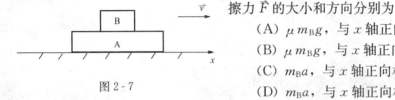

图 2-7

(A) $\mu m_B g$，与 x 轴正向相反

(B) $\mu m_B g$，与 x 轴正向相同

(C) $m_B a$，与 x 轴正向相同

(D) $m_B a$，与 x 轴正向相反

2. 如图 2-8 所示，竖直墙面与固定斜面都是光滑的，那么质量为 m 的小球对斜面作用力的大小为   (   )

(A) $mg\sin\alpha$ (B) $mg\cos\alpha$

(C) $\dfrac{mg}{\sin\alpha}$ (D) $\dfrac{mg}{\cos\alpha}$

3. 如图 2-9 所示，一轻绳跨过一个定滑轮，两端系一质量分别为 m_1 和 m_2 的重物，且 $m_1 > m_2$，滑轮质量及一切摩擦不计，此时重物的加速度大小为 a。今用一竖直向下的恒力 $F = m_1 g$ 代替质量为 m_1 的重物，质量为 m_2 的重物的加速度为 a'，则   (   )

(A) $a' = a$ (B) $a' > a$

(C) $a' < a$ (D) 不能确定

4. 如图 2-10 所示，两物体 A 和 B 的质量分别为 m_1 和 m_2，相互接触放在光滑水平面上，物体受到水平推力 F 的作用，则物体 A 对 B 的作用力大小等于   (   )

(A) $\dfrac{m_1}{m_1 + m_2}F$ (B) F (C) $\dfrac{m_2}{m_1 + m_2}F$ (D) $\dfrac{m_2}{m_1}F$

5. 如图 2-11 所示，用长 l 的细线系住质量为 m 的小球。让细线与竖直方向的夹角为 θ，使小球在水平面内匀速率转动，则小球转动的周期为   (   )

(A) $\sqrt{\dfrac{l}{g}}$ (B) $\sqrt{\dfrac{l\cos\theta}{g}}$ (C) $2\pi\sqrt{\dfrac{l\cos\theta}{g}}$ (D) $2\pi\sqrt{\dfrac{l}{g}}$

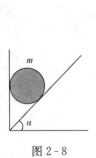   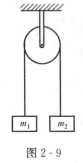   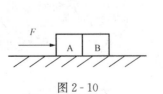   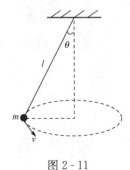

图 2-8   图 2-9   图 2-10   图 2-11

二、填空题

1. 如图 2-12 所示，竖立的圆筒形转笼，半径为 R，绕中心轴 OO' 转动，物块 A 紧靠在圆筒的内壁上，物块与圆筒间的摩擦系数为 μ，要使物块 A 不下落，圆筒转动的角速度 ω 至少应为_____。

2. 如图 2-13 所示，平行于斜面向上的恒力 $\vec{F}$ 把质量为 m 的物体拉上去，其加速度等于物体下滑的加速度。设斜面不光滑，摩擦系数 $\mu = \frac{\sqrt{3}}{6}$，倾角 $\alpha = 30°$，则物体受到的滑动摩擦力大小为_____，力 $\vec{F}$ 大小为_____。

3. 如图 2-14 所示，质量为 m 的木块用平行于斜面的细线拉着放置在光滑斜面上。若斜面向右方做减速运动，当绳中张力为零时，木块的加速度大小为_____，若斜面向右方做加速运动，当木块刚脱离斜面时，木块的加速度大小为_____。

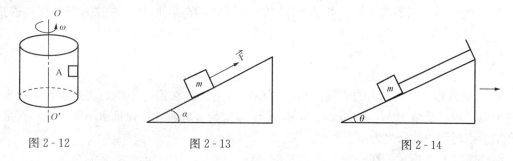

图 2-12   图 2-13   图 2-14

4. 质量为 m_1、m_2 和 m_3 的三个物体放在水平面上，其间用水平的细绳相连。物体与水平面之间的滑动摩擦因数为 μ。今有一水平恒力 F 作用在 m_1 上使物体运动起来，如图 2-15 所示。则 A、B 两段绳中的张力分别为 $T_A =$_____，$T_B =$_____。

5. 质量为 m 的物体系于长度为 R 的绳子一端，在铅直平面内绕另一固定端做圆周运动，如图 2-16 所示。设某一时刻绳子与铅直向上的方向成 θ 角时，物体的瞬时速度大小为 v。则该时刻绳中的张力为_____，该时刻物体的切向加速度为_____。

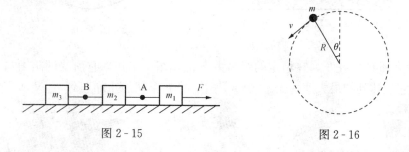

图 2-15   图 2-16

三、计算题

1. 一质量为 10kg 的质点在力 $F = 120t - 40$（SI）作用下，沿 x 轴作直线运动，在 $t = 0$ 时，质点位于 4m 处，速度为 6m/s，试求：质点在任意时刻的速度和位置。

2. 轻型飞机连同驾驶员总质量为 1.0×10^3 kg，飞机以 60m/s 的速率在水平跑道上着陆后驾驶员开始制动，若阻力与时间成正比，比例系数 $\alpha = 5.0 \times 10^2$ N/s，试求：

(1) 10s 后飞机的速率；

（2）飞机着陆后 10s 内滑行的距离。

3. 卡车本身连同所载人员、货物共 4t。车身在钢板弹簧上振动，其位移满足规律 $y=0.08\sin4\pi t$ （SI），试求：卡车对弹簧的压力。

4. 质量为 m 的子弹以速度 v_0 水平射入固定的木块中，子弹所受阻力与子弹速度大小成正比，方向相反，比例系数为 k，不考虑子弹的重力。试求：

（1）射入木块后子弹的速度随时间变化的表达式；

（2）子弹射入木块的最大深度。

5. 跳伞员与装备的质量共为 m，从伞塔上跳下时立即张伞，可以粗略地认为张伞时速度为零，此后空气阻力与速率平方成正比，即 $R=kv^2$。试求：跳伞员的运动速率 v 随时间 t 变化的规律和极限速率 v_T。

6. 如图 2 - 17 所示，一质量为 m，角度为 θ 的劈形斜面 A，置于粗糙的水平面上，有一质量为 m 的物体 B 沿斜面下滑。如 A、B 间的摩擦因数为 μ，且 B 下滑时 A 始终保持静止。试求：

（1）物体 B 的下滑加速度；

（2）斜面 A 对地面的压力。

7. 一桶内盛水，系于绳的一端，并绕 O 点以角速度 ω 在铅直平面内匀速旋转。设水的质量为 m，桶的质量为 M，圆周半径为 R，问：ω 应为多大时才能保证水不流出来？在最高点和最低点时绳中的张力为多大？

8. 如图 2 - 18 所示，在一只半径为 R 的半球形碗内，有一质量为 m 的小球，当小球以角速度 ω 在水平面内沿碗内壁作匀速圆周运动时，求：小球距碗底的高度 h。

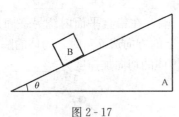
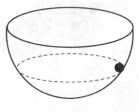

图 2 - 17　　　　　　　　　　　　图 2 - 18

9. 质量为 m 的摩托车，在恒定的牵引力 F 的作用下工作，它所受的阻力与其速率的平方成正比，它能达到的最大速率是 v_m。试计算：摩托车从静止加速到 $v_m/2$ 所需的时间以及所走过的路程。

第 3 章　动量守恒定律和能量守恒定律

3.1　基　本　要　求

（1）掌握冲量、动量的基本概念，特别是它们的矢量性。

（2）理解质点和质点系的动量定理，及其与牛顿运动定律之间的关系。

（3）理解动量守恒的条件，掌握动量定理和动量守恒定律的应用，能够综合应用其求解力学问题，特别是二维问题。

（4）正确理解功、动能、势能和机械能概念，掌握它们之间的相互关系。

（5）熟练掌握功的计算，尤其是几种常见力做功的计算，掌握变力做功的计算方法。

（6）理解质点动能定理的意义及其应用，能够利用功和能之间的关系求解一些典型的质点力学问题。

（7）掌握势能的计算方法，特别是重力势能、万有引力势能、弹簧的弹性势能的计算方法，特别注意势能零点的选择。

（8）熟练掌握机械能守恒定律及其应用，理解能量守恒定律，了解守恒定律的一般特点及其深刻意义。

3.2　基　础　知　识　点

1. 动量定理及动量守恒定律

动量定理：合外力的冲量 $\vec{I}$ 等于质点（或质点系）动量 $\vec{P}$ 的增量。

$$\sum_i \vec{F}_i \mathrm{d}t = \mathrm{d}\vec{p} = \mathrm{d}\left(\sum_i m_i \vec{v}_i\right)$$

$$\vec{I} = \vec{P} - \vec{P}_0 = \sum_i m_i \vec{v}_i - \sum_i m_i \vec{v}_{i0} = \sum_i \int_0^t \vec{F}_i \mathrm{d}t$$

动量守恒定律：系统所受合外力为零，即 $\sum_i \vec{F}_i = 0$ 时，$\sum_i m_i \vec{v}_i =$ 恒矢量。

2. 功和功率

功：质点在力 $\vec{F}$ 的作用下产生位移 $\mathrm{d}\vec{r}$，则定义力 $\vec{F}$ 和位移 $\mathrm{d}\vec{r}$ 的标积为该力做的功。当质点在力 $\vec{F}$ 作用下作有限运动，力 $\vec{F}$ 做的功为

$$W = \int_A^B \vec{F} \cdot \mathrm{d}\vec{r}$$

功率：力 $\vec{F}$ 在单位时间内所做的功，即：$P = \dfrac{\mathrm{d}W}{\mathrm{d}t} = \vec{F} \cdot \vec{v}$

几种常见力的功：

重力的功：$W = -mg(y_2 - y_1)$

万有引力的功：$W = GmM\left(\dfrac{1}{r_B} - \dfrac{1}{r_A}\right)$

弹簧弹性力的功：$W = -\left(\dfrac{1}{2}kx_2^2 - \dfrac{1}{2}kx_1^2\right)$

保守力与保守力做功：做功与相对路径无关的力，或者说沿闭合路径移动一周做功为零的力为保守力。保守力做功与物体运动路径无关。

3. 质点的动能定理

合外力对质点做的功等于质点动能的增量

$$W = \frac{1}{2}mv_2^2 - \frac{1}{2}mv_1^2$$

其微分形式为：$\mathrm{d}W = \mathrm{d}\left(\dfrac{1}{2}mv^2\right)$

质点系的动能定理：外力对质点系做的功与内力对质点系做的功之和等于质点系总动能的增量

$$\sum_i W_i = E_k - E_{k0}$$

其中：$E_k = \sum_i \dfrac{1}{2}m_i v_i^2$，$E_{k0} = \sum_i \dfrac{1}{2}m_i v_{i0}^2$

4. 动能定理的应用

确定研究对象；分析受力情况和各力的做功情况；选定研究过程；列方程；解方程并求出结果。

5. 势能

对保守力可引进势能概念。

重力势能：$E_p = mgy$，一般以 $y=0$ 的水平面上任一点为势能零点。

万有引力势能：$E_p = -G\dfrac{mM}{r}$，一般以两质点无穷远分离时为势能零点。

弹簧的弹性势能：$E_p = \dfrac{1}{2}kx^2$，一般以弹簧自然长度处为势能零点。

6. 机械能守恒定律

质点系在只有保守内力做功的情况下，系统的机械能保持不变。即

$$E_k + E_p = 常量$$

机械能守恒定律是普遍的能量守恒定律的特例，其意义在于不研究过程的细节而对系统的初、末状态下结论。

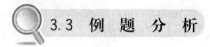

3.3 例 题 分 析

例 1. 质点不受外力作用，则　　　　　　　　　　　　　　　　　（　　）

（A）系统的动量一定守恒，机械能不一定守恒

（B）系统的机械能一定守恒，动量不一定守恒

（C）系统的机械能一定守恒，动量一定守恒

（D）系统的机械能、动量均不一定守恒

[答案]：（A）

[解析]：此题主要考察动量守恒和机械能守恒定律。题干中给定的正是动量守恒的条件，机械能守恒的条件是"如果一个系统的所用外力和非保守内力都不做功或做功之和为零"，缺少非保守内力的条件，所以机械能不一定守恒。

例 2. 两个倾角不同、高度相同、质量相等的斜面放在光滑的水平面上，斜面光滑，有两个一样的木块从这两个斜面顶点由静止开始下滑，则　　　　　　　　　　（　　）

（A）小球到达斜面底部时动量相等

（B）小球到达斜面底部时动能相等

（C）小球和斜面以及地球组成的系统机械能不守恒

（D）小球和斜面组成的系统在水平方向上动量守恒

[答案]：（D）

[解析]：根据动量守恒定律可知在水平面上动量守恒。

例 3. 一质量为 M 的小车在光滑水平面上运动，质量为 m 的物体从高为 h 的高处落在车上，此时小车的始末速度之比为＿＿＿＿＿。

[答案]：$\dfrac{m+M}{M}$

[解析]：设小车的初速度为 v_1，末速度为 v_2，根据动量守恒定律

$$Mv_1 = (m+M)v_2$$

则

$$\frac{v_1}{v_2} = \frac{m+M}{M}$$

例 4. 一质量为 m 的刚性小球，从高度为 h 处自由下落，与坚硬的地面撞击后，以相同的速率弹回，则地面给小球的冲量大小为＿＿＿＿＿。

[答案]：$2m\sqrt{2gh}$

[解析]：由质点的动量定理，$\vec{I} = \int_{t_1}^{t_2} \vec{F} dt = m\vec{v}_2 - m\vec{v}_1$，$\vec{F}$ 为地面对小球的冲力，$\vec{v}_1$ 为撞击速度，$\vec{v}_2$ 为弹回速度。设竖直向上为 y 轴正向，则 $\vec{v}_1 = -\sqrt{2gh}\,\vec{j}$，$\vec{v}_2 = \sqrt{2gh}\,\vec{j}$，所以地面给小球的冲量大小为 $|\vec{I}| = |m\vec{v}_2 - m\vec{v}_1| = |2m\sqrt{2gh}\,\vec{j}| = 2m\sqrt{2gh}$。

例 5. 已知一质点的质量 $m=1\text{kg}$，其运动的位置矢量为

$$\vec{r} = -\frac{6}{\pi}\left[\sin\left(\frac{\pi}{2}t\right)\vec{i} + \cos\left(\frac{\pi}{2}t\right)\vec{j}\right]$$

式中，t 的单位为 s，$\vec{r}$ 的单位为 m。试求：

（1）第 4s 时，质点的动量；

（2）前 4s 内，质点受到合力的冲量。

[解]：（1）由速度的定义，可得质点的速度为

$$\vec{v} = \frac{d\vec{r}}{dt} = -3\cos\left(\frac{\pi}{2}t\right)\vec{i} + 3\sin\left(\frac{\pi}{2}t\right)\vec{j}$$

因此，质点的动量

$$\vec{P} = m\vec{v} = -3\cos\left(\frac{\pi}{2}t\right)\vec{i} + 3\sin\left(\frac{\pi}{2}t\right)\vec{j} \tag{1}$$

将 $t=4\mathrm{s}$ 代入式 (1) 得

$$\vec{P}_4 = -3\vec{i}\ \mathrm{kg \cdot m/s}$$

(2) 将 $t=0$ 代入式 (1) 得

$$\vec{P}_0 = -3\vec{i}\ \mathrm{kg \cdot m/s}$$

由动量定理，前 4s 内，质点受到合力的冲量

$$\vec{I} = \vec{P}_4 - \vec{P}_0 = 0$$

例 6. 质量为 2kg 的物体在力 F 的作用下从某位置以 0.3m/s 的速度开始做直线运动，如果以该处为坐标原点，则力 F 可表示为

$$F = 0.18(x+1)$$

式中 x 的单位为 m，F 的单位为 N。试求：2s 时物体的动量和前 2s 内物体受到的冲量。

[**解**]：由动能定理的微分式

$$F\mathrm{d}x = \mathrm{d}\left(\frac{1}{2}mv^2\right)$$

有

$$0.18(x+1)\mathrm{d}x = \mathrm{d}v^2$$

积分并代入初始条件 $x=0$ 时，$v=0.3\mathrm{m/s}$，得

$$v = 0.3(x+1) \tag{1}$$

又由 $v = \dfrac{\mathrm{d}x}{\mathrm{d}t}$，得

$$\frac{\mathrm{d}x}{x+1} = 0.3\mathrm{d}t$$

积分得

$$\ln(x+1) = 0.3t$$

即

$$x = \mathrm{e}^{0.3t} - 1 \tag{2}$$

将式 (2) 代式 (1) 得

$$v = 0.3\mathrm{e}^{0.3t}$$

所以，2s 时物体的动量

$$P_2 = mv_2 = 0.6\mathrm{e}^{0.6} = 1.09\mathrm{kg \cdot m/s}$$

由动量定理，前 2s 内的冲量

$$I_2 = P_2 - P_0 = 1.09 - 0.6 = 0.49\mathrm{kg \cdot m/s}$$

例 7. 一质量为 50kg 的人站在一平底船上，人离岸 20m。现人在船上向岸走了 8m 后停下来。假设船重 200kg，船与水之间的摩擦可忽略不计。试求：人在船上停止走动时离岸的距离。

[**解**]：以地面为参照系，设人的质量为 m，绝对速度为 v；船的质量为 M，绝对速度为 V；人相对于船的速度为 u。因系统水平方向不受外力作用，故由人和船组成的系统在水平方向上动量守恒，即

$$mv + MV = 0$$

$$V = -\frac{m}{M}v$$

负号说明船运行方向与人行走方向相反。由速度合成关系得

$$v = u - \frac{m}{M}v$$

故

$$u = v + \frac{m}{M}v = \left(1 + \frac{m}{M}\right)v$$

上式对时间积分，有

$$\int_0^t u\mathrm{d}t = \left(1 + \frac{m}{M}\right)\int_0^t v\mathrm{d}t$$

其中 $\int_0^t v\mathrm{d}t$ 是人对岸运动的距离，记为 S，$\int_0^t u\mathrm{d}t$ 是人在船上走的距离，记为 S'，因此，得

$$S' = \left(1 + \frac{m}{M}\right)S$$

$$S = \frac{S'}{1 + \frac{m}{M}} = 6.4\mathrm{m}$$

人最后与岸的实际距离为

$$l = S_0 - S = 20 - 6.4 = 13.6\mathrm{m}$$

例 8. 物体按 $x = ct^2$ 作直线运动，c 为常量。运动中物体受到的阻力与速度的平方成正比，比例系数为 k。试求：物体从 $x=0$ 运动到 $x=l$ 时阻力所做的功。

[**解**]：速度为

$$v = \frac{\mathrm{d}x}{\mathrm{d}t} = 2ct$$

阻力为

$$f = -kv^2 = -4kc^2t^2 = -4kcx$$

故，阻力所做的功为

$$W = \int_0^l f\mathrm{d}x = \int_0^l -4kcx\,\mathrm{d}x = -2kcl^2$$

例 9. 力 F 作用在一个最初静止的质量为 20kg 的物体上，使物体做直线运动。已知力 $F = 30t$，式中 t 的单位为 s，F 的单位为 N。试求：该力在第 2s 内所做的功以及第 2s 末的瞬时功率。

[**解**]：由 $F = ma$ 得知物体运动的加速度为

$$a = \frac{F}{m} = \frac{3}{2}t$$

由加速度的定义，有

$$\mathrm{d}v = a\mathrm{d}t = \frac{3}{2}t\mathrm{d}t$$

代入初始条件 $t=0$ 时，$v=0$，积分得

$$v = \frac{3}{4}t^2 \tag{1}$$

将 $t=1$s 和 $t=2$s 分别代入式（1），得 1s 末的速度 $v_1 = 0.75$m/s，2s 末的速度 $v_2 = 3.0$m/s。

由动能定理得，第 2s 内的功为

$$W = \frac{1}{2}mv_2^2 - \frac{1}{2}mv_1^2 = \frac{1}{2} \times 20 \times (3.0^2 - 0.75^2) \approx 84.4\text{J}$$

第 2s 末的瞬时功率

$$P_2 = Fv_2 = 60 \times 3 = 180\text{W}$$

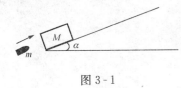

图 3 - 1

例 10. 如图 3 - 1 所示，$m = 0.05\text{kg}$ 的子弹以速度 $v_0 = 400\text{m/s}$ 的速度沿斜面方向射入静止在斜面底端 A 处的质量为 $M = 1.95\text{kg}$ 的木块，并陷在其中。设倾角 $\alpha = 30°$，试求：

（1）子弹射入木块后它们的共同速度；

（2）若物体沿斜面滑动了 2m 停下来，则摩擦力所做的功为多少？（$g = 10\text{m/s}^2$）

[解]：子弹和木块系统动量守恒

$$mv_0 = (m + M)v$$

$$v = \frac{m}{m + M} = \frac{0.05 \times 400}{1.95 + 0.05} = 10\text{m/s}$$

由功能原理

$$W_f = (m + M)gs\sin\alpha - \frac{1}{2}(m + M)v^2 = 2 \times 10 \times 2 \times \frac{1}{2} - \frac{1}{2} \times 2 \times 10^2 = -80\text{J}$$

例 11. 如图 3 - 2 所示，质量分别为 m 和 M 的两木块经劲度系数为 k 的弹簧相连，静止地放在光滑地面上。质量为 m_0 的子弹以水平初速 v_0 射入木块 m，设子弹射入过程的时间极短。试求：弹簧的最大压缩长度。

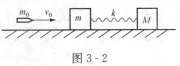

图 3 - 2

[解]：子弹与木块 m 碰撞过程中，动量守恒

$$m_0v_0 = (m_0 + m)v_{10}$$

式中 v_{10} 是碰后子弹与木块 m 的速度。故

$$v_{10} = \frac{m_0v_0}{m_0 + m} \tag{1}$$

取子弹与木块 m、木块 M、弹簧为研究系统，则碰撞后系统的机械能守恒，动量守恒。当弹簧达到最大压缩长度 x_m 时，子弹、木块 m、木块 M 速度相同，设为 v。由机械能守恒，得

$$\frac{1}{2}(m_0 + m)v_{10}^2 = \frac{1}{2}(m_0 + m + M)v^2 + \frac{1}{2}kx_\text{m}^2 \tag{2}$$

由动量守恒，得

$$m_0v_0 = (m_0 + m + M)v \tag{3}$$

联立式（1）～（3），解得最大压缩长度为

$$x_\text{m} = m_0v_0\sqrt{\frac{M}{(m_0 + m)(m_0 + m + M)k}}$$

例 12. 有两个质量均为 m 的粒子，它们之间仅有排斥力 $f = \frac{k}{r^2}$，其中常数 $k > 0$，r 为两粒子间的距离。开始时一个粒子静止，另一个粒子以速率 v_0 由无限远处向着前一个粒子运动。试求：两个粒子之间的最近距离和此时每个粒子的速率。

[解]：设两粒子相距 r 时速率分别为 v_1 和 v_2，排斥力 $f=\dfrac{k}{r^2}$ 为保守力，m_1 和 m_2 构成的系统的势能为（取 $f\to\infty$ 时为势能零点）

$$E_p(r)=\int_r^\infty \frac{k}{r^2}\mathrm{d}r=\frac{k}{r}$$

在粒子运动过程中有动量守恒和机械能守恒，即

$$mv_0=mv_1+mv_2$$

$$\frac{1}{2}mv_0^2=\frac{1}{2}mv_1^2+\frac{1}{2}mv_2^2+\frac{k}{r}$$

容易看出当 $v_1=v_2=\dfrac{1}{2}v_0$ 时，粒子间距 $r=r_{\min}$，即

$$r_{\min}=\frac{2}{v_0}\sqrt{\frac{k}{m}}$$

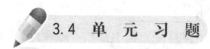

3.4　单元习题

一、选择题

1. 已知物体的质量为 m，在受到来自某一方向的冲量后，它的速度 v 保持不变而方向改变 θ 角，则这个冲量的数值是　　　　　　　　　　（　　）

(A) $2mv\cos\theta$ 　　　　　　　　　　(B) $mv\cos\theta$

(C) $2mv\cos\dfrac{\theta}{2}$ 　　　　　　　　(D) $2mv\sin\dfrac{\theta}{2}$

2. 一质量为 M 的平板车以速率 v 在水平方向滑行，质量为 m 的物体从 h 高处直落到车子里，两者合在一起后的运动速率是　　　　　　　　　　（　　）

(A) $\dfrac{Mv}{M+m}$ 　　　　　　　　　(B) $\dfrac{Mv+m\sqrt{2gh}}{M+m}$

(C) $\dfrac{m\sqrt{2gh}}{M+m}$ 　　　　　　　　(D) v

3. 速度为 v 的子弹，打穿一块不动的木板后速度变为零，设木板对子弹的阻力是恒定的。那么，当子弹射入木板的深度等于其厚度的 1/2 时，子弹的速度是　　　　　（　　）

(A) $\dfrac{1}{4}v$ 　　　(B) $\dfrac{1}{3}v$ 　　　(C) $\dfrac{1}{2}v$ 　　　(D) $\dfrac{1}{\sqrt{2}}v$

4. 在长为 l 的细绳的一端系一物体，另一端握在手中，使物体在铅直面内做圆周运动，若物体到达圆周最高点时的速率恰使绳变得松弛，此时物体具有的动能与它在圆周最低点时具有的动能之比为　　　　　　　　　　　　　　　　（　　）

(A) $\dfrac{1}{5}$ 　　　(B) $\dfrac{1}{2}$ 　　　(C) $\dfrac{\sqrt{5}}{5}$ 　　　(D) $\dfrac{\sqrt{2}}{2}$

5. 两弹性小球作对心碰撞，若碰撞是完全弹性的，则以两小球组成的系统在碰撞过程中　　　　　　　　　　　　　　　　　　　　　　　　　　（　　）

(A) 动量守恒，机械能不守恒 　　　　　(B) 动量守恒，机械能守恒

(C) 动量不守恒，机械能守恒 　　　　　(D) 动量不守恒，机械能不守恒

二、填空题

1. 质量 $m=2$kg 的质点，受合力 $\vec{F}=12t\,\vec{i}$ 的作用，沿 x 轴作直线运动。已知 $t=0$ 时，$x_0=0$，$v_0=0$，则从 $t=0\sim3$s 这段时间内，合力 $\vec{F}$ 的冲量 $\vec{I}$ 为＿＿＿＿＿，质点 3s 末速度的大小 $v=$ ＿＿＿＿＿。

2. 一质点在力 $\vec{F}=(4+5x)\vec{i}$ （SI）的作用下沿 x 轴作直线运动，在从 $x=0$ 移动到 $x=10$m 过程中，力 $\vec{F}$ 所做的功为＿＿＿＿＿。

3. 如图 3-3 所示，一质量为 m_0 的物体以速度 $\vec{v}_0$ 水平向右运动，突然炸裂成质量为 $m_1=\frac{1}{3}m_0$ 和 $m_2=\frac{2}{3}m_0$ 两块物体。设 $\vec{v}_1\perp\vec{v}_0$ 且 $v_1=2v_0$，则 m_2 的速度 $\vec{v}_2$ 的大小为＿＿＿＿＿，速度 $\vec{v}_2$ 与 $\vec{v}_0$ 所成的角度为＿＿＿＿＿。

4. 质量为 m 的质点，自 A 点无初速沿图 3-4 所示轨道滑动到 B 点停止。图中 H_1 与 H_2 分别表示 A、B 两点离水平面的高度。则质点在滑动过程中，摩擦力所做的功为＿＿＿＿＿，合外力所做的功为＿＿＿＿＿。

5. 一颗速率为 800m/s 的子弹打穿一块木板后，速度降为 600m/s，若让子弹继续穿过第二块完全相同的木板，则子弹的速率降为＿＿＿＿＿。

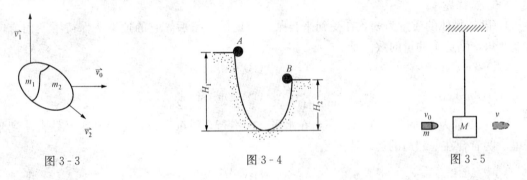

图 3-3　　　　　　　　　　　图 3-4　　　　　　　　　　　图 3-5

三、计算题

1. 如图 3-5 所示，质量 $M=1.5$kg 的物体，用一根长 $l=1.25$m 的细绳悬挂在天花板上，今有一质量 $m=10$g 的子弹以 $v_0=500$m/s 的水平速度射穿物体，刚穿出物体时子弹的速度大小 $v=30$m/s，设穿透时间极短，求：

（1）子弹穿出时绳中张力的大小；

（2）子弹在穿透过程中所受的冲量。

2. 一小车在光滑的水平面上做直线运动，小车的质量为 M，速度为 v。现在行驶的车上将一质量为 m 的物体以相对于车为 u 的速率向正前方水平抛出。试求：抛出物体后，小车的速度变化了多少？

3. 一力作用在质量为 3.0kg 的质点上。已知质点位置与时间的函数关系为：$x=3t-4t^2+t^3$ （SI）。试求：

（1）力在最初 2.0s 内所做的功；

（2）在 $t=1.0$s 时，力对质点的瞬时功率。

4. 质量为 m 的质点在外力 F 的作用下沿 x 轴运动，已知 $t=0$ 时质点位于原点，且初始速度为零。力 F 随距离线性地减小，$x=0$ 时，$F=F_0$；$x=L$ 时，$F=0$。试求：质点在 $x=$

L 处的速率。

5. 如图 3-6 所示，AB 为半径 $R=1.5\text{m}$ 的圆周的运料滑道，BC 为水平滑道，一质量为 2kg 的卵石从 A 处自静止开始下滑到 C 点时，把一端固定于 D 处，且处于原长的水平轻弹簧压缩了 $x=6\text{cm}$ 而停止。设弹簧的劲度系数为 1000N/m，卵石滑到 B 处时速度为 4m/s，B、C 间距离 $L=30\text{cm}$，试求：

图 3-6

(1) 卵石自 A 滑到 B 克服摩擦力所做的功；

(2) BC 段水平滑道的滑动摩擦系数。

6. 一木块质量 $M=1\text{kg}$，置于水平面上，一质量 $m=2\text{g}$ 的子弹以 500m/s 的速度水平击穿木块，速度减为 100m/s，木块沿水平方向滑行了 20cm。试求：

(1) 木块与水平面间的摩擦系数；

(2) 子弹的动能减少了多少。

7. 一质量 $M=10\text{kg}$ 的物体放在光滑的水平桌面上，并与一水平轻弹簧相连，弹簧的劲度系数 $k=1000\text{N/m}$。今有一质量 $m=1\text{kg}$ 的小球以水平速度 $v_0=4\text{m/s}$ 飞来，与物体 M 相撞后以 $v_0=2\text{m/s}$ 的速度弹回。试求：

(1) 弹簧被压缩的长度为多少？

(2) 若小球上涂有黏性物质，相撞后可与物体粘在一起，则弹簧被压缩的长度为多少？

8. 把弹簧的一端固定在墙上，另一端系一物体 A，当把弹簧压缩 x_0 之后，在 A 的后面再放置一个物体 B。试求：撤去外力后，

(1) A、B 分开时，B 以多大速度运动？

(2) A 最大能移动多少距离？

9. 质量为 $7.2\times10^{-23}\text{kg}$，速度为 $6.0\times10^{7}\text{m/s}$ 的粒子 A，与另一个质量为其 1/2 而静止的粒子 B 发生二维完全弹性碰撞，碰撞后粒子 A 的速率为 $5.0\times10^{7}\text{m/s}$。求：

(1) 粒子 B 的速率及相对粒子 A 原来速度方向的偏转角；

(2) 粒子 A 的偏转角。

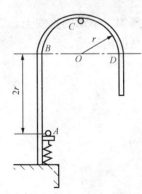

10. 如图 3-7 所示，把质量为 m 的小球放在 A 时，使弹簧被压缩 Δl。然后在弹簧的弹性力作用下，小球从位置 A 由静止被释放，小球沿轨道 $ABCD$ 运动，小球与轨道间的摩擦不计。已知 BCD 为半径 r 的半圆弧，AB 相距为 $2r$，求：弹簧劲度系数的最小值。

图 3-7

第4章　刚　体　转　动

4.1　基　本　要　求

（1）掌握刚体概念和刚体的基本运动，理解刚体运动与质点运动的区别和联系。

（2）熟练掌握刚体定轴转动的运动学规律和描述刚体定轴转动的角坐标、角位移、角速度和角加速度等概念以及它们与相关线量的关系。

（3）理解转动惯量的意义及计算方法。着重掌握刚体定轴转动的动力学方程，熟练应用刚体定轴转动定律求解定轴转动刚体以及其与质心联动的问题。

（4）会计算刚体对固定轴的角动量，并能对含有定轴转动刚体在内的系统正确应用角动量定理及角动量守恒定律。

（5）掌握力矩的功、刚体的转动动能、刚体的重力势能等的计算方法；能在有刚体定轴转动的问题中正确地应用机械能守恒定律。

4.2　基　础　知　识　点

1. 刚体及其基本运动

刚体：在外力作用下，物体的形状和大小不发生变化，即组成物体的任意两质点间的距离始终保持恒定。

刚体的平动：刚体中所有点的运动轨迹均相同，换言之刚体中的参考线总是保持平行。其特点为：对刚体上任两点 A 和 B，它们的运动轨迹相似，$v_A = v_B$；$a_A = a_B$。因此描述刚体的平动时，可用其内任一质点的运动来代表。

刚体的定轴转动：刚体内各质元均做圆周运动，且圆心在同一条固定不动的直线上。

刚体的平面平行运动：刚体上每一质元均在固定平面相平行的平面内运动。

2. 描述刚体定轴转动的物理量及运动学方程

运动学方程：$\theta = \theta(t)$（θ 为角坐标）

角位移：$\Delta\theta = \theta(t+\Delta t) - \theta(t)$

角速度：$\omega = \dfrac{\mathrm{d}\theta}{\mathrm{d}t}$

角加速度：$\alpha = \dfrac{\mathrm{d}\omega}{\mathrm{d}t} = \dfrac{\mathrm{d}^2\theta}{\mathrm{d}t^2}$

距转轴 r 处质元的线量和角量的关系：$v = r\omega$，$a_t = ra$，$a_n = r\omega^2$

匀速定轴转动公式：$\theta = \theta_0 + \omega t$

匀变速定轴转动公式：$\omega = \omega_0 + \alpha t$，$\omega^2 = \omega_0^2 + 2\alpha(\theta - \theta_0)$，$\theta = \theta_0 + \omega_0 t + \dfrac{1}{2}\alpha t^2$

3. 刚体定轴转动定律

刚体定轴转动定律是刚体所受的外力对转轴的力矩之和等于刚体对该转轴的转动惯量与

刚体的角加速度的乘积，即

$$M = J \frac{\mathrm{d}\omega}{\mathrm{d}t} = J\alpha$$

其中，J 为刚体的转动惯量，$J = \sum r_i^2 \Delta m_i$，对于质量连续分布的刚体，有 $J = \int r^2 \mathrm{d}m$。

4. 定轴转动刚体的角动量定理及其守恒定律

角动量定理：刚体绕定轴转动时，作用于刚体的合外力力矩 M 等于刚体绕此轴的角动量 L 随时间的变化率，即

$$M = \frac{\mathrm{d}L}{\mathrm{d}t} = \frac{\mathrm{d}(J\omega)}{\mathrm{d}t}$$

角动量守恒定律：如果物体所受的合外力等于零，或者不受外力矩的作用，物体的角动量保持不变，即 $M=0$ 时，$J\omega=$ 恒量。

5. 定轴转动刚体的动能定理

力矩的功

$$W = \int M\mathrm{d}\theta$$

转动动能

$$E_k = \frac{1}{2}J\omega^2$$

动能定理

$$W = \frac{1}{2}J\omega_2^2 - \frac{1}{2}J\omega_1^2$$

刚体的重力势能

$$E_p = mgh_c$$

机械能守恒定律：系统（包括刚体）只有保守力的力矩作功时，系统的动能（包括转动动能）与势能之和为常量，即

$$E = E_k + E_p$$

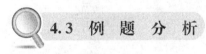

4.3 例 题 分 析

例 1. 关于刚体对轴的转动惯量，下列说法正确的是 （ ）
（A）只取决于刚体的质量，与质量的空间分布和轴的位置无关
（B）取决于刚体的质量和质量的空间分布，与轴的位置无关
（C）取决于刚体的质量、质量的空间分布和轴的位置
（D）只取决于轴的位置，与刚体的质量和质量的空间分布无关
[答案]：（C）
[解析]：刚体对轴的转动惯量的表达式为

$$J = \sum r_i^2 \Delta m_i = \int_m r^2 \mathrm{d}m = \int_V r^2 \rho \mathrm{d}V$$

由该式可知，刚体对轴的转动惯量由刚体本身的几何形状、质量分布以及转轴的位置决定。同样的质量分布，对于不同的位置的转轴，也会有不同的转动惯量；同样的质量，离轴

越近则转动惯量越小。

例 2. 一质点作匀速圆周运动时　　　　　　　　　　　　　　　　　（　　）

（A）它的动量不变，对圆心的角动量也不变

（B）它的动量不变，对圆心的角动量不断变化

（C）它的动量不断变化，对圆心的角动量不变

（D）它的动量不断变化，对圆心的角动量也不断变化

[答案]：(C)

[解析]：质点做匀速圆周运动时，其速度大小虽然不变，但是速度方向不断改变，因而其动量也不断变化。而质点对圆心的角动量大小和方向都不变化。

例 3. 花样滑冰运动员绕通过自身的竖直轴转动，开始时两臂伸开，转动惯量为 J_0，角速度为 ω_0，然后将两臂合拢，使其转动惯量变为 $\frac{3}{2}J_0$，则此时转动角速度为 $\omega=$_____。

[答案]：$\frac{3}{2}\omega_0$

[解析]：对运动员的受力进行分析，其受重力和摩擦力。可以认为运动员在冰面所受的摩擦力近似为零，重力通过运动员转动的轴线，其合外力矩为零，可以认为运动员在两个状态下的角动量守恒，用 J_1、ω_1 表示两臂合拢后的角动量，即角动量 $L=J_1\omega_1=J_0\omega_0$。将转动惯量的条件代入上式，可得 $\omega_1=\frac{3}{2}\omega_0$。

例 4. 已知地球的质量为 m，太阳的质量为 M，地心与日心的距离为 R，万有引力常数为 G，则地球绕太阳做圆周运动的角动量为 $L=$_____。

[答案]：$m\sqrt{GMR}$

[解析]：由万有引力定律和牛顿第二定律有

$$G\frac{mM}{R^2}=m\frac{v^2}{R}$$

得地球绕日运动速率

$$v=\sqrt{\frac{GM}{R}}$$

由角动量定义得

$$L=mvR=m\sqrt{GMR}$$

例 5. 一飞轮作定轴转动，其转过的角度 θ 与时间 t 的关系式为

$$\theta=at+bt^2-ct^4$$

式中，a、b、c 都是恒量。试求飞轮角加速度的表示式及距转轴 r 处质点的切向加速度和法向加速度。

[解]：由角速度的定义，有

$$\omega=\frac{\mathrm{d}\theta}{\mathrm{d}t}=a+2bt-4ct^3$$

由角加速度的定义，有

$$\alpha=\frac{\mathrm{d}\omega}{\mathrm{d}t}=2b-12ct^2$$

距转轴 r 处质点的切向加速度为

$$a_t = r\alpha = 2br - 12crt^2$$

法向加速度为

$$a_n = r\omega^2 = r(a + 2bt - 4ct^3)^2$$

例 6. 一滑轮的半径为 10 cm，转动惯量为 $1.0 \times 10^{-3} \text{kg} \cdot \text{m}^2$。一变力 $F = 0.50t + 0.30t^2$（SI 单位制）沿着切线方向作用在滑轮的边缘上。如果滑轮最初处于静止状态，试求它在 3.0s 时的角速度。

[解]：施于滑轮上的力矩为

$$M = Fr = 0.05t + 0.03t^2$$

由转动定律 $M = J\dfrac{\mathrm{d}\omega}{\mathrm{d}t}$，得

$$\mathrm{d}\omega = \frac{M}{J}\mathrm{d}t = (50t + 30t^2)\mathrm{d}t$$

利用条件 $t = 0$ 时 $\omega = 0$，对上式积分得

$$\omega = \int_0^t (50t + 30t^2)\mathrm{d}t = 25t^2 + 10t^3$$

将 $t = 3$s 代入上式，得

$$\omega = 495\text{rad/s}$$

例 7. 一转动惯量为 $0.2\text{kg} \cdot \text{m}^2$ 的砂轮，在外力矩 $M = 0.2(\theta - 1)$（SI 制）的作用下作定轴转动，式中 θ 为砂轮转过的角度。已知 $t = 0$ 时砂轮转过 2rad，转动的角速度为 1rad/s。试求 2s 时砂轮的动能和角动量及前 2s 内外力矩对砂轮所做的功。

[解]：由转动定律，有

$$M = J\frac{\mathrm{d}\omega}{\mathrm{d}t} = J\omega\frac{\mathrm{d}\omega}{\mathrm{d}\theta} = 0.2(\theta - 1)$$

即

$$0.2(\theta - 1)\mathrm{d}\theta = 0.2\omega\mathrm{d}\omega \tag{1}$$

由条件 $\theta = 2$ 时 $\omega = 1$，积分式（1）得

$$\omega^2 = (\theta - 1)^2$$

即

$$\omega = \theta - 1 \tag{2}$$

由角速度的定义 $\omega = \dfrac{\mathrm{d}\theta}{\mathrm{d}t}$，分离变量得

$$\frac{\mathrm{d}\theta}{\theta - 1} = \mathrm{d}t \tag{3}$$

积分式（3），并代入初始条件 $t = 0$ 时，$\theta = 2$ 得

$$t = \ln(\theta - 1)$$

则砂轮的运动方程为

$$\theta = 1 + e^t \tag{4}$$

将式（4）代入式（2）得

$$\omega = e^t$$

因此 2s 时，砂轮的动能为

$$E_k = \frac{1}{2}J\omega^2 = \frac{1}{2} \times 0.2 \times e^4 = 5.46J$$

角动量为

$$L = J\omega = 0.2 \times e^2 = 1.48 kg \cdot m^2/s$$

由动能定理，前 2s 内力矩做的功为

$$W = \frac{1}{2}J\omega_2^2 - \frac{1}{2}J\omega_0^2 = 5.46 - 0.1 = 5.36J$$

例 8. 如图 $4-1$（a）所示，一半径为 R、质量为 m 的均匀圆形平板放置在粗糙的水平桌面上，平板与桌面间的摩擦系数为 μ，摩擦力均匀地分布于圆形平板的底面。现让平板绕垂直于平板中心的 OO' 轴转动，试求摩擦力对 OO' 轴的力矩。

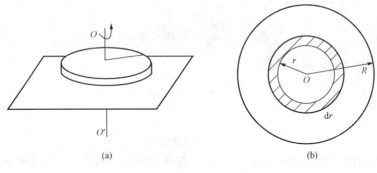

图 $4-1$

[**解**]：已知摩擦力：$f = -mg\mu$。由于摩擦力均匀分布于平板底面，所以单位圆形平板底面所受的摩擦力为

$$f_0 = -\frac{mg\mu}{\pi R^2}$$

如图 $4-1$（b）所示，选取半径为 r、宽度为 dr 的圆形质元，则其所受的摩擦力为

$$df = -\frac{mg\mu}{\pi R^2}2\pi r dr = -\frac{2mg\mu}{R^2}r dr \tag{1}$$

df 对 OO' 轴的力矩为

$$dM = r df = -\frac{2mg\mu}{R^2}r^2 dr \tag{2}$$

对式（2）积分得

$$M = \int_0^R -\frac{2mg\mu}{R^2}r^2 dr = -\frac{2}{3}mg\mu R$$

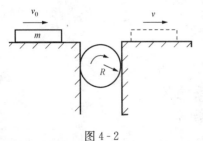

图 $4-2$

例 9. 如图 $4-2$ 所示，圆柱体的轴固定不动，最初圆柱体是静止的。一质量为 m 的木块以速率 v_0 无摩擦地向右滑动，它经过圆柱体而达到虚线所示的位置。当它和圆柱体刚接触时，它就在圆柱体上滑动，但因摩擦力足够大，以至于在它刚和圆柱体停止接触时，它在圆柱体上的滑动就同时停止。设圆柱体半径为 R，其转动惯量为 J，试求木块的最后速率 v。

[**解**]：对于木块，由动量定理得

$$m(v - v_0) = -f\Delta t \tag{1}$$

对于圆柱体，由角动量定理得

$$f\Delta t R = J(\omega - \omega_0) \tag{2}$$

由式（1）式（2）消去 $f\Delta t$，得

$$m(v - v_0) = \frac{J}{R}(\omega_0 - \omega) \tag{3}$$

由题意知

$$\omega_0 = 0, \omega = \frac{v}{R} \tag{4}$$

将式（4）代入式（3）得

$$m(v - v_0) = -\frac{J}{R^2}v$$

解得

$$v = \frac{v_0}{1 + \dfrac{J}{mR^2}}$$

例 10. 一个质量为 M、半径为 R 并以角速度 ω 的均质飞轮的边缘飞出一片碎片，且速度方向正好竖直向上，如图 4 - 3 所示。试求碎片能上升的最大高度及余下部分的角速度、角加速度和转动动能（忽略重力矩的影响）。

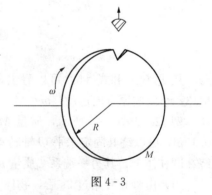

[**解**]：有题意可得，碎片离盘时的初速度为

$$v_0 = R\omega \tag{1}$$

因此碎片上升的最大高度为

$$h_{\mathrm{m}} = \frac{v_0^2}{2g} = \frac{R^2\omega^2}{2g}$$

图 4 - 3

碎片离盘前、后，由碎片和余下部分组成的系统不受外力矩作用，系统角动量守恒。盘破裂前，圆盘的角动量为 $J\omega = \frac{1}{2}MR^2\omega$；破裂后，碎片的角动量为 mv_0R，余下部分的角动量为 $J'\omega' = \left(\frac{1}{2}MR^2 - mR^2\right)\omega'$，于是有

$$\frac{1}{2}MR^2\omega = \left(\frac{1}{2}MR^2 - mR^2\right)\omega' + mv_0R \tag{2}$$

由式（1）和式（2）可得

$$\omega' = \omega$$

破盘的角动量为

$$J'\omega' = \left(\frac{1}{2}MR^2 - mR^2\right)\omega = \frac{1}{2}(M - 2m)R^2\omega$$

破盘的转动动能为

$$E_{\mathrm{k}} = \frac{1}{2}J'\omega' = \frac{1}{2}\left(\frac{1}{2}MR^2 - mR^2\right)\omega^2 = \frac{1}{4}(M - 2m)R^2\omega^2$$

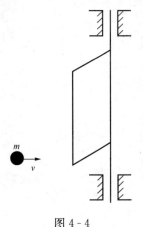

图 4 - 4

例 11. 如图 4 - 4 所示，一质量为 M 的均质方形薄板，其边长为 L，竖直放置着，它可以自由绕其一固定边转动，若有一质量为 m，速度为 v 的小球垂直于板面碰在板的边缘上。设碰撞是弹性的，试分析碰撞后，板和小球的运动情况。

[解]：当小球撞击板时，因转轴固定，只能做定轴转动。由于外力对转轴的力矩为零，由小球和薄板所组成的系统对固定轴的角动量守恒，设 v_1 为小球碰撞后的速度，J 为薄板的转动惯量，因此有

$$mvL = mv_1L + J\omega \tag{1}$$

由于碰撞是弹性的，故系统的动能不变

$$\frac{1}{2}mv^2 = \frac{1}{2}mv_1^2 + \frac{1}{2}J\omega^2 \tag{2}$$

薄板的转动惯量

$$J = \int_0^L r^2 \mathrm{d}m = \int_0^L r^2 \frac{M}{L}\mathrm{d}r = \frac{M}{L}\int_0^L r^2 \mathrm{d}r = \frac{1}{3}ML^2 \tag{3}$$

解得

$$v_1 = \frac{3m-M}{3m+M}v \tag{4}$$

$$\omega = \frac{6m}{3m+M}\frac{v}{L} \tag{5}$$

从式（4）和式（5）可以看出，碰撞后，薄板做匀角速定轴转动。对于小球，若 $m > M/3$，小球按原方向运动；$m < M/3$，小球碰撞后返回，即按原来的反方向运动。

例 12. 如图 4 - 5 所示，质量 $M=16\mathrm{kg}$ 的实心圆柱体，半径 $R=0.15\mathrm{m}$，可以绕其固定水平 O 轴转动，阻力忽略不计。一条轻的柔绳绕在圆柱体上，其另一端系一质量 $m=8\mathrm{kg}$ 的物体。求：

（1）由静止开始过 2s 后，物体 m 下落的距离；

（2）绳子的张力。

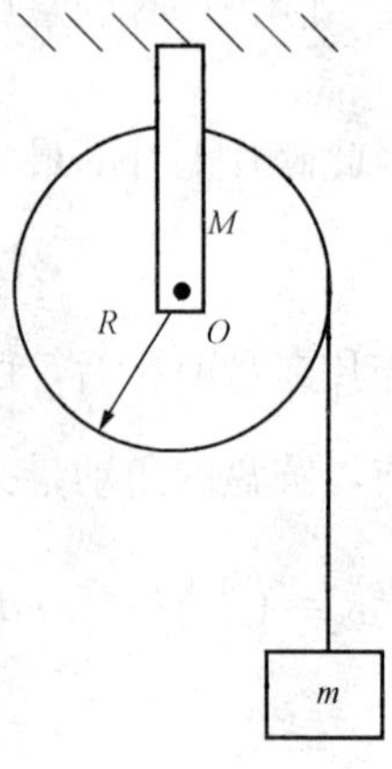

[解]：（1）

$$mg - T = ma \tag{1}$$

$$TR = \frac{1}{2}MR^2\alpha \tag{2}$$

$$a = R\alpha \tag{3}$$

由式（1）～式（3）解得：

$$a = \frac{mg}{m + \frac{1}{2}M} = \frac{8 \times 9.8}{8 + \frac{1}{2} \times 16} = 4.9\mathrm{m/s^2}$$

图 4 - 5

由静止开始过 2s 后，物体 m 下落的距离

$$h = \frac{1}{2}at^2 = \frac{1}{2} \times 4.9 \times 4 = 9.8\mathrm{m}$$

（2）绳子的张力

$$T = m(g - a) = 8 \times (9.8 - 4.9) = 39.2\mathrm{N}$$

例 13. 如图 4 - 6，把单摆和一等长的匀质直杆悬挂在同一点，杆与单摆的摆锤质量均为

m，忽略绳子的质量。开始时直杆自然下垂，将单摆摆锤拉到高度 h_0，令它自静止状态下摆，于垂直位置和直杆作完全弹性碰撞。求碰后直杆下端达到的高度 h。

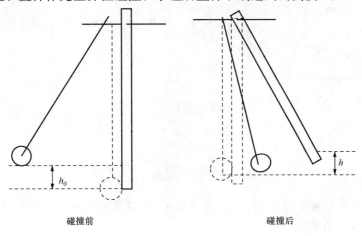

碰撞前　　　　　碰撞后

图 4 - 6

[**解**]：此问题分为三个阶段：

（1）单摆自由下摆，机械能守恒。即

$$mgh_0 = \frac{1}{2}mv_0^2$$

与杆碰前速度

$$v_0 = \sqrt{2gh_0}$$

（2）摆与杆弹性碰撞，角动量守恒。即

$$mlv_0 = J\omega + mlv$$

机械能守恒

$$\frac{1}{2}mv_0^2 = \frac{1}{2}mv^2 + \frac{1}{2}J\omega^2$$

直杆转动惯量

$$J = \frac{1}{3}ml^2$$

解得

$$v = \frac{1}{2}v_0$$

$$\omega = \frac{3v_0}{2l}$$

（3）碰后杆上摆，机械能守恒。即

$$\frac{1}{2}J\omega^2 = mgh_c$$

$$h = 2h_c = \frac{3}{2}h_0$$

例 14. 如图 4 - 7 所示，半径为 r 的均质小球自半径为 R 的大球顶部由静止开始受微小扰动而无滑动地滚下，大球固定不动，试求小球开始脱离大球时的角度。

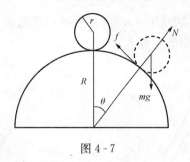

图 4 - 7

[解]：小球在滚下的过程中由于只有重力作功，故机械能守恒，有

$$mg(r+R)(1-\cos\theta) = \frac{1}{2}mv_c^2 + \frac{1}{2}J\omega^2 \tag{1}$$

其中

$$J = \frac{2mr^2}{5} \tag{2}$$

纯滚动条件为

$$v_c = \omega r \tag{3}$$

联立式（1）～式（3），得

$$mg(r+R)(1-\cos\theta) = \frac{7}{10}mv_c^2 \tag{4}$$

小球在角度 θ 的位置处受重力 mg，受支持力 N 和摩擦力 f 三个力的作用，在法线方向，小球质心的受力方程为

$$mg\cos\theta - N = \frac{mv_c^2}{r+R} \tag{5}$$

小球脱离大球的条件为 $N=0$，故有

$$mv_c^2 = (r+R)mg\cos\theta \tag{6}$$

联立式（4）和式（6），得

$$mg(r+R)(1-\cos\theta) = \frac{7}{10}(r+R)mg\cos\theta$$

得

$$\cos\theta = \frac{10}{17}$$

因而小球脱离大球时的角度为

$$\theta = \arccos\frac{10}{17}$$

4.4 单 元 习 题

一、选择题

1. 下列各种叙述中，正确的是 （   ）

（A）刚体受力作用必有力矩

（B）刚体受力越大，此力对刚体定轴的力矩也越大

（C）若刚体绕定轴转动，则一定受到力矩的作用

（D）刚体绕定轴的转动定律表达了对轴的合外力矩与角加速度的瞬时关系

2. 均匀细棒 OA 可绕过通过其一端 O 而于棒垂直的水平固定光滑轴转动，如图 4 - 8 所示。今使棒从水平位置从静止开始下滑。从棒摆动到垂直位置的过程中，应有 （   ）

（A）角速度从小到大，角加速度从大到小

（B）角速度从小到大，角加速度从小到大

（C）角速度从大到小，角加速度从大到小

(D) 角速度从大到小，角加速度从小到大

3. 一质量为 m、长为 l 的均匀细棒，一端铰接于水平地板，且竖直立着。若让其自由倒下，则杆以角速度 ω 撞击地板。如果把此棒切成 $l/2$ 长度，仍由竖直自由倒下，则杆撞击地板的角速度应　　　　　　　　　　　　　　　　　　　　　（　　）

(A) 2ω　　　　　　(B) $\sqrt{2}\omega$　　　　　　(C) ω　　　　　　(D) $\omega/\sqrt{2}$

4. 对一个绕固定水平轴 O 匀速转动的转盘，沿图 4-9 所示的同一水平直线从相反方向射入两颗质量相同、速率相等的子弹，并停留在盘中，子弹射入后转盘的角速度应　（　　）

(A) 增大　　　　　(B) 减小　　　　　(C) 不变　　　　　(D) 无法确定

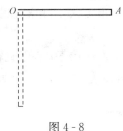

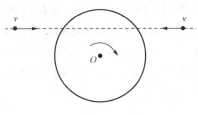

图 4-8　　　　　　　　　　　　　　　　图 4-9

5. 有一半径为 R 的水平圆转台，可绕通过其中心的竖直轴以匀角速度 ω_0 转动，转动惯量为 J。此时有一质量为 m 的人站在转台中心，当人沿半径向外跑到转台边缘时，转台的角速度为　　　　　　　　　　　　　　　　　　　　　　　　　　　（　　）

(A) $\dfrac{J}{J+mR^2}\omega_0$　　(B) $\dfrac{J}{J-mR^2}\omega_0$　　(C) $\dfrac{J}{mR^2}\omega_0$　　(D) ω_0

二、填空题

1. 一物体作定轴转动运动方程为 $\theta=20\sin20t$，其中 θ 以 rad 为单位，t 以 s 为单位。则此物体在 $t=0$ 时的角速度为 $\omega=$ _____ rad/s；物体在改变转动方向时的角加速度大小为 _____ rad/s^2。

2. 如图 4-10 所示，一个质量为 M、半径为 R 的匀质圆盘，绕通过其中心且与盘面垂直的水平中心轴以角速度 ω_0 转动，若在某一时刻，一质量为 m 的小碎块从盘边缘裂开，且恰好沿铅直方向上抛，则小碎块能达到的最大高度 $h=$ _____。

3. 设有一刚体作定轴转动，刚体对轴的角动量 $L=6t^2$（SI 制），则该刚体在 $t=1\text{s}$ 时所受的合外力矩 M 为 _____。

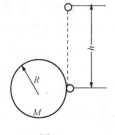

图 4-10

4. 已知有一飞轮以角速度 ω_0 绕某固定轴旋转，飞轮对该轴的转动惯量为 J_1；现将另一个静止飞轮突然啮合到同一个转轴上，该飞轮对轴的转动惯量为 J_2，且 $J_2=2J_1$。则啮合后整个系统的转动角速度为 _____。

5. 如图 4-11 所示，一长为 $l=1\text{m}$，质量为 m 的均匀细杆的一端附着一个质量为 $3m$ 的小球（小球可看成质点），此杆可以绕通过杆中心 O 且与杆垂直的水平轴在铅直平面内转动 $\left(\text{杆 }J=\dfrac{1}{12}ml^2\right)$，开始杆放置在水平位置，然后释放（其他阻力均不计），则杆开始运动时的角加速度为

图 4-11

_____，杆经过铅直时的角速度为_____（g 取 10m/s^2）。

三、计算题

1. 有一条长为 l 的轻质细杆，两端各牢固地连接有一个质量为 m 的小球（小球的半径 $r \ll l$），整个系统可绕过 O 点并垂直于杆长的水平轴无摩擦地转动，如图 4-12 所示，系统转过水平位置时，求

（1）系统所受的合外力矩；

（2）系统对该转轴的转动惯量；

（3）系统的角加速度。

2. 如图 4-13 所示，质量为 m、长为 L 的均匀细棒，其 O 端用光滑铰链与地相连。现让它由静止直立倒向地面，求细棒触地时的角速度大小。

3. 如图 4-14 所示，质量为 m、半径为 R 的圆盘在水平面上绕中心竖直轴 OO' 转动，圆盘与水平面间的摩擦系数为 μ，已知开始时薄圆盘的角速度为 ω_0，试问薄圆盘转几圈后停止。

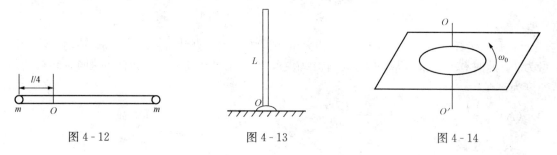

图 4-12　　　　　　　　　图 4-13　　　　　　　　　图 4-14

4. 某冲床上飞轮的转动惯量为 $4.0 \times 10^3 \text{kg} \cdot \text{m}^2$，试求：

（1）当它的转速达到 30r/min 时，它的转动动能是多少？

（2）冲一次后，其转速降为 10r/min，求飞轮所作的功。

5. 如图 4-15 所示，一静止的均匀细棒，长为 L、质量为 M，可绕通过棒的端点且垂直于棒的光滑固定轴 O 在水平面内自由转动。现有一质量为 m、速率为 v 的子弹在水平面内沿与棒垂直的方向射入棒的自由端，设击穿棒后子弹的速率减为 $v/2$，求此时棒的角速度。

6. 质量为 M 的匀质棒，长为 L，可绕水平轴 O 无摩擦地转动。从水平位置静止释放，到达竖直位置时，与静止在地面上的质量为 $m = M/3$ 的小球作弹性碰撞，如图 4-16 所示，求碰后棒的角速度 ω' 和小球的速度 v。

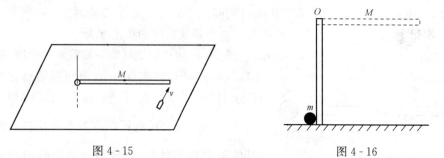

图 4-15　　　　　　　　　　图 4-16

7. 一均匀圆盘，质量为 M、半径为 R，可绕圆心自由转动，开始处于静止状态。一个

质量为 m 的人，在圆盘上从静止开始沿半径为 r 的圆周相对于圆盘匀速走动。求当人在圆盘上走完一周回到盘上原位置时，圆盘相对地面转过的角度。

8. 质量为 m、长为 l 的均匀长杆，一端可绕水平的固定轴旋转。开始时，杆静止下垂，如图 4-17 所示，现有一质量为 m 的子弹，以水平速度 v 打击杆于 A 点，以后就随杆一起摆动。设 A 点离轴的距离为 $\frac{3}{4}l$，求杆上摆的最大角度。

9. 如图 4-18 所示，一轻绳跨过一轴承光滑的定滑轮，滑轮半径为 R，圆盘的质量为 M，绳的两端分别与物体 m 及固定弹簧相连。将物体由静止状态释放，开始释放时弹簧为原长，弹簧的劲度系数为 k。求物体下降距离 h 时的速度。

10. 如图 4-19 所示，一质量为 M、长为 l 的均匀细杆，可在竖直平面内绕通过其中点 O 的水平轴转动。开始杆静止在水平位置，一质量为 m 的小球以速率 u 垂直落在杆的端点，碰撞后小球以 $\frac{2}{5}u$ 的速率竖直上跳，求：

（1）碰撞后瞬时杆的角速度 $\left(J = \frac{1}{12}Ml^2\right)$；

（2）若不计空气阻力，小球达到最大高度所用时间。

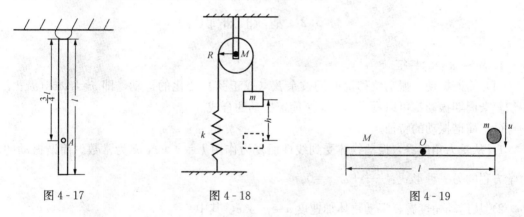

图 4-17   图 4-18   图 4-19

第5章　机　械　振　动

5.1　基　本　要　求

（1）掌握描述简谐振动的基本物理量（振幅、相位和周期）的意义及确定方法。

（2）掌握描述简谐振动的解析法、旋转矢量法和图线表示法，并会用以讨论和分析有关问题。

（3）掌握简谐振动的基本特征，能建立一维简谐振动的微分方程。能根据给定的初始条件写出一维简谐振动的运动方程。

（4）理解简谐振动的能量特征。

（5）掌握同方向、同频率简谐振动的合成规律。

5.2　基　础　知　识　点

1. 简谐振动的特征

（1）简谐振动。振动位移随时间按余弦（或正弦）变化的运动，即 $x = A\cos(\omega t + \varphi)$。一切复杂周期振动都可以看成是若干个简谐振动的合成。

（2）简谐振动的特征。

1）从受力角度看，振动物体受到线性回复力作用 $F = -kx$，k 为常数。简谐振动的动力学方程的另一种形式：$\dfrac{\mathrm{d}^2 x}{\mathrm{d}t^2} + \omega^2 x = 0$。

2）从运动角度看，振动物体加速度 $a = -\omega^2 x$，其中

$$\omega = \sqrt{\dfrac{k}{m}}。$$

由运动方程（振动方程）$x = A\cos(\omega t + \varphi)$ $\longrightarrow$
$\begin{cases} v = \dfrac{\mathrm{d}x}{\mathrm{d}t} = -\omega A \sin(\omega t + \varphi) \\[2mm] a = \dfrac{\mathrm{d}^2 x}{\mathrm{d}t^2} = -\omega^2 A \cos(\omega t + \varphi) \end{cases}$

可得加速度和速度最大值分别为 $a_{\mathrm{m}} = A\omega^2$、$v_{\mathrm{m}} = A\omega$。

2. 描述简谐振动的特征量

（1）振幅 A。简谐振子离开平衡位置最大位移的绝对值，它表示物体在平衡位置附近振动的幅度。简谐振动是等振幅的。

（2）周期 T。振动物体完成一次全振动所需的时间。

圆频率

$$\omega = \dfrac{2\pi}{T}$$

频率

$$\upsilon = \frac{1}{T} = \frac{\omega}{2\pi}$$

（3）相位 $\omega t + \varphi$：描述简谐振动物体运动状态的物理量。

初相 φ：$t = 0$ 时的相位。

振动的振幅和初相位由初始条件决定：

$$A = \sqrt{x_0^2 + \left(\frac{v_0}{\omega}\right)^2}$$

$$\tan\varphi = -\frac{v_0}{\omega x_0} \text{（规定 } \varphi \in [0, 2\pi] \text{ 或} [-\pi, \pi] \text{）}$$

初相位也可先解方程 $x_0 = A\cos\varphi$，再根据 $v_0 = -A\omega\sin\varphi$ 的正负判断 φ 取值。

相位差 $\Delta\varphi$：两简谐振动相位之差。

对于两个同方向同频率简谐振动

$$x_1 = A_1\cos(\omega t + \varphi_1)$$

$$x_2 = A_2\cos(\omega t + \varphi_2)$$

任意时刻的相位差 $\Delta\varphi = (\omega t + \varphi_2) - (\omega t + \varphi_1) = \varphi_2 - \varphi_1$，通常约定 $|\Delta\varphi| \leqslant \pi$。

1）若 $\Delta\varphi > 0$，x_2 的振动超前 x_1 的振动；若 $\Delta\varphi < 0$，x_2 的振动落后 x_1 的振动。

2）若 $\Delta\varphi = \pm 2k\pi$，$k = 0, 1, 2, \cdots$，两简谐振动同相，步调一致；

若 $\Delta\varphi = \pm(2k+1)\pi$，$k = 0, 1, 2, \cdots$，两简谐振动反相，步调相反。

3. 简谐振动的能量

质点作简谐振动，机械能守恒。

总能量

$$E = \frac{1}{2}m\omega^2 A^2 = \frac{1}{2}kA^2$$

任意时刻

$$E = E_k + E_p$$

其中 $E_p = \frac{1}{2}kx^2$，$E_k = \frac{1}{2}mv^2$。

4. 两个同方向同频率简谐振动的合成

$$\begin{cases} x_1 = A_1\cos(\omega t + \varphi_1) \\ x_2 = A_2\cos(\omega t + \varphi_2) \end{cases} \longrightarrow x = x_1 + x_2 = A\cos(\omega t + \varphi)$$

合运动仍为简谐振动。其中圆频率为 ω，初相位

$$\tan\varphi = \frac{A_1\sin\varphi_1 + A_2\sin\varphi_2}{A_1\cos\varphi_1 + A_2\cos\varphi_2}$$

φ 的取值在 φ_1 和 φ_2 之间。

合振幅

$$A = \sqrt{A_1^2 + A_2^2 + 2A_1A_2\cos(\varphi_2 - \varphi_1)} = \sqrt{A_1^2 + A_2^2 + 2A_1A_2\cos(\Delta\varphi)}$$

若 $\Delta\varphi = \varphi_2 - \varphi_1 = \pm 2k\pi$，$k = 0, 1, 2, \cdots$，则 $A = A_1 + A_2$；

若 $\Delta\varphi = \varphi_2 - \varphi_1 = \pm(2k+1)\pi$，$k = 0, 1, 2, \cdots$，则 $A = |A_1 - A_2|$。

5. 旋转矢量法（简谐振动的几何描述）

在平面上画一矢量 $\vec{A}$，其矢端固定在坐标原点上，并在平面内以角速度 ω 作逆时针旋转，则简谐振动可以用这一旋转矢量 $\vec{A}$ 的端点在 x 轴的投影来表示，如图 5 - 1 所示。

旋转矢量 $\vec{A}$ 与简谐振动的对应关系：

旋转矢量 $\vec{A}$ 的模长 A——振幅

旋转矢量转动的角速度 ω——圆频率

$t=0$ 时刻，旋转矢量与 x 轴正向夹角 φ——初相位

任意时刻，旋转矢量与 x 轴正向夹角 $\omega t+\varphi$——相位

任意时刻，旋转矢量端点在 x 轴上投影——位移

应用：

1）求简谐振动的初相位（见图 5 - 2）。

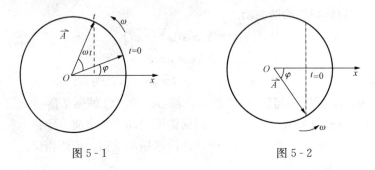

图 5 - 1   图 5 - 2

2）求简谐振动的振动频率和振动时间（见图 5 - 3）。Δt 时间内旋转矢量转过的角度 $\Delta\varphi=\omega\Delta t$。

3）求两个同方向同频率简谐振动的合成（见图 5 - 4）。

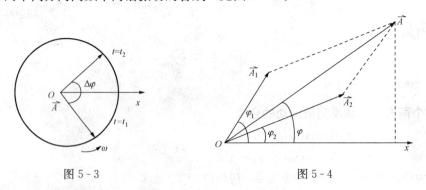

图 5 - 3   图 5 - 4

5.3 例 题 分 析

例 1. 一个做谐振动物体的运动方程 $x=0.03\cos\left(2\pi t-\dfrac{\pi}{3}\right)$ m，（SI 制）则其振幅 $A=$
_____，初相 $\varphi=$ _____，速度最大值 $v_{\mathrm{m}}=$ _____，加速度最大值 $a_{\mathrm{m}}=$ _____。

[答案]：0.03m、$-\dfrac{\pi}{3}$、$0.06\pi\text{m/s}$、$0.12\pi^2\text{m/s}^2$

[解析]：由运动方程 $x = A\cos(\omega t + \varphi)$ 可知该简谐振动初相位 $\varphi = -\dfrac{\pi}{3}$、振幅 $A =$ 0.03m、圆频率 $\omega = 2\pi\text{s}^{-1}$，而速度和加速度最值可由 $v_{\text{m}} = A\omega$ 和 $a_{\text{m}} = A\omega^2$ 分别求得。

例 2. 一物体做简谐振动，周期为 T，则

（1）物体由平衡位置运动到最大位移处的最短时间为_____；

（2）物体由平衡位置运动到最大位移的一半处的最短时间为_____。

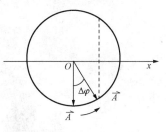

图 5-5

[答案]：$\dfrac{1}{4}T$、$\dfrac{1}{12}T$

[解析]：（1）因为从平衡位置运动到最大位移处的最短时间为整个周期的 $\dfrac{1}{4}$，所以所需时间为 $\dfrac{1}{4}T$；（2）由旋转矢量图（图 5-5），从平衡位置运动到最大位移的 $\dfrac{1}{2}$ 处旋转矢量转过的最小角度 $\Delta\varphi = \dfrac{\pi}{6}$，所以最短时间 $\Delta t = \dfrac{\Delta\varphi}{\omega} = \dfrac{T}{12}$。

例 3. 一弹簧振子在水平桌面上做简谐振动，当其偏离平衡位置的位移大小为振幅的 1/2 时，其动能与弹性势能之比为 （　　）

(A) $1:1$　　　　(B) $2:1$　　　　(C) $3:1$　　　　(D) $1:4$

[答案]：(C)

[解析]：当 $x = \dfrac{1}{2}A$ 时，势能 $E_{\text{p}} = \dfrac{1}{2}kx^2 = \dfrac{1}{4}\cdot\dfrac{1}{2}kA^2$，由于总机械能 $E = \dfrac{1}{2}kA^2$，势能 $E_{\text{p}} = \dfrac{1}{4}E$，动能 $E_{\text{k}} = E - E_{\text{p}} = \dfrac{3}{4}E$，因而 $E_{\text{k}}:E_{\text{p}} = 3:1$。

例 4. 两个同振动方向、同频率、振幅均为 A 的简谐振动合成后，振幅仍为 A，则这两个简谐振动的相位差为 （　　）

(A) $\dfrac{1}{3}\pi$　　　　(B) $\dfrac{1}{2}\pi$　　　　(C) $\dfrac{2}{3}\pi$　　　　(D) π

[答案]：(C)

[解析]：两个同方向同频率简谐振动的合成，其合振幅 $A = \sqrt{A_1^2 + A_2^2 + 2A_1A_2\cos\Delta\varphi}$，当 $A_1 = A_2 = A$ 时，可求得 $\Delta\varphi = \dfrac{2}{3}\pi$。

例 5. 一质量为 m 的立方体木块浮于静水中，其横截面积为 S，设水的密度为 ρ，不计水对木块的黏滞阻力，当用手沿竖直方向将其小幅压下，然后放手任其运动，证明木块的运动为简谐振动，并求其振动周期。

[证明]：要证明振动物体所做的运动为简谐振动，只要从受力角度出发，找到振动物体受到的合力为线性回复力作用 $F = -kx$ 即可，而振动的圆频率 $\omega = \sqrt{\dfrac{k}{m}}$，振动周期 $T = \dfrac{2\pi}{\omega}$。

如图 5-6 所示，以木块受力平衡时质心位置为坐标原点，竖直向下为 x 轴正方向，F_0、F' 分别为木块在平衡位置和任意位置时的浮力，当木块向下偏离平衡位置任一距离为 x 时，

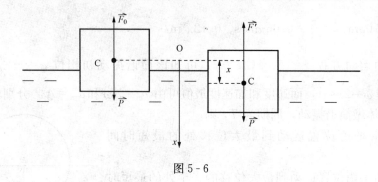

图 5-6

合外力

$$F = mg - F'$$

其中，$F' = F_0 + \rho g S x = mg + \rho g S x$，得

$$F = -\rho g S x = -kx$$

式中 $k = \rho g S$ 为一常数，所以木块的运动为简谐振动。
而振动的圆频率

$$\omega = \sqrt{\frac{k}{m}} = \sqrt{\frac{\rho g S}{m}}$$

振动周期

$$T = \frac{2\pi}{\omega} = 2\pi\sqrt{\frac{m}{\rho g S}}$$

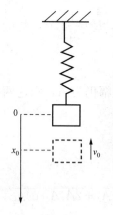

图 5-7

例 6. 如图 5-7 所示，一轻弹簧下端悬挂 $m_0 = 100\mathrm{g}$ 砝码时，弹簧伸长 8.0cm，现在这根弹簧下端悬挂 $m = 250\mathrm{g}$ 的物体构成弹簧振子，将物体从平衡位置向下拉到 $x_0 = \sqrt{3}\mathrm{cm}$，并给以向上的 21cm/s 的初速度。以平衡位置为坐标原点，竖直向下为 x 轴正方向，求振动方程。

[**解**]：振动方程 $x = A\cos(\omega t + \varphi)$，确定振动方程须将描述简谐振动的三个特征量振幅 A，圆频率 ω 和初相位 φ 一一确定。对于弹簧振子，圆频率决定于弹簧的劲度系数与质量，振幅和初相位可由初始条件来求解。而求初相位通常有两种方法：①解析法；②旋转矢量法。

弹簧下挂上 m_0 后处于平衡时有

$$m_0 g = k\Delta l \longrightarrow k = \frac{m_0 g}{\Delta l} = \frac{0.1 \times 9.8}{0.08} = \frac{49}{4}\mathrm{N/m}$$

挂上 m 后弹簧振子角频率

$$\omega = \sqrt{\frac{k}{m}} = \sqrt{\frac{49}{4 \times 0.25}} = 7\mathrm{rad/s}$$

振幅

$$A = \sqrt{x_0^2 + \frac{v_0^2}{\omega^2}} = \sqrt{3 + \left(\frac{21}{7}\right)^2} = 2\sqrt{3}\,\mathrm{cm}$$

下面求初相位。

方法一：解析法

由初始条件 $x_0 = A\cos\varphi$，得

$$\cos\varphi = \frac{x_0}{A} = \frac{\sqrt{3}}{2\sqrt{3}} = \frac{1}{2}$$

求得

$$\varphi = \pm\frac{\pi}{3}$$

而 $v_0 = -A\omega\sin\varphi$ 且 $v_0 < 0$，得 $\sin\varphi > 0$

所以

$$\varphi = \frac{\pi}{3}$$

方法二：旋转矢量法

初始条件 $x_0 = \sqrt{3}\text{cm} = \frac{1}{2}A$，$v_0 < 0$，作出旋转矢量图（图 5 - 8），得到初相位

$$\varphi = \frac{\pi}{3}$$

最后，振动方程可表示为：

$$x = 2\sqrt{3}\cos\left(7t + \frac{\pi}{3}\right)\text{cm}。$$

例 7. 某振动质点的 $x-t$ 曲线如图 5 - 9 所示，试求：

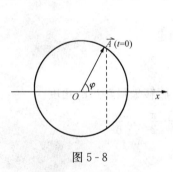

图 5 - 8　　　　　　　　　　　　　　　图 5 - 9

（1）振动方程；

（2）点 P 对应的相位；

（3）到达点 P 相应位置所需的时间。

[**解**]：由振动曲线求振动方程，是简谐振动中的一类重要问题，而振动方程中的三个特征量则需要通过振动曲线的相关信息来求得。本题计算振动方程、振动相位及振动时间除了可用解析法外，也可以用旋转矢量法求得。

方法一：解析法

（1）由振动曲线 $x-t$ 图可知 $A = 0.2\text{m}$，当 $t = 0$ 时，

$$x_0 = 0.1\text{m} = \frac{A}{2} = A\cos\varphi$$

求得

$$\varphi = \pm\frac{\pi}{3}$$

而 $v_0 = -A\omega\sin\varphi$，且 $v_0 > 0$，$\sin\varphi < 0$，得

$$\varphi = -\frac{\pi}{3}$$

由振动曲线 $x-t$ 图，当 $t=4\text{s}$ 时，$x=0=A\cos(\omega t+\varphi)$，得

$$\omega t + \varphi = \frac{\pi}{2} \text{ 或} \frac{3\pi}{2}$$

而 $v=-A\omega\sin(\omega t+\varphi)<0$，因而 $\omega t+\varphi=\frac{\pi}{2}$，得

$$\omega = \frac{5}{24}\pi\text{rad/s}$$

所以振动方程为：

$$x = 0.2\cos\left(\frac{5}{24}\pi t - \frac{\pi}{3}\right)\text{m}$$

（2）对于点 P，$x_P=A\cos\varphi_P=A$，得相位

$$\varphi_P = 0$$

（3）$\varphi_P=\omega t_P+\varphi=\frac{5}{24}\pi t_P-\frac{\pi}{3}=0$，因而

$$t_P = 1.6\text{s}$$

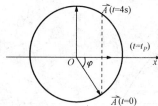

图 5 - 10

方法二：旋转矢量法

（1）振幅 $A=0.2\text{m}$，$t=0$、$t=t_P$ 及 $t=4\text{s}$ 时，旋转矢量的位置如图 5 - 10 所示。

当 $t=0$ 时，由旋转矢量图可确定

$$\varphi = -\frac{\pi}{3}$$

从 $t=0\rightarrow4\text{s}$ 在旋转矢量图中，旋转矢量转过的角度

$$\Delta\varphi = \frac{\pi}{3} + \frac{\pi}{2} = \frac{5\pi}{6}$$

所以

$$\omega = \frac{\Delta\varphi}{\Delta t} = \frac{5}{24}\pi\text{rad/s}$$

则振动方程

$$x = 0.2\cos\left(\frac{5}{24}\pi t - \frac{\pi}{3}\right)\text{m}$$

（2）由旋转矢量图，$x_P=A$ 时，点 P 相位

$$\varphi_P = 0$$

（3）质点从初始位置到达 P 点，在旋转矢量图上旋转矢量转过的角度

$$\Delta\varphi_P = \frac{\pi}{3}$$

得

$$t_P = \frac{\Delta\varphi_P}{\omega} = 1.6\text{s}$$

例8. 质量为 $1\times10^{-2}\text{kg}$ 的物体做简谐振动，其振幅为 $2.4\times10^{-2}\text{m}$，周期为 4s，$t=0$ 时，位移为 $2.4\times10^{-2}\text{m}$，求：

（1） $t=0.5$s 时物体所在的位置和所受的力；

（2） 由起始位置运动到 -1.2×10^{-2}m 处所需的最短时间；

（3） 物体在 1.2×10^{-2}m 处的动能、势能和总能量。

[解]：本题是一门较综合的题目，求振动位置，振动时间，振动方程的解是关键；而计算振动过程中的受力及能量，需要确定常数 k 的取值，可通过 $k=m\omega^2$ 来算。

（1） 物体的振幅 $A=2.4\times10^{-2}$m，圆频率

$$\omega = \frac{2\pi}{T} = \frac{\pi}{2}\text{rad/s}$$

当 $t=0$ 时，$x=A=A\cos\varphi$，得

$$\varphi = 0$$

或者由旋转矢量图（图 5-11），$t=0$ 时，$x=A$，亦可知初相位

$$\varphi = 0$$

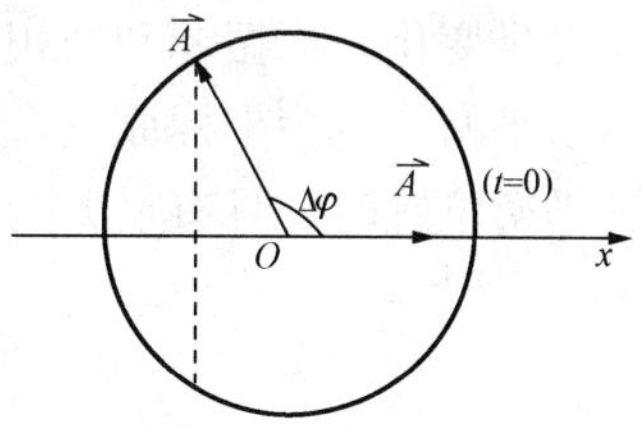

因此，振动方程为

$$x = 2.4\times10^{-2}\cos\left(\frac{\pi}{2}t\right)\text{m}$$

图 5-11

当 $t=0.5$s 时，代入振动方程得物体所在的位置

$$x = 1.7\times10^{-2}\text{m}$$

物体所受的合力

$$F = -kx$$

其中，$k=m\omega^2=2.46\times10^{-2}$N/m。$x=1.7\times10^{-2}$m 时，$F=-4.18\times10^{-4}$N。

（2） 当 $x=-1.2\times10^{-2}$m$=-\dfrac{A}{2}$ 时，由振动方程得 $-\dfrac{A}{2}=A\cos\left(\dfrac{\pi}{2}t\right)$

解得

$$\frac{\pi}{2}t = \frac{2}{3}\pi \text{ 或 } \frac{4}{3}\pi$$

要使时间最短，取 $\dfrac{\pi}{2}t=\dfrac{2}{3}\pi$，求得

$$t = 1.33\text{s}$$

旋转矢量法：由起始位置运动到 $x=-1.2\times10^{-2}$m$=-\dfrac{A}{2}$ 时，在旋转矢量图（图 5-11）上，对应的旋转矢量转过的最小角度 $\Delta\varphi=\dfrac{2}{3}\pi$，因此运动的最短时间

$$\Delta t = \frac{\Delta\varphi}{\omega} = 1.33\text{s}$$

（3） 当 $x=1.2\times10^{-2}$m 时，物体的总能量

$$E = \frac{1}{2}kA^2 = 7.08\times10^{-6}\text{J}$$

势能

$$E_\text{p} = \frac{1}{2}kx^2 = 1.77\times10^{-6}\text{J}$$

动能

$$E_k = E - E_p = 5.31 \times 10^{-6} \text{J}$$

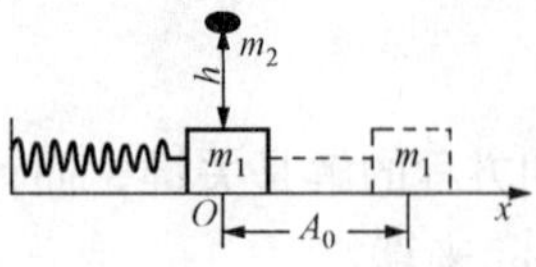

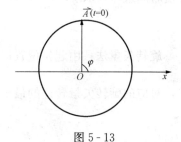

图 5-12

例 9. 劲度系数为 k 的轻质弹簧，系一质量为 m_1 的物体在水平面上做振幅为 A_0 的简谐振动。有一质量为 m_2 的黏土，从高度为 h 处自由下落，正好在物体向左运动通过平衡位置时落在物体之上，如图 5-12 所示，求黏土和物体一起运动时的振动方程。

［解］： 本题结合了碰撞和简谐振动两部分的知识点，属于比较综合的题目。黏土和物块的碰撞为非弹性碰撞，虽然系统动量不守恒，但系统在水平方向上动量守恒；碰撞后，系统的振动方程发生变化，弹簧振子的质量增大，振动方程的圆频率相应发生变化，而振幅和初相位也应由碰撞后的初始条件来求解。

以平衡位置为坐标原点，水平向右为 x 轴正方向建立坐标。碰撞前，物块做简谐振动，通过平衡位置时，具有最大的速率

$$v = A_0 \omega_0 = A_0 \sqrt{\frac{k}{m_1}}$$

黏土和物块碰撞时，系统在水平方向上动量守恒得

$$m_1 v_0 = (m_1 + m_2) v'$$

碰撞后，黏土和物块一起作简谐振动，$\omega = \sqrt{\dfrac{k}{m_1 + m_2}}$

$t=0$ 时，$x_0 = 0$　　$v_0 = -v' = -\dfrac{m_1}{m_1 + m_2} A_0 \omega_0$

由 $x_0 = A\cos\varphi = 0$ 得

$$\varphi = \pm \frac{\pi}{2}$$

而 $v_0 = -A\omega\sin\varphi < 0$，$\sin\varphi > 0$
所以

$$\varphi = \frac{\pi}{2}$$

或者，由旋转矢量图（见图 5-13），可知 $t=0$，$\varphi = \dfrac{\pi}{2}$

振幅

$$A = \sqrt{x_0^2 + \frac{v_0^2}{\omega^2}} = A_0 \sqrt{\frac{m_1}{m_1 + m_2}}$$

故振动方程为

$$x = A_0 \sqrt{\frac{m_1}{m_1 + m_2}} \cos\left(\sqrt{\frac{k}{m_1 + m_2}} t + \frac{\pi}{2}\right)$$

图 5-13

例 10. 有两个振动方向相同的简谐振动，其振动方程分别为

$$x_1 = 4\cos(2\pi t + \pi) \text{cm}$$

$$x_2 = 3\cos\left(2\pi t + \frac{\pi}{2}\right) \text{cm}$$

（1）求它们的合振动方程；

（2）另有一同方向的简谐振动 $x_3 = 2\cos(2\pi t + \varphi_3)\text{cm}$，问当 φ_3 为何值时，$x_1 + x_3$ 的振幅

为最大值？当 φ_3 为何值时，$x_1 + x_3$ 的振幅为最小值？

[**解**]：同方向同频率的简谐振动的合成可用解析方法求解。若这两个简谐振动对应的旋转矢量沿着一直线或相互垂直，利用旋转矢量法亦可求解合振动。本题这两个方法都可求解合振动。

（1）合振动圆频率与分振动的圆频率相同，即 $\omega = 2\pi$。由题 $A_1 = 4\text{cm}$，$\varphi_1 = \pi$，$A_2 = 3\text{cm}$，$\varphi_2 = \dfrac{\pi}{2}$，合振动的振幅为

$$A = \sqrt{A_1^2 + A_2^2 + 2A_1 A_2 \cos(\varphi_2 - \varphi_1)} = 5\text{cm}$$

合振动的初相位为

$$\tan\varphi = \frac{A_1 \sin\varphi_1 + A_2 \sin\varphi_2}{A_1 \cos\varphi_1 + A_2 \cos\varphi_2} = -\frac{3}{4}$$

φ 的取值在 $\varphi_1 \sim \varphi_2$，所求的初相位 φ_0 应在第二象限，解得

$$\varphi = \frac{4}{5}\pi$$

或由旋转矢量图（见图 5-14）得

$$A = \sqrt{A_1^2 + A_2^2} = 5\text{cm}$$

$$\varphi = \frac{\pi}{2} + \arctan\frac{A_1}{A_2} = \frac{4}{5}\pi$$

故所求的振动方程为

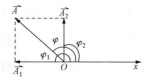

图 5-14

$$x = 5\cos\left(2\pi t + \frac{4}{5}\pi\right)\text{cm}$$

（2）当 $\varphi_3 - \varphi_1 = \pm 2k\pi$，$k = 0, 1, 2, \cdots$ 时，即 x_1 与 x_3 相位相同时，合振动的振幅最大，由于 $\varphi_1 = \pi$，所以

$$\varphi_3 = \pm 2k\pi + \pi (k = 0, 1, 2, \cdots)$$

当 $\varphi_3 - \varphi_1 = \pm(2k+1)\pi$，$k = 0, 1, 2, \cdots$ 时，即 x_1 与 x_3 相位相反时，合振动的振幅最小。由于 $\varphi_1 = \pi$，故

$$\varphi_3 = \pm(2k+1)\pi + \pi (k = 0, 1, 2, \cdots)$$

即

$$\varphi_3 = \pm 2k\pi (k = 0, 1, 2, \cdots)$$

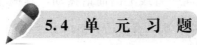

5.4 单 元 习 题

一、选择题

1. 一个质点作简谐振动，振幅为 A，在起始时刻质点的位移为 $-\dfrac{A}{2}$，且向 x 轴的负方向运动，代表这个简谐振动的旋转矢量图为　　　　　　　　（　　）

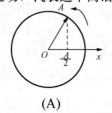

(A)

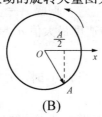

(B)

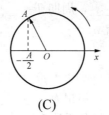

(C)

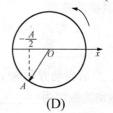

(D)

图 5-15

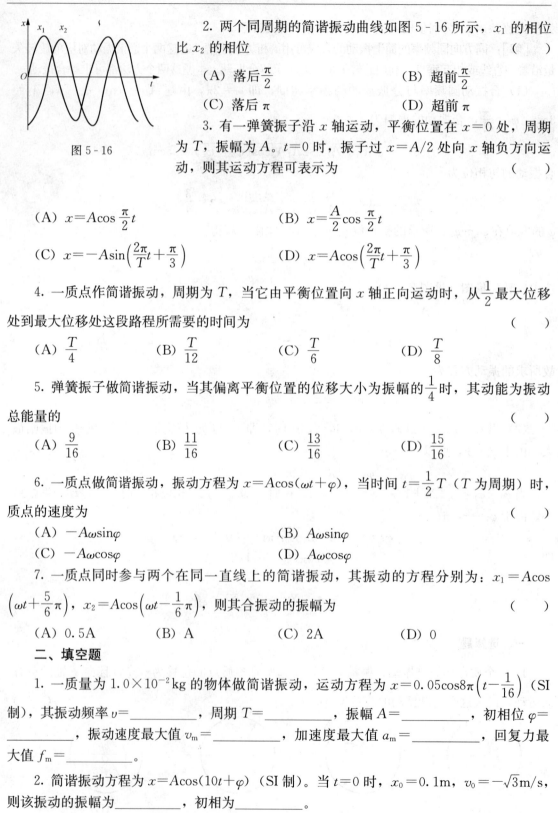

图 5 - 16

2. 两个同周期的简谐振动曲线如图 5 - 16 所示，x_1 的相位比 x_2 的相位 （　　）

(A) 落后 $\dfrac{\pi}{2}$　　　　　　　　　(B) 超前 $\dfrac{\pi}{2}$

(C) 落后 π　　　　　　　　　　(D) 超前 π

3. 有一弹簧振子沿 x 轴运动，平衡位置在 $x=0$ 处，周期为 T，振幅为 A。$t=0$ 时，振子过 $x=A/2$ 处向 x 轴负方向运动，则其运动方程可表示为 （　　）

(A) $x=A\cos\dfrac{\pi}{2}t$　　　　　　　　(B) $x=\dfrac{A}{2}\cos\dfrac{\pi}{2}t$

(C) $x=-A\sin\left(\dfrac{2\pi}{T}t+\dfrac{\pi}{3}\right)$　　　　(D) $x=A\cos\left(\dfrac{2\pi}{T}t+\dfrac{\pi}{3}\right)$

4. 一质点作简谐振动，周期为 T，当它由平衡位置向 x 轴正向运动时，从 $\dfrac{1}{2}$ 最大位移处到最大位移处这段路程所需要的时间为 （　　）

(A) $\dfrac{T}{4}$　　　　(B) $\dfrac{T}{12}$　　　　(C) $\dfrac{T}{6}$　　　　(D) $\dfrac{T}{8}$

5. 弹簧振子做简谐振动，当其偏离平衡位置的位移大小为振幅的 $\dfrac{1}{4}$ 时，其动能为振动总能量的 （　　）

(A) $\dfrac{9}{16}$　　　　(B) $\dfrac{11}{16}$　　　　(C) $\dfrac{13}{16}$　　　　(D) $\dfrac{15}{16}$

6. 一质点做简谐振动，振动方程为 $x=A\cos(\omega t+\varphi)$，当时间 $t=\dfrac{1}{2}T$（T 为周期）时，质点的速度为 （　　）

(A) $-A\omega\sin\varphi$　　　　　　　　(B) $A\omega\sin\varphi$

(C) $-A\omega\cos\varphi$　　　　　　　　(D) $A\omega\cos\varphi$

7. 一质点同时参与两个在同一直线上的简谐振动，其振动的方程分别为：$x_1=A\cos\left(\omega t+\dfrac{5}{6}\pi\right)$，$x_2=A\cos\left(\omega t-\dfrac{1}{6}\pi\right)$，则其合振动的振幅为 （　　）

(A) 0.5A　　　　(B) A　　　　(C) 2A　　　　(D) 0

二、填空题

1. 一质量为 1.0×10^{-2} kg 的物体做简谐振动，运动方程为 $x=0.05\cos8\pi\left(t-\dfrac{1}{16}\right)$（SI 制），其振动频率 $\upsilon=$＿＿＿＿＿＿，周期 $T=$＿＿＿＿＿＿，振幅 $A=$＿＿＿＿＿＿，初相位 $\varphi=$＿＿＿＿＿＿，振动速度最大值 $v_{\mathrm{m}}=$＿＿＿＿＿＿，加速度最大值 $a_{\mathrm{m}}=$＿＿＿＿＿＿，回复力最大值 $f_{\mathrm{m}}=$＿＿＿＿＿＿。

2. 简谐振动方程为 $x=A\cos(10t+\varphi)$（SI 制）。当 $t=0$ 时，$x_0=0.1$m，$v_0=-\sqrt{3}$m/s，则该振动的振幅为＿＿＿＿＿＿，初相为＿＿＿＿＿＿。

3. 如图 5 - 17 所示，用旋转矢量法表示了一个简谐振动，旋转矢量的长度为 0.04m，旋

转角速度 $\omega = 4\pi$ rad/s，此简谐振动以余弦函数表示的振动方程为_____。

4. 如图 5-18 所示，一放置在水平桌面上的弹簧振子，其劲度系数为 100N/m，振幅 $A=0.4$m，周期 $T=3$s，当 $t=0$ 时，物体处在平衡位置，并向 x 轴负方向运动。则 $t=1.25$s 时，其位移为_____，势能为_____，动能为_____。

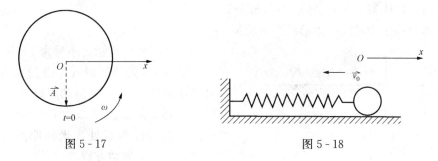

图 5-17   图 5-18

5. x_1 和 x_2 为两同方向同频率的简谐振动，x 为它们的合振动，请填写表 5-1。

表 5-1

x_1	x_2	x
$4\cos\left(2\pi t-\dfrac{\pi}{3}\right)$	$5\cos\left(2\pi t+\dfrac{5\pi}{3}\right)$	
$4\cos\left(3t+\dfrac{\pi}{3}\right)$		$4\cos\left(3t-\dfrac{4\pi}{3}\right)$
	$3\cos\left(2t+\dfrac{\pi}{6}\right)$	$7\cos\left(2t-\dfrac{5\pi}{6}\right)$

三、计算题

1. 如图 5-19 所示，弹簧振子放在倾角为 α 的光滑斜面上，其劲度系数为 k，弹簧一端固定，另一端系一质量为 m 的物体。将物体拉离平衡位置，并释放，证明物体做简谐运动并求振动周期。

2. 有一条简谐振动曲线如图 5-20 所示，试求：（1）该简谐振动的角频率 ω，初相位 φ_0；（2）该简谐振动的振动方程，振动速度 v 和振动加速度 a 的表达式。

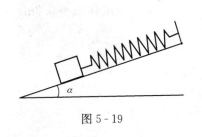 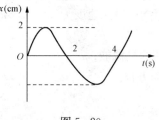

图 5-19   图 5-20

3. 一弹簧振子系统，振子的质量为 m，弹簧的劲度系数为 k，设振子与地面间摩擦忽略不计，分别求：

（1）$t=0$ 时，$x=0$，$v=v_m$；

（2）$t=0$ 时，$x=L$，$v=0$ 的振动方程。

（其中，$v_m > 0$，$L > 0$。）

4. 一物体沿 x 轴做简谐振动，其振幅 $A = 10\text{cm}$，周期 $T = 2\text{s}$，$t = 0$ 时物体的位移为 $x_0 = -5\text{cm}$，且向 x 轴负方向运动，试求：

(1) $t = 0.5\text{s}$ 时物体的位移；

(2) 何时物体第一次运动到 $x = 5\text{cm}$ 处；

(3) 再经过多少时间物体第二次运动到 $x = 5\text{cm}$ 处。

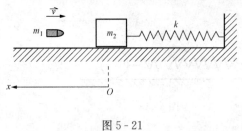

图 5 - 21

5. 如图 5-21 所示，质量为 $1 \times 10^{-2}\text{kg}$ 的子弹，以 500m/s 的速度射入并嵌在木块中，同时使弹簧压缩从而做简谐振动，设木块的质量为 4.99kg，弹簧的劲度系数为 $8 \times 10^3\text{N/m}$，若以弹簧原长时物体所在处为坐标原点，向左为 x 轴正向，求简谐振动方程。

6. 质量为 0.1kg 的物体，以振幅 $A = 1 \times 10^{-2}\text{m}$ 作简谐振动，其最大加速度为 4m/s^2，求：

(1) 振动的周期；

(2) 通过平衡位置的动能；

(3) 物体的位移大小为振幅的 $\dfrac{1}{2}$ 时物体的动能；

(4) 物体在何处其动能和势能相等？

7. 一质点同时参与两个同方向、同频率的简谐振动，它们的振动方程分别为

$$x_1 = 6\cos\left(2t + \frac{\pi}{6}\right)\text{cm}$$

$$x_2 = 8\cos\left(2t - \frac{\pi}{3}\right)\text{cm}$$

试求合振动方程。

8. 有两个同方向、同频率的简谐振动，其合振动的振幅为 0.2m，合振动的相位与第一个振动的相位差为 $\pi/6$，若第一个振动的振幅为 0.173m，求第二个振动的振幅及两振动的相位差。

9. 有一沿 x 轴做简谐振动的弹簧振子，假设振子在最大位移 $x_m = 0.4\text{m}$ 时，最大回复力为 $F_m = 0.8\text{N}$；最大速度为 $v_m = 0.8\pi\text{m/s}$，又知 $t = 0$ 时的初位移 $x_0 = 0.2\text{m}$，且速度为负值。试求：

(1) 振动的机械能；

(2) 振动方程。

第6章　机　械　波

6.1　基　本　要　求

（1）掌握机械波产生条件和传播过程的特点。
（2）掌握平面简谐波的波动过程及各物理量的物理意义，并掌握它们之间的关系。
（3）掌握平面简谐波的波函数，并能由已知质点的振动方程得出平面简谐波方程。
（4）理解惠更斯原理和波的叠加原理，熟练掌握波的干涉原理和干涉加强，减弱条件。
（5）了解波的能量传播特征及能流、能流密度概念。

6.2　基　础　知　识　点

1. 机械波的产生和传播

（1）机械波：机械振动在弹性介质中的传播过程。形成机械波需要有波源和弹性介质两个条件。

（2）机械波传播过程中的特点：

1）各质点在各自平衡位置附近振动，而不沿着波传播方向移动；

2）波动是指振动状态（相位波形）和振动能量的传播；

3）沿波的传播方向，各质点的相位（振动状态）依次落后。

（3）机械波的传播方式：纵波和横波。

纵波：质点的振动方向与波的传播方向相互垂直的波。

横波：质点的振动方向与波的传播方向相互平行的波。

2. 描述机械波的物理量

（1）波长 λ：同一波线上两个相邻的、相位差为 2π 的振动质点之间的距离。

（2）周期 T：波传播一个波长所需要的时间，决定于振源的振动频率

$$\text{圆频率 } \omega = \frac{2\pi}{T}, \text{频率 } \upsilon = \frac{1}{T} = \frac{\omega}{2\pi}$$

（3）波速 u：某一振动状态在单位时间内所传播的距离，波速决定于介质的性质。

$$u = \lambda/T = \lambda\upsilon$$

3. 平面简谐波的波函数（波动方程）

（1）平面简谐波：波源和波动所到达的各质点均做简谐振动的平面波。

（2）波函数（波动方程）：波动过程中，介质中任一质点相对其平衡位置的位移随时间的变化关系。

（3）平面简谐波的波函数：对于平面简谐横波，已知坐标原点质点的振动方程

$$y_0 = A\cos(\omega t + \varphi)$$

则波函数为

$$y(x,t) = A\cos\left[\omega\left(t \mp \frac{x}{u}\right) + \varphi\right]$$

> "—" 波沿 x 轴正方向传播；
> "+" 波沿 x 轴负方向传播。

或
$$y = A\cos\left[2\pi\left(\frac{t}{T} \mp \frac{x}{\lambda}\right) + \varphi\right]$$

或
$$y = A\cos(\omega t \mp kx + \varphi)$$

其中，$k = \dfrac{2\pi}{\lambda}$ 为角波数。

一般的，已知距离坐标原点为 x_0 的质点 Q 其振动方程为：$y_Q = A\cos(\omega t + \varphi)$

则波函数为

$$y = A\cos\left[\omega\left(t \mp \frac{x - x_0}{u}\right) + \varphi\right]$$

（4）波函数的物理含义：

1）当 x 固定时，波函数 y 只是 t 的函数，表示离原点距离为 x 的质点做简谐振动时的振动方程，作出的 $y - t$ 曲线为该质点的振动曲线，见图 6-1。

2）当 t 给定时，波函数 y 为 x 的函数，表示该时刻波线上各质点相对其平衡位置的位移，对应的 $y - x$ 曲线称为该时刻的波形图，见图 6-2。这时，波线上相距 Δx 的两质点的相位差为：

$$\Delta\varphi = 2\pi\frac{\Delta x}{\lambda}$$

3）若 x，t 均变化，波函数表示波形沿传播方向的运动情况，称为行波，见图 6-3。经过 Δt 时间，波动传播距离 $\Delta x = u \cdot \Delta t$，利用行波还可以判断某处质点下一时刻的振动方向。

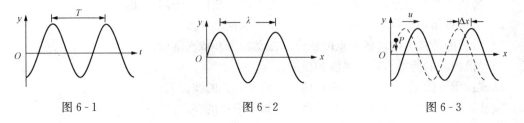

图 6-1   图 6-2   图 6-3

4. 波的能量

（1）波动能量的定性分析。机械波传播过程中，介质中质元的动能和势能是同步变化的，两者同时达到最大，又同时减到零，质元的总能量随时间作周期性变化，能量不守恒。

平衡位置处，质元的动能和势能最大；最大位移处质元的动能和势能为零；质元从平衡位置向最大位移处运动时，能量减小，质点向周围介质释放能量；质元从最大位移处向平衡位置运动时，能量增加，质点从周围介质吸收能量。

（2）能流和能流密度。

能流 P：单位时间内通过介质中某一面积的能量。

能流密度 I：垂直通过单位面积的平均能流。

对于简谐波：$I = \dfrac{\overline{P}}{S} = \dfrac{1}{2}\rho A^2\omega^2 u$，$\rho$ 为介质的质量密度。

5. 惠更斯原理和波的叠加原理

（1）惠更斯原理。介质中波动传播到的各点都可以看作是发射子波的波源，而在其后的任意时刻，这些子波的包络就是新的波前。

（2）波的叠加原理。几列波相遇之后，仍然保持它们各自原有的特征（频率、波长、振幅、振动方向等）不变，并按照原来的方向继续前进，好像没有遇到过其他波一样；在相遇区域内任一点的振动，为各列波单独存在时在该点所引起的振动位移的矢量和。

6. 波的干涉

（1）波的干涉现象。频率相同、振动方向平行、相位相同或相位差恒定的两列波相遇，使某些地方振动始终加强，而使另一些地方振动始终减弱。

（2）相干条件。两列波频率相同、振动方向平行、相位相同或相位差恒定。

（3）干涉强弱分布。设两相干波源 S_1 和 S_2 的振动方程为
$$\begin{cases} y_{10}=A_1\cos(\omega t+\varphi_1) \\ y_{20}=A_2\cos(\omega t+\varphi_2) \end{cases}$$

对于两列相干波相遇处一点 P（见图 6-4），振幅
$$A=\sqrt{A_1^2+A_2^2+2A_1A_2\cos(\Delta\varphi)}$$

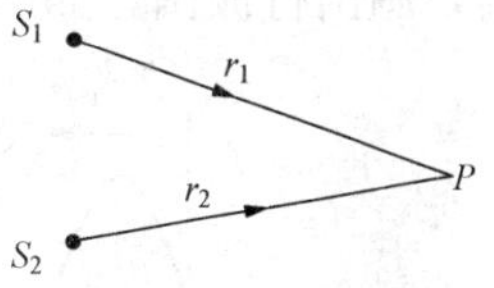

式中
$$\Delta\varphi=\varphi_2-\varphi_1-2\pi\frac{r_2-r_1}{\lambda}$$

$$\Delta\varphi=\begin{cases} \pm 2k\pi,k=0,1,2,\cdots & A=A_1+A_2,P\text{ 点振动加强，干涉相长} \\ \pm(2k+1)\pi,k=0,1,2,\cdots & A=|A_1-A_2|,P\text{ 点振动减弱，干涉相消} \end{cases}$$

特殊的，$\varphi_2=\varphi_1$ 时，定义波程差 $\delta=r_1-r_2$，则
$$\delta=\begin{cases} \pm k\lambda(k=0,1,2,\cdots) & \text{干涉相长} \\ \pm(2k+1)\frac{1}{2}\lambda(k=0,1,2,\cdots) & \text{干涉相消} \end{cases}$$

图 6-4

🔍 6.3 例 题 分 析

例1. 已知一平面简谐波的波动方程为 $y=0.05\cos\pi(2.5t-0.01x)$（单位 SI 制），则此波的周期为_____，波长为_____，波的传播速度为_____。

[**答案**]：0.8s、200m、250m/s。

[**解析**]：已知波动方程求描述机械波的物理量，可将波动方程化为 $y=A\cos\left[\omega\left(t-\dfrac{x}{u}\right)+\varphi\right]=A\cos\left[2\pi\left(\dfrac{t}{T}-\dfrac{x}{\lambda}\right)+\varphi\right]$，通过比对基本形式的波动方程来确定相关物理量。将题中的方程化为 $y=0.05\cos 2.5\pi\left(t-\dfrac{x}{250}\right)=0.05\cos 2\pi\left(\dfrac{t}{0.8}-\dfrac{x}{200}\right)$，所以周期 $T=0.8$s，波长 $\lambda=200$m，波速 $u=250$m/s。

例2. 在波线上的 A、B 两点，B 点的相位比 A 点落后 $\pi/6$，已知 A、B 两点间的距离为 2.0cm，波的周期为 2s，则波长为_____，波速为_____。

[**答案**]：24cm，12cm/s

[**解析**]：相距 Δx 两质点的相位差为 $\Delta\varphi=2\pi\dfrac{\Delta x}{\lambda}$，本题中 $\Delta x=2.0$cm，$\Delta\varphi=\dfrac{\pi}{6}$，可得到波长 $\lambda=24$cm，进而波速 $u=\dfrac{\lambda}{T}=12$cm/s。

例 3. 一平面简谐横波沿 x 轴正向传播，t 时刻的波形曲线如图 6-5 所示，则图中 P、Q 两质点在该时刻的运动方向为　　　　　　　　　　　　　　　　　　　　（　　）

（A）P、Q 均向上运动

（B）P 向上运动，Q 向下运动

（C）P 向下运动，Q 向上运动

（D）P、Q 均向上运动

[**答案**]：（B）

[**解析**]：在波形图中判断质点的振动方向可通过行波来判断。让该波向前传播一段距离，画出行波图，如图 6-6 所示，可知 P 向上运动而 Q 向下运动。

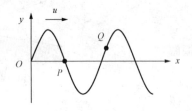
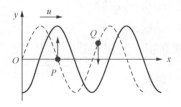

图 6-5　　　　　　　　　　　　　　　　　　图 6-6

例 4. 一平面简谐波在均匀弹性介质中传播，在某一瞬间，介质中某一质元正处在平衡位置，此时该质元的　　　　　　　　　　　　　　　　　　　　　　　　　　　（　　）

（A）动能为零，势能最大　　　　　　　（B）动能最大，势能为零

（C）动能最大，势能也最大　　　　　　（D）动能为零，势能也为零。

[**答案**]：（C）

[**解析**]：机械波传播过程中，介质中质元的动能和势能是同步变化的，两者同时达到最大，又同时减到零，平衡位置处，质元的动能最大，势能也最大。

例 5. 波源做简谐振动，频率为 50Hz，振幅为 0.2m，并以它经平衡位置向负方向运动时为时间起点，形成的简谐波沿直线以 200m/s 的速度传播，求：

（1）波动方程；

（2）距波源为 2m 处的点 P 的振动方程和初相位；

（3）距波源分别为 1m 和 2m 的两质点间的相位差。

[**解**]：已知坐标原点的振动方程 $y_0 = A\cos(\omega t + \varphi)$，则波动方程可表示为 $y = A\cos\left[\omega\left(t \mp \dfrac{x}{u}\right) + \varphi\right]$；本题中波源（坐标原点）的振动方程未知，应先通过题设条件求出波源的振动方程，继而求出波动方程。某一位置处的振动方程，可将该处的位置代入波动方程来求得，而振动的初相位则可由振动方程来确定；波线上相距 Δx 两质点的相位差可由 $\Delta\varphi = 2\pi\dfrac{\Delta x}{\lambda}$ 来算。

（1）该简谐波振幅 A＝0.2m，频率 υ＝50Hz，圆频率 $\omega = 2\pi \cdot \upsilon = 100\pi\,\mathrm{rad/s}$。

t＝0 时刻，波源 $y_0 = 0$，振动速度 $\upsilon_0 < 0$，由 $y_0 = A\cos\varphi = 0$ 解得

$$\varphi = \pm\frac{\pi}{2}$$

而 $\upsilon_0 = -A\omega\sin\varphi < 0$，$\sin\varphi > 0$，所以

$$\varphi = \frac{\pi}{2}$$

或者，由旋转矢量图（图 6-7），易得 $\varphi = \dfrac{\pi}{2}$。

所以波源的振动方程为

$$y = 0.2\cos\left(100\pi t + \frac{\pi}{2}\right)\text{m}$$

由此得波动方程

$$y = 0.2\cos\left[100\pi\left(t - \frac{x}{200}\right) + \frac{\pi}{2}\right]\text{m}$$

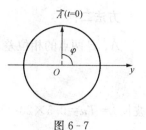

图 6-7

（2）对于 P 点，$x_p = 2\text{m}$，代入波动方程得到振动方程

$$y = 0.2\cos\left(100\pi t - \frac{\pi}{2}\right)\text{m}$$

故 $t = 0$ 时，P 点初相位为

$$\varphi_{P0} = -\frac{\pi}{2}$$

（3）该波的波长

$$\lambda = uT = \frac{u}{v} = 4\text{m}$$

距波源分别为 1m 和 2m 的两质点间的相位差

$$\Delta\varphi = 2\pi\frac{\Delta x}{\lambda} = \frac{\pi}{2}$$

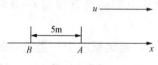

图 6-8

例 6. 如图 6-8 所示，一平面简谐波以速度 $u = 20\text{m/s}$ 沿直线传播，波线上点 A 的振动方程为 $y = 3 \times 10^{-2}\cos 4\pi t\,\text{m}$，求：

（1）以 A 为坐标原点，写出波动方程；

（2）以 B 为坐标原点，写出波动方程。

[**解**]：A 点的振动方程已知，以 A 点为坐标原点，求波动方程比较容易；而以 B 点为坐标原点，求波动方程时，需要求出 B 点的振动方程，可以通过以 A 点为坐标原点时的波动方程求 B 点的振动方程，也可以比较 A、B 两点的相位差来求。

（1）A 点振动方程为

$$y = 3 \times 10^{-2}\cos 4\pi t\ \text{m}$$

该波沿 x 轴正方向传播，以 A 点为坐标原点的波动方程可表示为

$$y = 3 \times 10^{-2}\cos 4\pi\left(t - \frac{x}{20}\right)\text{m}$$

（2）先求 B 点振动方程：

方法一：

以 A 为坐标原点时，波动方程为

$$y = 3 \times 10^{-2}\cos 4\pi\left(t - \frac{x}{20}\right)\text{m}$$

将 $x = -5\text{m}$ 代入上式得 B 点振动方程

$$y = 3 \times 10^{-2}\cos(4\pi t + \pi)\text{m}$$

方法二：

A、B 两点的相位差 $\Delta\varphi = 2\pi\dfrac{\Delta x}{\lambda}$，式中 $\Delta x = 5\mathrm{m}$，该简谐波圆频率 $\omega = 4\pi\mathrm{rad/s}$，则周期

$$T = \frac{2\pi}{\omega} = \frac{2\pi}{4\pi} = 0.5 \text{ s}$$

波长 $\lambda = Tu = 0.5 \times 20 = 10\mathrm{m}$，得到

$$\Delta\varphi = \pi$$

令 φ_B 为 B 点的振动初相位，φ_A 为 A 点的振动初相位，该波沿 x 轴正方向传播，B 点振动比 A 点振动超前，所以

$$\Delta\varphi = \varphi_B - \varphi_A = \varphi_B = \pi(\varphi_A = 0)$$

所以 B 点振动方程

$$y = 3 \times 10^{-2}\cos(4\pi t + \pi)\mathrm{m}$$

因此，以 B 为坐标原点的波动方程可表示为

$$y = 3 \times 10^{-2}\cos\left[4\pi\left(t - \frac{x}{20}\right) + \pi\right]\mathrm{m}$$

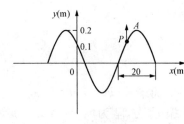

图 6-9

例 7. 图 6-9 所示为平面简谐波在 $t = 0$ 时的波形图，设此简谐波的频率为 $250\mathrm{Hz}$，且此时图中质点 P 的运动方向向上，求：

（1）该波的波动方程；

（2）在距原点 O 为 $10\mathrm{m}$ 处质点的运动方程与 $t = 0$ 时该点的振动速度。

[解]： 由波形图求波动方程，是机械波中一类重要的题目类型。通过波形图可以确定机械波的振幅、波长、传播方向、质点的振动位移和振动方向等相关信息，求出坐标原点处的振动方程后，便可得到波动方程。本题中，质点的振动速度指的是质点在其平衡位置附近做简谐振动的速度，可通过将振动方程对时间求导来计算，它与波的传播速度是不同的。

（1）由波形图得振幅 $A = 0.2\mathrm{m}$，波长 $\lambda = 40\mathrm{m}$。则

波速 $\qquad\qquad u = \lambda\nu = 40 \times 250 = 10^4\mathrm{m/s}$

圆频率 $\qquad\qquad \omega = 2\pi\upsilon = 500\pi\mathrm{rad/s}$

由点 P 向上运动通过作行波图，可知波是沿 x 轴负方向传播的。在原点 O 处，$t = 0$ 时，$y_0 = 0.1\mathrm{m}$ 且向 y 轴负方向运动，$y_0 = A\cos\varphi = \dfrac{A}{2}$，由此解得

$$\varphi = \pm\frac{\pi}{3}$$

而 $v_0 = -A\omega\sin\varphi < 0$，$\sin\varphi > 0$，所以

$$\varphi = \frac{\pi}{3}$$

或者作出 $t = 0$ 时原点振动的旋转矢量图（图 6-10），亦可得 $\varphi = \dfrac{\pi}{3}$。

所以，原点处振动方程为

$$y = 0.2\cos\left(500\pi t + \frac{\pi}{3}\right)\text{m}$$

波动方程为

$$y = 0.2\cos\left[500\pi\left(t + \frac{x}{10000}\right) + \frac{\pi}{3}\right]\text{m}$$

（2）将 $x=10\text{m}$ 代入上式得到 P 振动方程：

$$y = 0.2\cos\left(500\pi t + \frac{5}{6}\pi\right)\text{m}$$

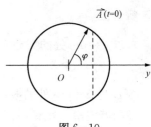

图 6 - 10

其振动速度

$$v = \frac{\mathrm{d}y}{\mathrm{d}t} = -100\pi\sin\left(500\pi t + \frac{5}{6}\pi\right)$$

当 $t=0\text{s}$ 时，

$$v = -50\pi\text{m/s}$$

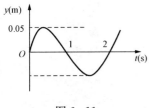

图 6 - 11

例 8. 一简谐波沿 Ox 轴正向传播，波速为 $u=10\text{m/s}$，已知 $x=2\text{m}$ 处质点的振动曲线如图 6 - 11 所示，求波动方程。

[解]：由振动曲线求波动方程，是机械波中另一类重要的题目类型。通过振动曲线，可以得到质点振动的振幅、周期、初相位等物理量，由此求出质点的振动方程，继而得到相应的波动方程。

解法一：

求出 $x=2\text{m}$ 处的振动方程，令 $x_0=2\text{m}$ 利用公式 $y=A\cos\left[\omega\left(t\pm\dfrac{x-x_0}{u}\right)+\varphi\right]$ 计算。在 $x=2\text{m}$ 处，由振动曲线得到，振幅 $A=0.05\text{m}$，周期 $T=2\text{s}$，圆频率 $\omega=\dfrac{2\pi}{T}=\pi\text{rad/s}$。

$t=0$ 时，$y_0=0=A\cos\varphi$，求得

$$\varphi = \pm\frac{\pi}{2}$$

而振动速度 $v_0=-A\omega\sin\varphi>0$，$\sin\varphi<0$，所以

$$\varphi = -\frac{\pi}{2}$$

或者由旋转矢量图（见图 6 - 12），求出 $\varphi=-\dfrac{\pi}{2}$。

所以，$x=2\text{m}$ 处的振动方程为

$$y = 0.05\cos\left(\pi t - \frac{\pi}{2}\right)\text{m}$$

该简谐波沿 x 轴正向传播，由公式

$$y = A\cos\left[\omega\left(t - \frac{x-x_0}{u}\right) + \varphi\right]$$

其中 $x_0=2\text{m}$，得到波动方程：

$$y = 0.05\cos\left[\pi\left(t - \frac{x}{10}\right) - \frac{3\pi}{10}\right]\text{m}$$

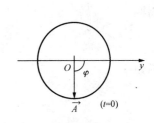

图 6 - 12

解法二：

求出 $x=0$m 处的振动方程 $y_0 = A\cos(\omega t + \varphi_0)$，用 $y = A\cos\left[\omega\left(t \mp \dfrac{x}{u}\right) + \varphi_0\right]$ 计算波动方程。

令 φ_0 为 $x=0$m 处的振动初相位，φ 为 $x=2$m 处的振动初相位。

该简谐波沿 x 轴正向传播，$x=0$m 处的质点的振动要比 $x=2$m 处的振动超前，相位差

$$\Delta\varphi = \varphi_0 - \varphi = 2\pi\frac{\Delta x}{\lambda}$$

其中，$\Delta x=2$m，$\lambda = uT = 20$m，由解法一可得

$$\varphi = -\frac{\pi}{2}$$

所以

$$\varphi_0 = \varphi + 2\pi\frac{\Delta x}{\lambda} = -\frac{3\pi}{10}$$

$x=0$m 处，振动方程为

$$y = 0.05\cos\left(\pi t - \frac{3\pi}{10}\right)\text{m}$$

故波动方程为

$$y = 0.05\cos\left[\pi\left(t - \frac{x}{10}\right) - \frac{3\pi}{10}\right]\text{m}$$

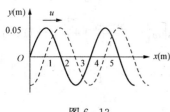

图 6-13

例 9. 如图 6-13 所示，一简谐波沿 x 轴正向传播。实线表示 $t=0$ 时的波形，虚线表示 $t=0.5$s 的波形，求该简谐波的波动方程。

[解]：由 $t=0$ 时的波形可以确定该简谐波的振幅、波长以及原点处质点振动的初相位，而通过行波图，可以确定 Δt 时间内该波所传播的距离 Δx，从而算出波速以及圆频率。各物理量确定后，波动方程也就求出了。

由 $t=0$ 时的波形可知，该简谐波振幅 $A=0.05$m，波长 $\lambda=4$m，坐标原点处，由行波图可知，质点经平衡位置向 y 负方向运动，即 $y_0=0$，$v_0<0$，求出初相位

$$\varphi = \frac{\pi}{2}（\text{计算过程略，同本章例 5 题}）。$$

t 在 $0\sim0.5$s 内，该波所传播的距离 $\Delta x=1$m，则波速

$$u = \frac{\Delta x}{\Delta t} = 2\text{m/s}$$

周期

$$T = \frac{\lambda}{u} = 2\text{s}$$

圆频率

$$\omega = \frac{2\pi}{T} = \pi\text{rad/s}$$

该简谐波沿 x 轴正向传播，由 $y = A\cos\left[\omega\left(t - \dfrac{x}{u}\right) + \varphi\right]$ 求得波动方程为

$$y = 0.05\cos\left[\pi\left(t - \frac{x}{2}\right) + \frac{\pi}{2}\right]\text{m}$$

例 10. 如图 6 - 14 所示，S_1 和 S_2 为同一介质中的两个相干波源，其振幅均为 10cm，频率均为 50Hz，当 S_1 为波峰时，S_2 恰好为波谷，波速为 20m/s。设 S_1 和 S_2 的振动均垂直于纸面，试求它们发出的两列波传到 P 点时干涉的结果。

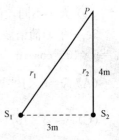

图 6 - 14

[解]：两相干波的干涉情况取决于相位差 $\Delta\varphi$。

$$\Delta\varphi = \varphi_2 - \varphi_1 - 2\pi\frac{r_2 - r_1}{\lambda}$$

合振幅

$$A = \sqrt{A_1^2 + A_2^2 + 2A_1A_2\cos(\Delta\varphi)}$$

$$\Delta\varphi = \begin{cases} \pm 2k\pi, k = 0,1,2,\cdots & \text{干涉增强，合振幅 } A = A_1 + A_2 \\ \pm(2k+1)\pi, k = 0,1,2,\cdots & \text{干涉减弱，合振幅 } A = |A_1 - A_2| \end{cases}$$

由图 6 - 14 可知，$S_2P = 4\text{m}$，$S_1S_2 = 3\text{m}$

故

$$S_1P = \sqrt{3^2 + 4^2} = 5\text{m}$$

由题意可知 $\varphi_1 - \varphi_2 = \pi$（设 S_1 的振动比 S_2 的振动超前），$A_1 = A_2 = 10\text{cm}$，$v_1 = v_2 = 50\text{Hz}$，$u = 20\text{m/s}$，因此，波长为

$$\lambda = \frac{u}{v_1} = \frac{20}{50} = 0.4\text{m}$$

相位差

$$\Delta\varphi = \varphi_2 - \varphi_1 - 2\pi\frac{S_2P - S_1P}{\lambda} = -\pi - 2\pi\frac{4-5}{0.4} = -6\pi$$

为 2π 的偶数倍，故 P 点干涉加强，

合振幅为

$$A = \sqrt{A_1^2 + A_2^2 + 2A_1A_2\cos(\Delta\varphi)} = A_1 + A_2 = 20\text{cm}$$

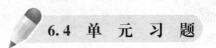

6.4 单 元 习 题

一、选择题

1. 如图 6 - 15 所示，有一横波在时刻 t 的波形沿 Ox 轴负方向传播，则在该时刻（   ）

（A）质点 A 沿 Oy 轴负方向运动

（B）质点 B 沿 Ox 轴负方向运动

（C）质点 C 沿 Oy 轴负方向运动

（D）质点 D 沿 Oy 轴正方向运动

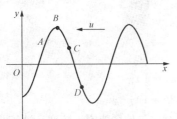

图 6 - 15

2. 在简谐波传播过程中，沿传播方向相距为半个波长的两点的振动速度必定 （   ）

（A）大小相同，方向相反

（B）大小和方向均相同

（C）大小不同，方向相同

(D) 大小不同，而方向相反

3. 一平面简谐波沿 Ox 轴正向传播，波速 $u=4\text{m/s}$，坐标原点处质点的振动表达式为 $y_0=5\times10^{-2}\cos\pi t\,\text{m}$，在 $t=5\text{s}$ 时，该横波的波形曲线方程为 （ ）

(A) $y=5\times10^{-2}\cos\left(\dfrac{\pi}{4}x+\pi\right)\text{m}$ (B) $y=5\times10^{-2}\cos\left(\dfrac{1}{4}x-\pi\right)\text{m}$

(C) $y=5\times10^{-2}\cos\left(\dfrac{1}{4}x+\pi\right)\text{m}$ (D) $y=5\times10^{-2}\cos\left(\pi-\dfrac{\pi}{4}x\right)\text{m}$

4. 一平面简谐波波动表达式为 $y=5\cos\left(2\pi t-\dfrac{\pi}{2}x+\pi\right)\text{cm}$，则 $x=4\text{cm}$ 位置处质点在 $t=1\text{s}$ 时刻的振动速度 v 为 （ ）

(A) $v=0$ (B) $v=5\pi\text{cm/s}$

(C) $v=-5\pi\text{cm/s}$ (D) $v=-10\pi\text{m/s}$

5. 图 6-16（a）表示 $t=0$ 的简谐波的波形图，波沿 x 轴正方向传播，图 6-16（b）为一质点的振动曲线，则图 6-16（a）中所表示的 $x=0$ 处质点振动的初相位与图 6-16（b）所表示的振动的初相位分别为 （ ）

(A) 均为零   (B) 均为 $\dfrac{\pi}{2}$ (C) $-\dfrac{\pi}{2}$ 与 $\dfrac{\pi}{2}$ (D) $\dfrac{\pi}{2}$ 与 $-\dfrac{\pi}{2}$

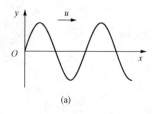 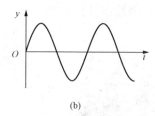

(a) (b)

图 6-16

6. 一平面简谐波在弹性媒质中传播，媒质中的某质元从其平衡位置运动到最大位移处的过程中 （ ）

(A) 它的动能转化为势能

(B) 它的势能转化为动能

(C) 它从相邻的媒质质元获得能量，其能量逐渐增加

(D) 它向相邻的媒质质元传出能量，其能量逐渐减少

7. 如图 6-17 所示，两列波长为 λ 的相干波在 P 点相遇。波在点 S_1 振动的初相是 φ_1，点 S_1 到 P 点的距离是 r_1。波在点 S_2 的初相为 φ_2，点 S_2 到 P 点的距离是 r_2，以 k 代表零或正负整数，则 P 点是干涉减弱的条件是 （ ）

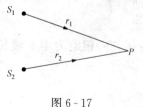

(A) $r_2-r_1=(2k+1)\dfrac{\lambda}{2}$

(B) $\varphi_2-\varphi_1=2k\pi$

(C) $\varphi_2-\varphi_1+2\pi(r_1-r_2)/\lambda=(2k+1)\pi$

(D) $\varphi_2-\varphi_1+2\pi(r_2-r_1)/\lambda=(2k+1)\pi$

图 6-17

8. 波由一种介质进入另一种介质时，其传播速度、频率、波长 （ ）

(A) 都不发生变化 　　　　　　　　(B) 速度和频率变、波长不变

(C) 都发生变化 　　　　　　　　　(D) 速度和波长变、频率不变

二、填空题

1. 已知一平面简谐波的波动方程为 $y=10\cos(0.02\pi x+\pi t)$（SI 制），则此波的频率为 _____ ，波的传播速度为 _____ ，该波沿 x 轴 _____ 方向传播。

2. 频率为 100Hz，传播速度为 300m/s 的平面波，波长为 _____ ，波线上两点振动的相位差为 $\frac{\pi}{3}$，则此两点相距 _____ m。

3. 已知一平面简谐波沿 x 轴正向传播，振动周期 $T=0.5s$，波长 $\lambda=10m$，振幅 $A=0.1m$，当 $t=0$ 时波源振动的位移恰好为正的最大值。若波源处为原点，则沿波传播方向距离波源为 $\lambda/2$ 处的振动方程为 $y=$ _____ ；当 $t=\frac{T}{2}$ 时，$x=\frac{\lambda}{4}$ 处质点的振动速度为 $v=$ _____ 。

4. 如图 6-18 所示，实线表示 $t=0$ 时的波形图，虚线表示 $t=0.1s$ 时的波形图，由图可知，该波的角频率 $\omega=$ _____ ，周期 $T=$ _____ ，波速 $u=$ _____ ，波函数 $y=$ _____ 。

5. 如图 6-19 所示，一平面简谐波以速度 u 沿 x 轴正方向传播，已知原点 O 处质点，振动方程为 $y_0=A\cos\omega t$，则 A 点的振动方程 $y_A=$ _____ ，B 点的振动方程 $y_B=$ _____ ，若以 A 点处为原点，则该波的波动方程为 _____ 。

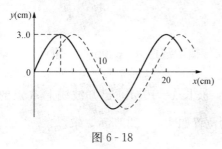

图 6-18

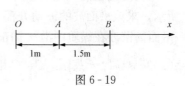

图 6-19

6. 如图 6-20 所示，两初相相同振幅分别为 A_1 和 A_2 的相干波源分别在 P、Q 两点处，它们相距 $\frac{3\lambda}{2}$，由 P、Q 发出频率为 ν、波长为 λ 的两列相干波，R 为 PQ 连线上的一点，则两列波在 R 处的相位差 _____ ，在 R 处的干涉振幅 _____ 。

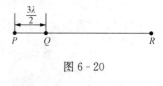

图 6-20

三、计算题

1. 已知波源在原点 $(x=0)$ 的平面简谐波函数 $Y=A\cos(Bt-Cx)$，式中 A、B、C 为正值恒量，求：

(1) 该波的振幅、波速、周期、波长；

(2) 在波传播方向上距离波源 L 处一点的振动方程；

(3) 任何时刻，在波传播方向上相距为 D 的两点的相位差。

2. 波源做简谐振动，其振动方程为 $y = 0.04\cos\left(100\pi t + \dfrac{\pi}{3}\right)$ m，它所形成的波以 20m/s 的速度沿一直线传播。求：

（1）波的周期和波长；

（2）波动方程；

（3）距波源分别为 0.05m 和 0.15m 的两质点间的相位差。

3. 波源做简谐振动，周期为 1.0×10^{-2} s，振幅为 0.1m，并以它经平衡位置向正方向运动时为时间起点，若此振动以 $u = 400$ m/s 的速度沿直线传播，求：

（1）波动方程；

（2）距波源为 8.0m 处的 P 点的运动方程和初相位。

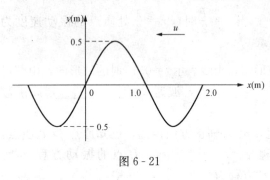

图 6-21

4. 平面简谐波沿 x 轴负方向传播，其频率为 0.25Hz，$t = 0$ s 时刻的波形如图 6-21 所示，求：

（1）坐标原点处质点的振动方程；

（2）该波的波动方程。

5. 一平面简谐波，$x = 0.03$ m 处的振动方程为 $y = 0.01\cos\left(4\pi t - \dfrac{\pi}{2}\right)$ m，现以速度为 0.1m/s 沿 x 轴负方向传播，求：

（1）波动方程；

（2）$x = 0.01$ m 处的振动方程。

6. 一平面简谐波在同一介质中沿 Ox 轴正向传播，波速 $u = 340$ m/s，原点处振动曲线如图 6-22 所示，求该平面波的波动方程。

7. 一平面简谐波在媒质中沿 x 轴正向传播，波长 $\lambda = 10$ cm，已知波线上 A 点的振动方程为 $y_A = 0.03\cos 4\pi\left(t - \dfrac{1}{8}\right)$ m，B、C 相对 A 的位置如图 6-23 所示，求：

（1）以 A 为坐标原点的波动方程；

（2）以 B 为坐标原点的波动方程；

（3）以 C 为坐标原点的波动方程。

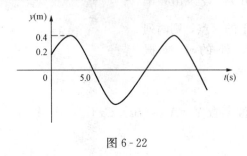

图 6-22

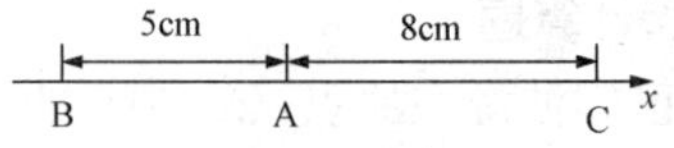

图 6-23

8. 相距 10m 的两相干波源 S_1、S_2 所产生的平面简谐波，振幅相等，频率均为 100Hz，两波源振动的相位差为 π，两波在同一介质中的传播速度为 400m/s，求 S_1、S_2 连线上因干涉而静止的各点位置。

第7章　气体动理论

7.1　基本要求

（1）了解气体分子热运动的图像。

（2）理解理想气体的压强公式和温度公式，并能从宏观和统计意义上理解压强、温度和内能等概念。

（3）了解麦克斯韦速率分布定律，理解三种统计速率的意义。

（4）理解气体分子能量均分定理，掌握气体分子内能的计算。

（5）了解气体分子平均碰撞次数和平均自由程。

7.2　基础知识点

1. 分子运动论的基本观点

（1）物质是由大量的分子组成的，分子之间有一定的间隙。

（2）分子永不停息地作无规则热运动。

（3）分子间存在分子力作用，包括分子引力和分子斥力。

（4）分子热运动具有统计规律性。（宏观量是微观量的统计平均。）

2. 气体的物态参量和平衡态

（1）物态参量，是用来描述系统宏观状态的物理量。

（2）气体的物态参量。对一定量的气体，其宏观状态可用气体的体积 V、压强 p、和热力学温度 T 来描述，气体的体积、压强和温度这三个物理量叫作气体的物态参量。

1）体积，是气体分子无规则热运动所能到达的空间，不是气体分子本身的体积的总和。

2）压强，是大量分子与容器壁相碰撞而产生的。它等于容器壁上单位面积所受到的正压力。标准大气压（atm）：45℃纬度海平面处，0℃时的大气压。

$$1atm=1.013\times10^5Pa=76cmHg$$

3）温度，是描述物体冷热程度的物理量，表征了物质内部分子热运动的剧烈程度，是大量分子热运动的集体表现。

温度的数值表示方法叫作温标，常用的温标有：热力学温标和摄氏温标。

热力学温度 T 和摄氏温度 t 的换算关系：

$$T=t℃+273.15K$$

（3）平衡态，是在不受外界影响的条件下，系统的宏观性质不随时间改变的状态。

气体处于平衡态时，物态参量不随时间而变化，其状态可用 $p-V$ 图上的一个点（p，V，T）来表示（如图 7-1 所示）。

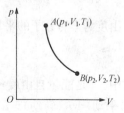

图 7-1

3. 理想气体的物态方程

处于平衡态的理想气体，体积为 V、压强为 p、温度为 T，其物态方程为

$$pV = NkT$$

式中　N——体积 V 中含有的气体分子数；

k——玻耳兹曼常数，$k = 1.38 \times 10^{-23} \text{J/k}$。

$$p = nkT$$

$$pV = \upsilon RT$$

式中：n 为气体的分子数密度 $n = \dfrac{N}{V}$；R 为摩尔气体常数 $R = N_A k = 8.31 \text{J/(mol·K)}$；$\upsilon$ 为物质的量 $\upsilon = \dfrac{m'}{M} = \dfrac{N}{N_A}$；$M$ 为气体的摩尔质量；m' 为体积为 V 的气体的质量；N_A 为阿伏伽德罗常数，$N_A = 6.02 \times 10^{23} \text{mol}^{-1}$。

$$pV = \frac{m'}{M} RT$$

过程方程

$$\frac{p_1 V_1}{T_1} = \frac{p_2 V_2}{T_2}$$

4. 理想气体的压强公式

处于平衡态的理想气体，压强正比于气体的分子数密度和分子的平均平动动能。

$$p = \frac{2}{3} n \overline{\varepsilon_k}$$

式中：$\overline{\varepsilon_k}$ 为分子的平均平动动能，$\overline{\varepsilon_k} = \dfrac{1}{2} m \overline{v^2}$；$m$ 为气体分子的质量；$\overline{v^2}$ 为气体分子速率平方的平均值。

其他形式

$$p = \frac{1}{3} nm \overline{v^2}, \quad p = \frac{1}{3} \rho \overline{v^2}$$

式中：ρ 为气体密度，$\rho = nm$。

5. 理想气体的温度公式

处于平衡态的理想气体，其分子的平均平动动能与气体的温度成正比。

$$\overline{\varepsilon_k} = \frac{3}{2} kT$$

6. 能量均分定理

气体处于平衡态时，分子任何一个能量自由度的平均能量都相等，均为 $\dfrac{kT}{2}$。对于能量自由度为 i 的分子的平均能量为

$$\bar{\varepsilon} = \frac{i}{2} kT$$

式中：i 是能量自由度（分子能量中独立的速度和坐标的二次方项数目，简称自由度），$i = i_k(平动) + i_r(转动) + i_v(振动)$。

对于刚性分子，振动的能量自由度可以忽略。刚性分子的能量自由度可见表 7-1。

表 7 - 1 刚性分子的能量自由度（不计振动）

自由度 分子	i_k（平动）	i_r（转动）	i
单原子分子	3	0	3
双原子分子	3	2	5
多原子分子	3	3	6

7. 理想气体的内能公式

当理想气体处于温度为 T 的平衡态时，对于 υ mol 的理想气体，其内能为

$$E = \upsilon \frac{i}{2} RT$$

当温度变化 $\Delta T = T_2 - T_1$ 时，其内能增量 $\Delta E = E_2 - E_1 = \upsilon \frac{i}{2} R(T_2 - T_1) = \upsilon \frac{i}{2} R \Delta T$。

8. 麦克斯韦速率分布率

（1）速率分布函数。若一定量气体的分子总数为 N，其中速率分布在 $v \sim v + dv$ 区间内的分子数为 dN，则速率分布在 $v \sim v + dv$ 区间内的分子数占总分子数的百分比为

$$\frac{\mathrm{d}N}{N} = f(v)\mathrm{d}v$$

其中，$f(v)$ 为分子速率分布函数，表示气体分子的速率处于 v 附近单位速率区间内的分子数占总分子数的百分比，即

$$f(v) = \frac{\mathrm{d}N}{N\mathrm{d}v}$$

（2）麦克斯韦速率分布函数。处于平衡态的理想气体，温度为 T 时的麦克斯韦速率分布函数为

$$f(v) = 4\pi \left(\frac{m}{2\pi kT}\right)^{\frac{3}{2}} v^2 \mathrm{e}^{\frac{-mv^2}{2kT}}$$

（3）麦克斯韦速率分布曲线。

1）速率分布曲线存在最大值 v_p（见图 7 - 2），对应的速率称为最概然速率。

2）任一速率区间 $v_1 - v_2$ 曲线与 v 轴所围面积（见图 7 - 3）代表速率出现在该区间内的分子数占总分子数的百分比，即

$$\frac{\Delta N}{N} = \int_{v_1}^{v_2} f(v)\mathrm{d}v$$

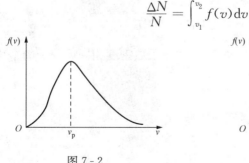

图 7 - 2

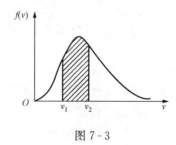

图 7 - 3

（4）三种统计速率。

v_p ——最概然速率，$v_p = \sqrt{\dfrac{2kT}{m}} = \sqrt{\dfrac{2RT}{M}}$；

$\bar{v}$——平均速率，$\bar{v}=\sqrt{\dfrac{8kT}{\pi m}}=\sqrt{\dfrac{8RT}{\pi M}}$；

v_{rms}——方均根速率，$v_{rms}=\sqrt{\overline{v^2}}=\sqrt{\dfrac{3kT}{m}}=\sqrt{\dfrac{3RT}{M}}$。

9. 分子碰撞

平均碰撞频率 $\bar{Z}$：单位时间内单个分子与其他分子碰撞的平均次数。

平均自由程 $\bar{\lambda}$：分子在连续两次碰撞间所经过的路程的平均值。

$$\bar{\lambda}=\bar{v}\,\frac{1}{\bar{Z}},\bar{Z}=\sqrt{2}\pi d^2\bar{v}n,\bar{\lambda}=\frac{1}{\sqrt{2}\pi d^2 n}=\frac{kT}{\sqrt{2}\pi d^2 p}$$

式中，d 为分子直径。

🔍 7.3 例 题 分 析

例 1. 一容器的容积为 56.6L，内贮氧气（可看理想气体），压强为 1.388×10^7Pa，温度为 300K，则容器中所贮的氧气质量为_____，其分子数为_____。

[答案]：10.1kg，1.9×10^{26}个

[解析]：由理想气体的物态方程 $pV=\dfrac{m'}{M}RT$ 可得氧气质量为 $m'=\dfrac{pVM}{RT}=10.1$kg，由 $pV=NkT$ 得分子数 $N=\dfrac{pV}{kT}=1.9\times10^{26}$个。或者由 $N=N_A\cdot v=N_A\cdot\dfrac{m'}{M}$ 来算。

例 2. 刚性双原子分子理想气体，温度为 T，则分子的平均平动动能为_____，平均转动动能为_____，平均动能为_____，1mol 这种气体的内能为_____。

[答案]：$\dfrac{3}{2}kT$，kT，$\dfrac{5}{2}kT$，$\dfrac{5}{2}RT$

[解析]：刚性双原子分子的平动自由度为 3，转动自由度为 2，总的能量自由度 $i=5$，由能量均分定理，分子的平均平动动能 $\bar{\varepsilon}_k=\dfrac{3}{2}kT$，平均平动动能 $\bar{\varepsilon}_r=\dfrac{2}{2}kT$，平均动能

$$\bar{\varepsilon}=\bar{\varepsilon}_k+\bar{\varepsilon}_r=\frac{5}{2}kT$$

内能

$$E=v\frac{i}{2}RT=\frac{5}{2}RT$$

例 3. 处于平衡状态的一瓶氦气和一瓶氮气的分子数密度相同，分子的平均平动动能也相同，则它们　　　　　　　　　　　　　　　　　　　　（　　）

（A）温度、压强都相同

（B）温度相同，但氦气压强小于氮气的压强

（C）温度、压强均不相同

（D）温度相同，但氦气压强大于氮气的压强

[答案]：（A）

[解析]：分子的平均平动动能 $\bar{\varepsilon}_k=\dfrac{3}{2}kT$ 只跟温度有关，两种气体分子平均平动动能相

同，表明它们温度相同；由压强公式 $p=\dfrac{2}{3}n\overline{\varepsilon_k}$，两种气体分子数密度相同，分子的平均平动动能也相同，故而压强也相同。

例 4. 有两个容器，一个盛氢气，另一个盛氧气，如果两种气体分子的方均根速率相等，那么由此可以得出下列结论，正确的是　　　　　　　　　　　　　　　　　（　　）

(A) 氧气的温度比氢气的高　　　　　(B) 氢气的温度比氧气的高

(C) 两种气体的温度相同　　　　　　(D) 两种气体的压强相同

[答案]：（A）

[解析]：分子的方均根速率 $v_{\mathrm{rms}}=\sqrt{\overline{v^2}}=\sqrt{\dfrac{3kT}{m}}$，气体温度 $T=\dfrac{v_{\mathrm{rms}}^2 m}{3k}$，所以温度跟分子质量成正比，因而氧气的温度比氢气的高。

例 5. 在湖面下 20.0m 深处（温度为 7℃），有一个体积为 $1.0\times10^{-5}\,\mathrm{m}^3$ 的空气泡升到湖面上来，若湖面的温度为 17℃，求气泡到达湖面的体积。（取大气压强为 $p_0=1.013\times10^5\,\mathrm{Pa}$）

[解]：气泡从湖下上升到湖面，其温度、压强和体积都发生了改变。可通过理想气体物态方程对应的过程方程 $\dfrac{p_1V_1}{T_1}=\dfrac{p_2V_2}{T_2}$ 来求状态变化。须要注意的是，湖下水泡的压强与大气压和水压相平衡，其值为大气压与水压之和，而水泡的温度则应为热力学温度。

湖面下 20.0m 深处 气泡温度 $T_1=280\mathrm{K}$，体积 $V_1=1.0\times10^{-5}\,\mathrm{m}^3$，压强

$$p_1 = p_0 + \rho_{水}\, gh = 2.973\times10^5\,\mathrm{Pa}$$

湖面处，气泡温度 $T_2=300\mathrm{K}$，压强

$$p_2 = p_0 = 1.013\times10^5\,\mathrm{Pa}$$

由

$$\frac{p_1V_1}{T_1}=\frac{p_2V_2}{T_2}$$

求得气泡在湖面处的体积

$$V_2 = \frac{p_1V_1T_2}{p_2T_1} = 3.14\times10^{-5}\,\mathrm{m}^3$$

例 6. 容器中储有氧气压强 $p=1.013\times10^5\,\mathrm{Pa}$，温度为 27℃，求：

（1）分子数密度 n；

（2）氧气密度；

（3）分子间的平均距离（设分子间均匀等距排列）；

（4）分子的平均平动动能；

（5）方均根速率。

[解]：分子数密度和质量密度可由理想气体的物态方程来求解；若分子间均匀等距排列，平均距离为 $\bar{l}$，则单个分子所占的平均体积 $\bar{l}^3=\dfrac{1}{n}$，从而通过分子数密度来求平均距离；

分子的平均平动动能 $\overline{\varepsilon_k}=\dfrac{3}{2}kT$、方均根速率 $v_{\mathrm{rms}}=\sqrt{\overline{v^2}}=\sqrt{\dfrac{3RT}{M}}$。

（1）由理想气体的状态方程 $p=nkT$，得到分子数密度 $n=\dfrac{p}{kT}=2.4\times10^{25}\,/\mathrm{m}^3$。

(2) 由理想气体的状态方程 $pV=\dfrac{m'}{M}RT$，推得氧气密度 $\rho=\dfrac{m'}{V}=\dfrac{pM}{RT}=1.3\text{kg/m}^3$。

(3) 氧气分子平均距离 $\bar{l}=\sqrt[3]{1/n}=3.45\times10^{-9}\text{m}$。

(4) 平均平动动能 $\bar{\varepsilon}_k=\dfrac{3}{2}kT=6.21\times10^{-21}\text{J}$。

(5) 方均根速率 $v_{\text{rms}}=\sqrt{\overline{v^2}}=\sqrt{\dfrac{3RT}{M}}=4.83\times10^2\text{m/s}$。

例 7. 在容积为 $2.0\times10^{-3}\text{m}^3$ 的容器中，有内能为 $6.75\times10^2\text{J}$ 的刚性双原子分子理想气体。求：(1) 求气体的压强；(2) 设分子总数为 5.4×10^{22} 个，求分子的平均平动动能及气体的温度。

[解]： 由理想气体的内能公式和物态方程可以得到 $E=\upsilon\dfrac{i}{2}RT=\dfrac{i}{2}pV$，从而在已知 E 和 V 的情况下求出压强；再利用物态方程求出温度，进而求出平均平动动能。

(1) 由理想气体的内能公式

$$E=\upsilon\frac{i}{2}RT$$

及物态方程

$$pV=\upsilon RT$$

得到

$$E=\frac{i}{2}pV$$

所以

$$p=\frac{2E}{iV}=1.35\times10^5\text{Pa}$$

(2) $pV=NkT$，得

$$T=\frac{pV}{Nk}=3.62\times10^2\text{k}$$

平均平动动能

$$\bar{\varepsilon}_k=\frac{3}{2}kT=7.49\times10^{-21}\text{J}$$

例 8. 今有 56g 氮气（可将氮气视为刚性分子），温度为 0℃，求：

(1) 分子的平均平动动能之和；

(2) 分子的平均转动动能之和；

(3) 当温度升高到 27℃时，氮气内能的增量；

(4) 氮气的内能。

[解]： 氮气为刚性分子双原分子，分子的平均平动动能 $\bar{\varepsilon}_k=\dfrac{3}{2}kT$，平均转动动能 $\bar{\varepsilon}_r=\dfrac{2}{2}kT=kT$，$\upsilon$mol 物质的量的氮气，分子数 $N=\upsilon N_A$，分子的平均平动动能之和 $E_k=N\bar{\varepsilon}_k=\upsilon N_A\dfrac{3}{2}kT=\upsilon\dfrac{3}{2}RT$，平均转动动能之和 $E_r=N\bar{\varepsilon}_r=\upsilon N_A kT=\upsilon RT$；而氮气的内能和内能增量可由内能公式来求解。

氮气的物质的量 $\upsilon = \dfrac{m'}{M} = \dfrac{56}{28} = 2\,\text{mol}$ 温度 $T = 273\text{K}$

（1）氮气分子的平均平动动能之和

$$E_k = N\bar{\epsilon}_k = \upsilon N_A \frac{3}{2} kT = \upsilon \frac{3}{2} RT = 3RT = 6806\text{J}$$

（2）分子的平均转动动能之和

$$E_r = N\bar{\epsilon}_r = \upsilon N_A \frac{2}{2} kT = 2RT = 4537\text{J}$$

（3）内能

$$E = \upsilon \frac{i}{2} RT = \upsilon \frac{5}{2} RT = 5RT = 11343\text{J}$$

（4）温度升高到 $T' = 300K$ 时

$$\Delta E = \upsilon \frac{5}{2} R(T' - T_1) = \upsilon \frac{5}{2} R\Delta T = 5R\Delta T = 1122\text{J}$$

例 9. 图 7 - 4 中的 1、2 两条曲线分别为氢气和氧气在相同条件下的麦克斯韦速率分布曲线，则：

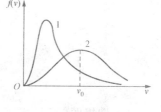

图 7 - 4

（1）哪条曲线代表氢气，哪条代表氧气？

（2）求出氢气分子的最概然速率。

（3）求出氧气分子的最概然速率。

[解]： 麦克斯韦速率分布曲线的峰值对应的速率为概然速率 $v_p = \sqrt{\dfrac{2RT}{M}}$，在温度相同的情况下，气体分子的摩尔质量越小，概然速率就越大，从而可以判断出 2 曲线对应氢气，其最概然速率为 v_0。氧气分子的最概然速率可通过两者最概然速率的比例关系来求解。

（1）由概然速率 $v_p = \sqrt{\dfrac{2RT}{M}}$，在温度相同的情况下，气体分子的摩尔质量越小，概然速率就越大。由分布曲线可知，$v_{p2} > v_{p1}$，即 $M_2 < M_1$，所以曲线 2 对应氢气，曲线 1 对应氧气。

（2）由曲线 2 可知

$$v_{pH_2} = v_0$$

（3）$v_{pH_2} = \sqrt{\dfrac{2RT}{M_{H_2}}}$，$v_{pO_2} = \sqrt{\dfrac{2RT}{M_{O_2}}}$，当温度相同时

$$\frac{v_{pH_2}}{v_{pO_2}} = \sqrt{\frac{M_{O_2}}{M_{H_2}}} = 4$$

所以

$$v_{pO_2} = \frac{v_{pH_2}}{4} = \frac{v_0}{4}$$

例 10. 设氧气分子的有效直径为 $d = 3.0 \times 10^{-10}\,\text{m}$，求标准状态下，氧气分子的平均速率、平均碰撞频率和平均自由程。

[解]： 标准状态指的是温度为 0℃，压强为 1atm。在此条件下，可求出氧气的分子数密

度 n 和氧气分子的平均速率 $\bar{v}$，从而求出平均碰撞频率 $\bar{Z}=\sqrt{2}\pi d^2 n\bar{v}$，平均自由程

$$\bar{\lambda}=\frac{1}{\sqrt{2}\pi d^2 n}$$

标准状态下氧气的温度 $T=273\text{K}$，压强 $p=1.013\times10^5\text{Pa}$。
氧气分子的平均速率

$$\bar{v}=\sqrt{\frac{8RT}{\pi M}}=425\text{m/s}$$

由物态方程 $p=nkT$ 得 氧气的分子数密度

$$n=\frac{p}{kT}=2.689\times10^{25}\,\text{m}^{-3}$$

所以，平均碰撞频率

$$\bar{Z}=\sqrt{2}\pi d^2 n\bar{v}=4.567\times10^9\,\text{s}^{-1}$$

平均自由程

$$\bar{\lambda}=\frac{\bar{v}}{\bar{Z}}=\frac{1}{\sqrt{2}\pi d^2 n}=9.306\times10^{-8}\,\text{m}$$

7.4 单 元 习 题

一、选择题

1. 关于温度的意义有下列几种说法：

（1）气体的温度是分子平均平动动能的量度

（2）气体的温度是大量气体分子热运动的集体表现，具有统计意义

（3）温度的高低反映物质内部分子运动剧烈程度的不同

（4）从微观上看，气体的温度表示每个气体分子的冷热程度

以上说法正确的是　　　　　　　　　　　　　　　　　　　　　（　　）

(A)（1）　　（2）　　（4）　　　　　　(B)（1）　　（2）　　（3）

(C)（2）　　（3）　　（4）　　　　　　(D)（1）　　（3）　　（4）

2. 已知氢气与氧气的温度相同，请判断下列说法哪个正确　　　　　（　　）

(A) 氧分子的质量比氢分子大，所以氧气的压强一定大于氢气的压强

(B) 氧分子的质量比氢分子大，所以氧气的密度一定大于氢气的密度

(C) 氧分子的质量比氢分子大，所以氢分子的速率一定比氧分子的速率大

(D) 氧分子的质量比氢分子大，所以氢分子的方均根速率一定比氧分子的方均根速率大

3. 若理想气体的体积为 V，压强为 p，温度为 T，一个分子的质量为 m，k 为玻耳兹曼常量，R 为摩尔气体常量，则该理想气体的分子数为　　　　　　（　　）

(A) pV/m　　　　　　　　　　　　(B) $pV/(kT)$

(C) $pV/(RT)$　　　　　　　　　　　(D) $pV/(mT)$

4. 温度为 T，质量为 m'，摩尔质量为 M 的理想气体分子的平动动能总和为　（　　）

(A) $\dfrac{m'}{M}\dfrac{3}{2}kT$　　　　　　　　　　　(B) $\dfrac{m'}{M}\dfrac{i}{2}kT$

(C) $\dfrac{m'}{M}\dfrac{3}{2}RT$ (D) $\dfrac{m'}{M}\dfrac{i}{2}RT$

5. 两瓶不同种类的理想气体，它们分子的平均平动动能相同，但单位体积的分子数不同，则这两瓶气体的 （ ）

(A) 内能一定相同 (B) 压强一定相同

(C) 温度一定相同 (D) 分子的平均动能一定相同

6. 一瓶氧气和一瓶氮气，它们的密度相同，分子的平均平动动能也相同，且都处于平衡状态，则它们 （ ）

(A) 温度相同，压强相同

(B) 温度相同，但氧气的压强大于氮气的压强

(C) 温度压强都不相同

(D) 温度相同，但氧气的压强小于氮气的压强

7. 刚性三原子分子理想气体的压强为 p，体积为 V，则它的内能为 （ ）

(A) $2pV$ (B) $\dfrac{5}{2}pV$ (C) $3pV$ (D) $\dfrac{7}{2}pV$

8. 图 7-5 为同一种理想气体的分子速率分布曲线，下列说法正确的是 （ ）

(A) 曲线 a 对应的温度较高

(B) 曲线 a 对应的分子平均速率较小

(C) 曲线 b 对应的最概然速率较大

(D) 曲线 b 对应的方均根速率较大

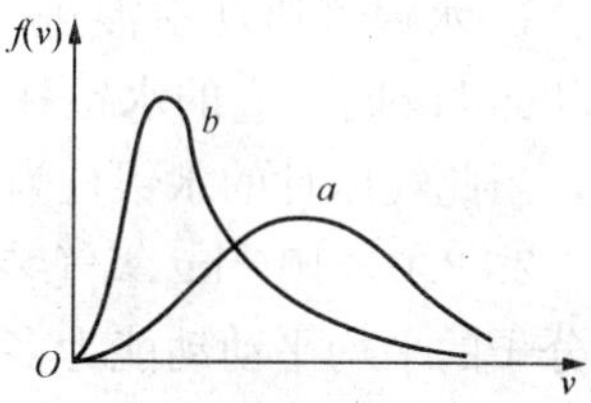

9. 一定量的理想气体，在容积不变的条件下，当温度降低时，分子的平均碰撞频率 $\overline{Z}$ 和平均自由程 $\overline{\lambda}$ 的变化情况是 （ ）

(A) $\overline{Z}$ 减小，但 $\overline{\lambda}$ 不变

(B) $\overline{Z}$ 不变，但 $\overline{\lambda}$ 减小

(C) $\overline{Z}$ 和 $\overline{\lambda}$ 都减小

(D) $\overline{Z}$ 和 $\overline{\lambda}$ 都不变

图 7-5

二、填空题

1. 1mol 氢气贮于一氢气瓶中，压强为 1atm，温度为 27℃，这瓶氢气的分子数密度为 _____，分子的平均平动动能为 _____，分子的平均动能为 _____，内能为 _____。

2. 若某种理想气体分子的方均根速率 $\sqrt{\overline{v^2}}=450\text{m/s}$，气体压强为 $p=7\times10^4\text{Pa}$，则该气体的密度 $\rho=$_____。

3. 压强、体积、温度均相同的氢气与氦气的质量之比 $m_1:m_2$ 为 _____，内能之比为 _____。

4. 试述下列各式所表示的物理意义

(1) $\dfrac{1}{2}kT$ _____；

(2) $\dfrac{3}{2}kT$ _____；

(3) $\dfrac{i}{2}kT$ _____ ;

(4) $\dfrac{i}{2}RT$ _____ 。

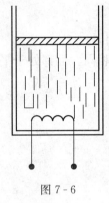

图 7-6

5. 在大气中有一绝热气缸，其中装有一定量的理想气体，然后用电炉徐徐供热（如图 7-6 所示），使活塞（无摩擦地）缓慢上升，在此过程中，以下物理量将如何变化？（填"变大""变小""不变"）(1) 气体压强_____；(2) 气体分子的平均平动动能_____；(3) 气体内能_____。

6. 对于同一种理想气体三种统计速率中，数值最大的是_____，最小的是_____。

7. 如果理想气体的温度保持不变，当压强降为原值的一半时，分子的平均碰撞频率变为原来的_____倍，平均自由程变为原来的_____倍。

三、计算题

1. 水银气压计中混进了一个气泡，因此它的读数比实际的气压小些。当实际气压为 76.8cmHg 时，它的水银柱高只有 74.8cmHg，此时管中水银面到管顶的距离为 8cm。试问，当此气压计的水银柱为 74.3cmHg 时，实际气压为多大？

2. 2.0×10^{-2} kg 氧气装在 4.0×10^{-3} m³ 的容器内，当容器的压强为 3.9×10^5 Pa 时，氧气分子的平均平动动能为多大？

3. 体积为 1.0×10^{-3} m³ 的容器中含有 1.01×10^{23} 个氢气分子，如果其压强为 1.01×10^5 Pa，求该氢气的温度和分子的方均根速率。

4. 今有 2×10^{-3} kg 的氧气，温度为 0℃，在此温度下求：

(1) 氧气分子的平均平动动能和平均转动动能；

(2) 氧气的内能。

5. 将 1kg 氦气和 m_{H_2} kg 氢气相混合，平衡后混合气体的内能是 2.45×10^6 J，氦分子的平均动能是 6×10^{-21} J，求氢气的质量 m_{H_2}。（氦气摩尔 $M_{He}=4\times10^{-3}$ kg，氢气摩尔 $M_{H_2}=2\times10^{-3}$ kg）

6. 储有 1mol 氧气，容积 $V=1$ m³ 的容器以 $v=10$ m/s 的速度运动，设容器突然停止，其中氧气的 80% 机械能转化为气体分子热运动动能，求气体的温度及压强各升高多少？

7. 图 7-7 所示的曲线分别是氢气和氧气在相同温度下的麦克斯韦分子速率分布曲线。试求：

(1) 氧气分子的最概然速率；

(2) 氢气分子的最概然速率；

(3) 氧气分子的方均根速率。

8. 若氖气分子的有效直径为 2.59×10^{-8} cm，问在温度为 600K、压强为 1.33×10^2 Pa 时，氖气分子的平均碰撞频率和平均自由程各为多少？

9. 如果理想气体的温度保持不变，当压强降为原来的 1/2 时，分子的碰撞频率和平均自由程如何变化？

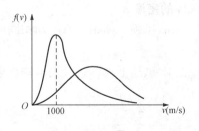

图 7-7

第8章　热 力 学 基 础

8.1　基 本 要 求

（1）掌握功、热量和内能的概念，理解准静态过程。

（2）掌握热力学第一定律，熟练分析、计算理想气体等值过程和绝热过程中的功、热量和内能改变量。

（3）理解循环过程和卡诺循环，掌握循环过程中功、热量和内能改变的关系，能计算卡诺循环等简单循环的效率。

（4）了解可逆过程和不可逆过程。

（5）了解热力学第二定律的两种叙述。

8.2　基 础 知 识 点

1. 准静态过程

系统在始末两平衡态之间所经历的中间状态都无限接近于平衡态的状态变化过程，也称平衡过程。

2. 热力学过程中与能量相关的物理量

（1）功 W。当系统经历一个有限的准静态过程，气体体积由 V_1 变为 V_2 时，气体对外所做的功

$$W = \int_{V_1}^{V_2} p \mathrm{d}v$$

几何意义：$p\text{-}V$ 图上过程曲线 $p = p(V)$ 下面的面积，如图 8-1 所示。

（2）热量 Q。

1）定容摩尔热容 $C_{V,m}$：1mol 理想气容在等容过程中温度升高单位温度时所吸收的热量。

等容过程中，$v$mol 的理想气体温度升高 ΔT 吸收的热量

$$Q_V = v C_{V,m}\Delta T = v C_{V,m}(T_2 - T_1)$$

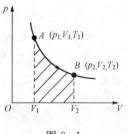

图 8-1

2）定压摩尔热容 $C_{p,m}$：1mol 理想气体在等压过程中温度升高单位温度时所吸收的热量。

等压过程中，$v$mol 的理想气体温度升高 ΔT 吸收的热量

$$Q_p = v C_{p,m}\Delta T = v C_{p,m}(T_2 - T_1)$$

3）定容摩尔热容与定压摩尔热容理论值

$$C_{V,m} = \frac{i}{2}R, C_{p,m} = \frac{i+2}{2}R \quad C_{p,m} - C_{V,m} = R$$

式中：i 为气体分子的能量自由度；R 为摩尔气体常数。

定义摩尔热容比

$$\gamma = \frac{C_{p,m}}{C_{V},m}$$

3）内能 E。理想气体的内能仅是温度的单值函数，υ mol 温度为 T 的理想气体其内能为

$$E = \upsilon C_{V,m} T = \upsilon \frac{i}{2} RT$$

当温度变化 $\Delta T = T_2 - T_1$ 时，其内能增量

$$\Delta E = E_2 - E_1 = \upsilon C_{V,m}(T_2 - T_1) = \upsilon \frac{i}{2} R \Delta T$$

3. 热力学第一定律

系统从外界吸收的热量，一部分使系统的内能增加，另一部分使系统对外做功。

$$Q = \Delta E + W = (E_2 - E_1) + W$$

规定：系统从外界吸收热量，Q 为正值；系统向外界放出热量，Q 为负值。系统对外界做功，W 为正值；外界对系统做功，W 为负值。温度升高，ΔE 为正值；温度降低，ΔE 为负值。

4. 几个典型的热力学过程

（1）等容过程。

1）特点：$V =$ 常数。

2）过程曲线，如图 8-2 所示。

3）过程方程

$$\frac{p_1}{T_1} = \frac{p_2}{T_2}$$

4）功 $W = 0$

热量 $Q_V = \upsilon C_{V,m}(T_2 - T_1)$

内能 $\Delta E = E_2 - E_1 = \upsilon C_{V,m}(T_2 - T_1)$

5）特征：$Q_V = \Delta E$，即系统吸收的热量全部用来增加系统的内能。

（2）等压过程。

1）特点：$p =$ 常数。

2）过程曲线，如图 8-3 所示。

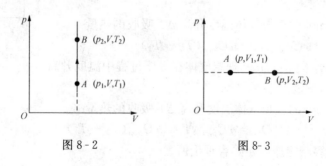

图 8-2　　　　　　　　　图 8-3

3）过程方程

$$\frac{V_1}{T_1} = \frac{V_2}{T_2}$$

4）功 $W_p = p(V_2 - V_1)$

热量 $Q_p = \upsilon C_{p,m}(T_2 - T_1)$

内能 $\Delta E = E_2 - E_1 = \upsilon C_{V,m}(T_2 - T_1)$

5）特征：$Q_p = \Delta E + W$，即系统吸收的热量，一部分用来对外做功，一部分用来增加系统的内能。

（3）等温过程。

1）特点：$T =$ 常数。

2）过程曲线，如图 8-4 所示。

3）过程方程

$$p_1 V_1 = p_2 V_2$$

4）功 $W_T = \upsilon RT\ln\dfrac{V_2}{V_1} = \upsilon RT\ln\dfrac{p_1}{p_2}$

热量 $Q_T = W_T = \upsilon RT\ln\dfrac{V_2}{V_1} = \upsilon RT\ln\dfrac{p_1}{p_2}$

内能 $\Delta E = 0$

5）特征：$Q_T = W_T$，即系统从外界吸收的热量，全部用来对外做功。

（4）绝热过程。

1）特点：$Q = 0$。

2）过程曲线，如图 8-5 所示，绝热线比等温线陡。

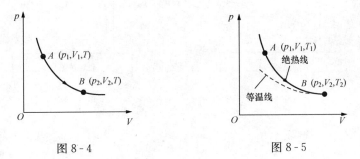

图 8-4 　　　　　　　　　图 8-5

3）过程方程 $\begin{cases} pV^\gamma = 常量 \\ V^{\gamma-1}T = 常量 \\ p^{\gamma-1}T^{-\gamma} = 常量 \end{cases} \longrightarrow \begin{cases} p_1 V_1^\gamma = p_2 V_2^\gamma \\ V_1^{\gamma-1}T_1 = V_2^{\gamma-1}T_2 \\ p_1^{\gamma-1}T_1^{-\gamma} = p_2^{\gamma-1}T_2^{-\gamma} \end{cases} \left(\gamma = \dfrac{C_{p,m}}{C_{V,m}}\right)$

4）内能 $\Delta E = E_2 - E_1 = \upsilon C_{V,m}(T_2 - T_1)$

功 $W = -\Delta E = -\upsilon C_{V,m}(T_2 - T_1) = \dfrac{C_{V,m}}{R}(p_1 V_1 - p_2 V_2) = \dfrac{p_1 V_1 - p_2 V_2}{\gamma - 1}$

5）特征：$W = -\Delta E$，即系统内能的减少用于对外界做功。

5. 循环过程

系统经过一系列变化后，又回到原来状态的过程，叫做热力学循环过程。

（1）循环过程特征：

内能 $\Delta E = 0$

净功 $W = Q = Q_{吸} - Q_{放}$（$Q_{吸}$ 为系统从外界吸取的热量，$Q_{放}$ 为系统向外界放出的热量）

或 $W = W_1 - W_2$（W_1 为系统对外界所做的功，W_2 为外界向系统所做的功）

净功的几何意义：p-V 循环曲线包围的面积，如图 8-6 所示。

（2）循环过程分类：

1）正循环：在 p-V 图上按顺时针方向进行的循环过程。

热机：工作物质作正循环的机器，把热量持续不断地转化为功。

示意图：从高温热源吸收热量 Q_1，一部分用来对外做功 W，一部分用来向低温热源放出热量 Q_2，如图 8-7 所示。

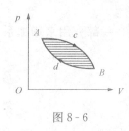

图 8-6

热机效率（循环效率）

$$\eta = \frac{W}{Q_1} = 1 - \frac{Q_2}{Q_1}$$

2）逆循环：在 p-V 图上按顺时针方向进行的循环过程。

致冷机：工作物质作逆循环的机器，利用外界所做的功使热量由低温处流动高温处，获得低温。

示意图：从低温热源吸收热量 Q_2，外界做功 W，向高温热源放出热量 Q_1，如图 8-8 所示。

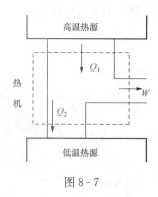

图 8-7

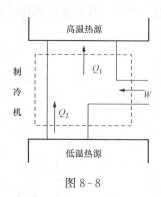

图 8-8

制冷系数

$$e = \frac{Q_2}{W} = \frac{Q_2}{Q_1 - Q_2}$$

（3）卡诺循环。卡诺循环由两个等温过程和两个绝热过程组成。图 8-9 和图 8-10 分别为卡诺热机和卡诺制冷机示意图。

卡诺热机效率

$$\eta = 1 - \frac{Q_2}{Q_1} = 1 - \frac{T_2}{T_1}$$

卡诺制冷机制冷系数

$$e = \frac{Q_2}{Q_1 - Q_2} = \frac{T_2}{T_1 - T_2}$$

式中：T_1、T_2 分别为高温热源和低温热源的温度。

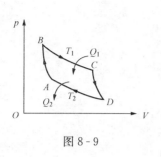

图 8 - 9

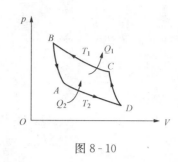

图 8 - 10

6. 热力学第二定律的两种表述及卡诺定理

(1) 热力学第二定律。

1) 开尔文表述：不可能只从单一热源吸收热量，使之变为有用的功而不引起其他变化。开尔文表述说明热功转变过程具有方向性。

2) 克劳修斯表述：不可能使热量自动地从低温物体传到高温物体而不引起其他变化。克劳修斯表述说明热传递过程具有方向性。

(2) 可逆过程和不可逆过程。

1) 可逆过程：在系统状态变化过程中，如果逆过程能重复正过程的每一状态而不引起其他变化，这样的过程叫做可逆过程。系统状态变化无限缓慢进行且没有能量耗散的准静态过程可视作可逆过程。

2) 不可逆过程：在不引起其他变化的条件下，不能使逆过程重复正过程的每一状态，或者虽然重复但必然会引起其他变化，这样的过程叫做不可逆过程。一切自发进行的热力学过程都是不可逆过程。

(3) 卡诺定理。

1) 在温度分别为 T_1 和 T_2 的两个给定热源之间工作的一切可逆热机，其效率相同，都等于理想气体可逆卡诺热机的效率，即 $\eta = 1 - \dfrac{T_1}{T_2}$。

2) 工作在相同的高温热源和低温热源之间的一切不可逆热机的效率都不可能大于可逆热机的效率，即 $\eta' \leqslant 1 - \dfrac{T_1}{T_2}$。

🔍 8.3 典 型 例 题

例 1. 如图 8 - 11 所示，一理想气体系统由状态 a 沿 acb 到达状态 b，系统吸收热量 350J，而系统做功为 130J。

(1) 经过过程 adb，系统对外做功 40J，则系统吸收的热量 $Q =$ _____。

(2) 当系统由状态 b 沿曲线 ba 返回状态 a 时，外界对系统做功为 60J，则系统吸收的热量 $Q =$ _____。

[答案]：260J，−280J

[解析]：利用热力学第一定律讨论热力学过程中的功、热量和内

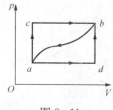

图 8 - 11

能的变化情况。

系统由状态 a 沿 acb 到达状态 b：$Q_{acb} = \Delta E_{acb} + W_{acb}$

得

$$\Delta E_{acb} = Q_{acb} - W_{acb} = 350 - 130 = 220\text{J}$$

（1）经过过程 adb

$$Q_{adb} = W_{adb} + \Delta E_{adb}$$
$$\Delta E_{adb} = \Delta E_{acb} = 220\text{J}$$
$$W_{adb} = 40\text{J}$$

所以

$$Q_{adb} = 40 + 220 = 260\text{J}$$

（2）当系统由状态 b 沿曲线 ba 返回状态 a 时

$$Q_{ba} = \Delta E_{ba} + W_{ba}$$
$$\Delta E_{ba} = -\Delta E_{acb} = -220\text{J}$$

外界对系统做正功，则系统对外做负功

$$W_{ba} = -60\text{J}$$

所以

$$Q_{ba} = -220 - 60 = -280\text{J}$$

例 2. 一卡诺热机从 373K 的高温热源吸热，向 273K 的低温热源放热。若该热机从高温热源吸收 1000J 热量，则该热机所做的功 $W=$＿＿＿＿＿＿＿，放出热量 $Q_2=$＿＿＿＿＿＿＿。

[**答案**]：268J，732J

[**解析**]：卡诺热机的效率 $\eta = 1 - \dfrac{T_2}{T_1} = 1 - \dfrac{Q_2}{Q_1} = \dfrac{W}{Q_1}$

式中 T_1、T_2 分别高温热源和低温热源的温度。本题中 $T_1 = 373\text{K}$，$T_2 = 273\text{K}$，$Q_1 = 1000\text{J}$，通过上述方程解得

$$W = 268\text{J}, Q_2 = 732\text{J}$$

例 3. 在下列理想气体各过程中，可能发生的是   （   ）

（A）内能减小的等容加热过程   （B）吸收热量的等温压缩过程

（C）吸收热量的等压压缩过程   （D）内能增加的绝热压缩过程

[**答案**]：（D）

[**解析**]：利用热力学第一定律来讨论各过程中内能增量和热量的正负：等容加热，温度升高，内能增加，$\Delta E > 0$，（A）不可能；等温压缩过程，$\Delta E = 0$，$W < 0$，则 $Q = \Delta E + W = W < 0$，系统放热，（B）不可能；等压压缩过程，温度降低，$\Delta E < 0$，$W < 0$，则 $Q = (\Delta E + W) < 0$ 系统放热，（C）不可能；绝热压缩过程，$Q = 0$，$W < 0$，$\Delta E = Q - W = -W > 0$，（D）可能发生。

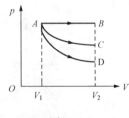

图 8-12

例 4. 质量一定的理想气体，从相同状态出发，分别经历等温过程、等压过程和绝热过程，使其体积由 V_1 膨胀到 V_2，如图 8-12 所示。下述描述正确的是   （   ）

（A）$A \rightarrow C$ 吸热最多，内能增加

（B）$A \rightarrow D$ 内能增加，做功最少

（C）$A \rightarrow B$ 吸热最多，内能不变

(D) $A \rightarrow C$ 对外做功，内能不变

[答案]：(D)

[解析]：先确定对应的过程：$A \rightarrow B$ 为等压过程，绝热线比等温线陡，故 $A \rightarrow D$ 为绝热过程，$A \rightarrow C$ 为等温过程。然后再根据各过程的特征进行判断：$A \rightarrow C$ 为等温膨胀过程，内能不变，气体对外做功，故 (A) 错、(D) 正确；$A \rightarrow D$ 为绝热膨胀过程，内能减少，故 (B) 错；$A \rightarrow B$ 为等压膨胀过程，温度升高，内能增加，故 (C) 错。

例 5. 1mol 单原子分子理想气体从状态 $A(p_1, V_1)$ 沿直线到达状态 $B(p_2, V_2)$，如图 8-13 所示。求此过程中系统对外做的功 W、内能的增量 ΔE 和吸收的热量 Q。

[解]：气体所做的功 W 可由过程曲线与坐标轴所围的面积来求；内能增量 ΔE 只与 A、B 的始末状态有关，可根据理想气体的状态方程和内能公式来求；而吸收的热量则可由热力学第一定律求出。

$A \rightarrow B$，过程曲线与 V 轴所围梯形的面积即为系统所做的功，所以

$$W = S_{梯形} = \frac{1}{2}(p_1 + p_2)(V_2 - V_1)$$

内能增量 $\Delta E = v\frac{i}{2}R(T_B - T_A)$，气体为单原子分子，能量自由度 $i = 3$，由理想气体状态方程

$$p_1 V_1 = vRT_A, p_2 V_2 = vRT_B$$

得到

$$\Delta E = \frac{3}{2}(p_2 V_2 - p_1 V_1)$$

由热力学第一定律，系统吸收的热量

$$Q = \Delta E + W = 2(p_2 V_2 - p_1 V_1) + \frac{1}{2}(p_1 V_2 - p_2 V_1)$$

例 6. 1mol 刚性双原子理想气体从 300K 加热到 350K，若：

(1) 容积保持不变；

(2) 压强保持不变。

问在这两个过程中各吸收了多少热量？增加了多少内能？对外做了多少功？

[解]：等容过程，气体不做功，吸收的热量等于内能增量；而等压过程，吸收的热量一部分用于增加内能，另一部分用于对外做功。

对于刚性双原子气体，能量自由度 $i = 5$，$C_{V,m} = \frac{5}{2}R$，$C_{p,m} = \frac{7}{2}R$

(1) 容积保持不变时：

吸收的热量

$$Q_V = v C_{V,m}(T_2 - T_1) = \frac{5}{2}R\Delta T = 1039\text{J}$$

所做的功

$$W = 0$$

内能的增量

$$\Delta E = Q_V = 1039\text{J}$$

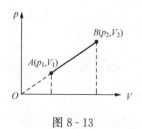

图 8-13

（2）压强保持不变时：

吸收的热量

$$Q_p = \upsilon C_{p,m}(T_2 - T_1) = \frac{7}{2}R\Delta T = 1454\text{J}$$

内能的增量

$$\Delta E = \upsilon C_{V,m}(T_2 - T_1) = \frac{5}{2}R\Delta T = 1039\text{J}$$

所做的功

由热力学第一定律

$$W = Q_p - \Delta E = R\Delta T = 416\text{J}$$

或者由 $W = p(V_2 - V_1) = \upsilon R(T_2 - T_1) = \upsilon R\Delta T$ 来求。

例 7. 分别通过下列准静态过程，把温度为 300K 的 2mol 氮气体积膨胀为原来的 2 倍：（1）等温过程；（2）绝热过程。求在这两个过程中，气体对外做的功 W、内能的增量 ΔE 和吸收的热量 Q。

[解]：等温过程，$\Delta E = 0$，$W = Q = \upsilon RT\ln\dfrac{V_2}{V_1}$。对于绝热过程，可先利用绝热方程求出末温，温度差已知后，利用内能公式求内能增量 ΔE，而 $Q = 0$，$W = -\Delta E$。

（1）等温过程

$$\Delta E = 0$$

$$W = \upsilon RT\ln\frac{V_2}{V_1} = 2 \times 8.31 \times 300 \times \ln2 = 3456\text{J}$$

$$Q = \Delta E + W = W = 3456\text{J}$$

（2）绝热过程

$$Q = 0$$

由绝热方程

$$V_1^{\gamma-1}T_1 = V_2^{\gamma-1}T_2$$

求得

$$T_2 = T_1\left(\frac{V_1}{V_2}\right)^{\gamma-1}$$

$\gamma = \dfrac{C_{p,m}}{C_{V,m}}$，氮气属于刚性双原子气体，能量自由度 $i = 5$，$C_{V,m} = \dfrac{5}{2}R$，$C_{p,m} = \dfrac{7}{2}R$，$\gamma = 1.4$

所以

$$T_2 = T_1\left(\frac{1}{2}\right)^{1.4-1} = 227\text{K}$$

$$\Delta E = \upsilon C_{V,m}(T_2 - T_1) = 2 \times \frac{5R}{2}(T_2 - T_1) = 5 \times 8.31 \times (227 - 300) = -3033\text{J}$$

$$W = Q - \Delta E = -\Delta E = 3033\text{J}$$

例 8. 1mol 单原子分子的理想气体经历如图 8-14 所示的循环过程（$abcda$）。求：循环效率。

[解]：该循环是正循环，对应热机，求循环效率则应求热机效率 η。而 $\eta = \dfrac{W}{Q_1} = 1 - \dfrac{Q_2}{Q_1}$，

其中 W 为净功，为循环各过程气体所做功的代数和，即循环曲线所围的面积；Q_1 为整个循环过程中所有吸热过程所吸收的热量之和；Q_2 为整个循环过程中所有放热过程所放出的热量之和。如果循环曲线所围的面积易求，就应首选 $\eta = \dfrac{W}{Q_1}$ 来求循环效率。

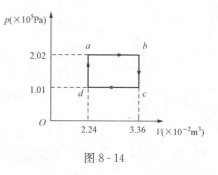

图 8 - 14

方法一：利用 $\eta = \dfrac{W}{Q_1}$ 求。

循环过程所做净功 W 为循环曲线所围矩形的面积，即

$$W = S_{矩形} = (p_b - p_a)(V_c - V_d) = 1.01 \times 1.12 \times 10^3 = 1131\text{J}$$

由循环曲线可知：

da 为等容过程，压强增大，温度升高，吸热；

ab 为等压过程，体积增大，温度升高，吸热；

bc 为等容过程，压强减小，温度降低，放热；

cd 为等压过程，体积减小，温度降低，放热

气体为单原子分子，能量自由度 $i = 3$，$C_{V,m} = \dfrac{3}{2}R$，$C_{p,m} = \dfrac{5}{2}R$

$$Q_{da} = \upsilon C_{V,m}(T_a - T_d) = \frac{3}{2}R(T_a - T_d) = \frac{3}{2}p_a(V_a - V_d)$$

$$= \frac{3}{2} \times 2.24 \times 1.01 \times 10^3 = 3394\text{J}$$

$$Q_{ab} = \upsilon C_{p,m}(T_b - T_a) = \frac{5}{2}R(T_b - T_a) = \frac{5}{2}p_a(V_b - V_a)$$

$$= \frac{5}{2} \times 2.02 \times 1.12 \times 10^3 = 5656\text{J}$$

整个循环过程吸收的热量

$$Q_1 = Q_{da} + Q_{ab} = 9050\text{J}$$

$$\eta = \frac{W}{Q_1} = 12.5\%$$

方法二：利用 $\eta = 1 - \dfrac{Q_2}{Q_1}$ 求。

$$Q_{bc} = \upsilon C_{V,m}(T_c - T_b) = \frac{3}{2}R(T_c - T_b) = \frac{3}{2}p_b(V_c - V_b)$$

$$= -\frac{3}{2} \times 3.36 \times 1.01 \times 10^3 = -5090\text{J}$$

$$Q_{cd} = \upsilon C_{p,m}(T_d - T_c) = \frac{5}{2}R(T_d - T_c) = \frac{5}{2}p_d(V_d - V_c)$$

$$= -\frac{5}{2} \times 1.01 \times 1.12 \times 10^3 = -2828\text{J}$$

整个循环过程放出的热量

$$Q_2 = |Q_{bc}| + |Q_{cd}| = 7918\text{J}$$

$$\eta = 1 - \frac{Q_2}{Q_1} = 12.5\%$$

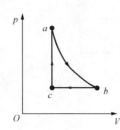

图 8-15

例 9. 某理想气体经历如图 8-15 所示的循环过程，其中 $a \rightarrow b$ 为绝热过程，$b \rightarrow c$ 为等压过程，$c \rightarrow a$ 为等容过程。已知 a 态的温度为 T_a，b 态的温度为 T_b，c 态的温度为 T_c。证明该循环的热机效率 $\eta = 1 - \gamma \dfrac{T_b - T_c}{T_a - T_c}$（$\gamma$ 为摩尔热容比）。

[证明]： 由于循环曲线所围面积不易求解，本题应采用 $\eta = 1 - \dfrac{Q_2}{Q_1}$ 来求循环效率。

由循环曲线，$a \rightarrow b$ 为绝热过程 $Q_{ab} = 0$

$b \rightarrow c$ 为等压过程，体积减小，温度降低，放热

$$Q_{bc} = \upsilon C_{p,m}(T_c - T_b)$$

$c \rightarrow a$ 为等容过程，压强增大，温度升高，吸热

$$Q_{ca} = \upsilon C_{V,m}(T_a - T_c)$$

循环过程中，吸收的热量

$$Q_1 = Q_{ca} = \upsilon C_{V,m}(T_a - T_c)$$

放出的热量

$$Q_2 = |Q_{bc}| = \upsilon C_{p,m}(T_b - T_c)$$

循环效率

$$\eta = 1 - \frac{Q_2}{Q_1} = 1 - \frac{\upsilon C_{p,m}(T_b - T_c)}{\upsilon C_{V,m}(T_a - T_c)} = 1 - \gamma \frac{T_b - T_c}{T_a - T_c}$$

得证。

例 10. 一定量的理想气体作如图 8-16 所示的工作循环，请将计算结果填入下表。

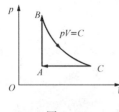

图 8-16

过程	内能的增量 ΔE(J)	对外所做的功 W(J)	吸收的热量 Q(J)
$A \rightarrow B$	1000		
$B \rightarrow C$		1500	
$C \rightarrow A$		-500	
η (%)			

[解]： 根据各过程的特征，利用热力学第一定律来求内能的增量 ΔE、对外所做的功 W 和吸收的热量 Q，最后根据热机效率的定义求 η。

$A \rightarrow B$ 为等容过程，体积不变

$$W_{AB} = 0, \Delta E_{AB} = 1000\text{J}, Q_{AB} = \Delta E_{AB} + W_{AB} = 1000\text{J}$$

$B \rightarrow C$ 为等温过程，温度不变

$$\Delta E_{BC} = 0, W_{BC} = 1500\text{J}, Q_{BC} = \Delta E_{BC} + W_{BC} = 1500\text{J}$$

$C \rightarrow A$ 为等压过程，经过一个循环，系统内能的增量

$$\Delta E = \Delta E_{AB} + \Delta E_{BC} + \Delta E_{CA} = 0$$

所以

$$\Delta E_{CA} = -(\Delta E_{AB} + \Delta E_{BC}) = -\Delta E_{AB} = -1000\text{J}$$

$$W_{CA} = -500\text{J}$$

$$Q_{CA} = \Delta E_{CA} + W_{CA} = -1500\text{J}$$

净功

$$W = W_{AB} + W_{BC} + W_{CA} = 1000\text{J}$$

吸收热量

$$Q_1 = Q_{AB} + Q_{BC} = 2500\text{J}$$

由 $\eta = \dfrac{W}{Q_1}$ 得

$\eta = 40\%\left(\text{或者由 } \eta = 1 - \dfrac{Q_2}{Q_1} \text{ 来算，其中放出热量 } Q_2 = |Q_{CA}| = 1500\text{J}\right)$

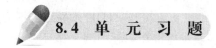

8.4 单 元 习 题

一、选择题

1. 摩尔数相同的三种理想气体——氦、氧和水蒸气，在相同的初态下进行等容吸热过程，若吸收的热量相等，则压强增量较大的气体是 （ ）

(A) 水蒸气　　　　(B) 氧气　　　　(C) 氦气　　　　(D) 无法确定

2. 在常温下，氢气的定压摩尔热容为 （ ）

(A) $\dfrac{3}{2}R$　　　(B) $2R$　　　(C) $\dfrac{5}{2}R$　　　(D) $\dfrac{7}{2}R$

3. 对理想气体来说，满足 Q、ΔE、W 均为负值的过程是 （ ）

(A) 等容降压过程　　　　(B) 等温膨胀过程

(C) 等压压缩过程　　　　(D) 绝热压缩过程

4. 对于室温下的双原子分子理想气体，在等压膨胀的情况下，系统对外所做的功与从外界吸收的热量之比 W/Q 等于 （ ）

(A) 1/3　　　(B) 1/4　　　(C) 2/5　　　(D) 2/7

5. 1mol 单原子理想气体，从初态温度 T_1、压强 p_1、体积 V_1 准静态地等温压缩至体积 V_2，则外界需做的功为 （ ）

(A) $RT_1\ln\dfrac{V_2}{V_1}$　　(B) $RT_1\ln\dfrac{V_1}{V_2}$　　(C) $p_1(V_2 - V_1)$　　(D) $p_2V_2 - p_1V_1$

6. 在 $p\text{-}V$ 图上有两条曲线 abc 和 adc（见图 8-17），由此可以得出的结论是 （ ）

(A) 其中一条是绝热线，另一条是等温线

(B) 两个过程吸收的热量相同

(C) 两个过程中系统对外做的功相等

(D) 两个过程中系统的内能变化相同

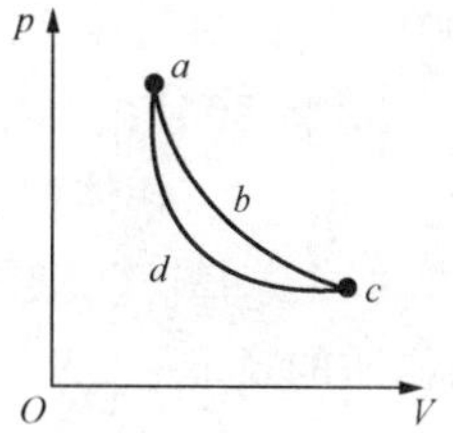

图 8-17

7. 一台工作于温度分别为 327℃ 和 27℃ 的高温热源与低温热源之间的卡诺热机，每经历一个循环吸热 2000J，则对外做功 （ ）

(A) 2000J　　　(B) 1000J　　　(C) 4000J　　　(D) 500J

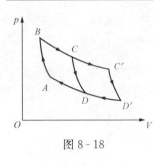

图 8-18

8. 如图 8-18 所示的两个卡诺循环过程，第一个沿 $ABCDA$ 进行，第二个沿 $ABC'D'A$ 进行，这两个循环的效率 η_1 和 η_2 的关系及这两个循环所做的净功 A_1 和 A_2 的关系是　　　　　　　　　　　（　　）

(A) $\eta_1 = \eta_2$，$A_1 = A_2$

(B) $\eta_1 > \eta_2$，$A_1 = A_2$

(C) $\eta_1 = \eta_2$，$A_1 > A_2$

(D) $\eta_1 = \eta_2$，$A_1 < A_2$

9. 系统在始末两平衡态之间所经历的中间状态都无限接近于平衡态的状态变化过程，以及一切自发进行的热力学过程分别是什么过程　　　　　　　　（　　）

(A) 准静态、可逆　　　　　　　　(B) 准静态、不可逆

(C) 非静态、可逆　　　　　　　　(D) 非静态、不可逆

10. 图 8-19（a）～（c）各表示连接在一起的两个循环过程，其中图（c）是两个半径相等的圆构成的两个循环过程，图（a）和（b）则为半径不等的两个圆，那么　　（　　）

(A) 图（a）总净功为负，图（b）总净功为正，图（c）总净功为零

(B) 图（a）总净功为负，图（b）总净功为负，图（c）总净功为正

(C) 图（a）总净功为负，图（b）总净功为负，图（c）总净功为零

(D) 图（a）总净功为正，图（b）总净功为正，图（c）总净功为负

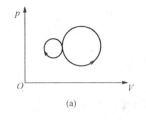
(a)

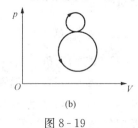
(b)

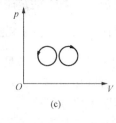
(c)

图 8-19

二、填空题

1. 如图 8-20 所示，1mol 氢气由状态 $A(2p_1, V_1)$ 沿直线变到状态 $B(p_1, 2V_1)$，则在此过程中内能的变化 $\Delta E = $＿＿＿＿＿＿，对外所做的功 $W = $＿＿＿＿＿＿，吸收的热量 $Q = $＿＿＿＿＿＿。

2. 一定量的某种双原子分子理想气体（视为刚性分子），在等压过程中对外做功为 200J，则该过程中系统内能增加为＿＿＿＿＿＿，系统吸收的热量为＿＿＿＿＿＿。

3. 将 500J 的热量传递给标准状态下 2mol 的氢气，若维持温度不变，则氢气的压强变为＿＿＿＿＿＿，体积变为＿＿＿＿＿＿。

4. 已知氧气经过绝热过程后温度下降了 10K，在该过程中氧气对外做功 500J，则氧气的物质的量 $n = $＿＿＿＿＿＿。

5. 如图 8-21 所示，一定量的理想气体从体积 V_1 膨胀到体积 V_2 分别经历的过程是：$A \rightarrow B$ 为等压过程，$A \rightarrow C$ 为等温过程，$A \rightarrow D$ 为绝热过程，其中做功最多的过程是＿＿＿＿＿＿，吸热量最多的过程是＿＿＿＿＿＿。

6. 一理想的可逆卡诺热机，低温热源的温度为 300K，热机的效率为 40%，其高温热源的温度为_____。

7. 热力学第二定律的克劳修斯叙述是：_____，开尔文叙述
是：_____。

8. 一定量的理想气体作如图 8-22 所示的工作循环，请将计算结果填入下表。

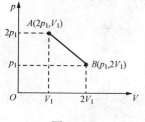

图 8-20

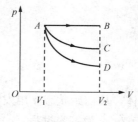

图 8-21

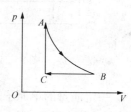

图 8-22

过程	Q (J)	W (J)	ΔE (J)
AB（等温）	100		
BC（等压）		-42	-84
CA（等容）			
η（%）			

三、计算题

1. 如图 8-23 所示，双原子分子理想气体由初态 a
出发，经图示的直线过程到达终点 b。求：

（1）在 $a \rightarrow b$ 过程中，气体对外界所做的功 W；

（2）在 $a \rightarrow b$ 过程中，气体所吸收的热量 Q。

2. 200mol 的氧气在等压过程中温度从 27℃ 增加到
77℃。求此过程中：

（1）气体对外所做的功；

（2）气体的内能变化；

（3）气体所吸收的热量。

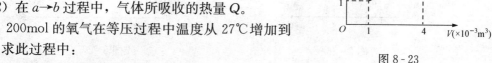

图 8-23

3. 设有 8g 氧气，体积为 $0.41 \times 10^{-3} m^3$，温度为 300K。求：

（1）如氧气作绝热膨胀，膨胀后的体积为 $4.1 \times 10^{-3} m^3$，则气体所做的功为多少？

（2）如氧气作等温膨胀，膨胀后的体积也为 $4.1 \times 10^{-3} m^3$，则这时气体所做的功为
多少？

4. 如图 8-24 所示，一定量的理想气体经历 acb 过程时吸热 700J。求：

（1）经历 acb 过程时系统对外所做的功；

（2）经历 $acbda$ 过程时所吸收的热量。

5. 14g 氮气作如图 8-25 所示的 $abca$ 的循环过程，其中 ca 为等温线。求：

（1）气体在各过程中所做的功；

（2）在各过程中传递的热量；

（3）此循环过程的效率。

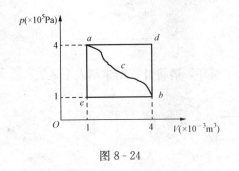

图 8-24

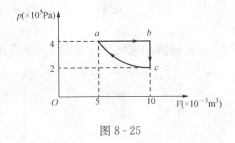

图 8-25

6. 一定质量的单原子理想气体，从初始状态 a 出发经过如图 8-26 所示的循环过程又回到状态 a，其中过程 $a \rightarrow b$ 为直线，$b \rightarrow c$ 为等容过程，$c \rightarrow a$ 等压过程。求：

(1) 循环过程所做的净功；

(2) 此循环过程的效率。

7. 图 8-27 所示为某单原子理想气体循环过程的 T-V 图，图中 $V_C = 2V_A$。试问：

(1) 图中所示的循环是代表制冷机还是热机？

(2) 如果是正循环（热机循环），求此循环过程的效率。

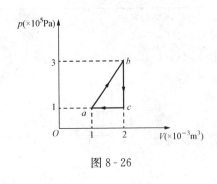

图 8-26

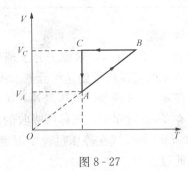

图 8-27

8. 在夏季，假定室外温度恒定为 37℃，启动空调使室内温度始终保持在 17℃，如果每天有 2.51×10^8 J 的热量通过热传导方式自室外流入室内，则空调一天耗电多少？（设该空调制冷机的制冷系数为同条件下的卡诺致冷机制冷系数的 60%）

9. 1mol 的单原子理想气体盛于气缸内，被一可移动的活塞所封闭。开始时，压强为 10^5 Pa，体积为 1L。今将此气体在等压下加热，直至体积加大 1 倍为止，然后在等容下加热，至其压强加大 1 倍，最后再作绝热膨胀，使其温度降为开始时的温度。将上述过程在 p-V 图上表示出来，并求其内能的改变量和对外所做的功。

10. 在高温热源为 127℃、低温热源为 27℃ 之间工作的卡诺热机，对外做净功 8000J。现维持低温热源温度不变，提高高温热源温度，使其对外做净功 10000J。若这两次循环该热机都工作在相同的两条绝热线之间，试求：

(1) 后一个卡诺循环的效率；

(2) 后一个卡诺循环中高温热源的温度。

第9章　静　电　场

9.1　基　本　要　求

（1）理解电荷的量子化和电荷守恒定律，掌握库仑定律。

（2）理解静电场的概念，掌握电场强度的概念。

（3）理解场强叠加原理，掌握用积分的方法计算电场强度。

（4）掌握高斯定理的内容，会用高斯定理来计算电场强度的分布。

（5）理解电场力做功的特点，掌握静电场的环路定理，掌握电位和电位差的概念，掌握电位叠加原理，掌握电位的两种计算方法。

（6）了解等势面的概念及电场强度和电位的关系。

9.2　基　础　知　识　点

1. 电荷守恒定律

电荷是自然界固有的，分为正电荷和负电荷。电荷既不能被创造，也不能被消灭，它只能从一个物体转移到另一个物体，或从物体的一部分转移到另一部分。在一孤立系统内，无论发生怎样的过程，该系统电量的代数和总保持不变。

2. 库仑定律

在真空中两个静止点电荷之间的静电作用力与这两个点电荷所带电量的乘积成正比，与它们之间距离的平方成反比，作用力的方向沿两个点电荷的连线。数学表达式如下

$$\vec{F} = \frac{q_1 q_2}{4\pi\varepsilon_0 r^2}\vec{e}_r$$

3. 电场强度的定义

电场中某点电场强度 $\vec{E}$ 的大小等于单位正电荷 q_0 在该点受力的大小，其方向为正电荷在该点受力的方向，即

$$\vec{E} = \frac{\vec{F}}{q_0}$$

点电荷场强

$$\vec{E} = \frac{q\vec{e}_r}{4\pi\varepsilon_0 r^2}$$

4. 场强叠加原理

$$\vec{E} = \sum_i \vec{E}_i$$

用叠加法求点电荷系统的场强

$$\vec{E} = \sum_i \frac{q_i \vec{e}_{ri}}{4\pi\varepsilon_0 r_i^2}$$

电荷连续分布带电体的场强

$$\vec{E} = \int_q \frac{\mathrm{d}q}{4\pi\varepsilon_0 r^2} \vec{e}_r$$

（1）电荷线分布的场强：若电荷线密度为 λ，则

$$\vec{E} = \frac{1}{4\pi\varepsilon_0} \int_L \frac{\lambda \mathrm{d}l}{r^2} \vec{e}_r$$

（2）电荷面分布的场强：若电荷面密度为 σ，则

$$\vec{E} = \frac{1}{4\pi\varepsilon_0} \int_S \frac{\sigma \mathrm{d}s}{r^2} \vec{e}_r$$

（3）电荷体分布的场强：若电荷体密度为 ρ，则

$$\vec{E} = \frac{1}{4\pi\varepsilon_0} \int_V \frac{\rho \mathrm{d}V}{r^2} \vec{e}_r$$

5. 电通量

在电场中穿过任意闭合曲面 S 的电场线条数称为穿过该面的电通量，用 Φ_e 表示，即

$$\Phi_e = \int_S \vec{E} \cdot \mathrm{d}\vec{S}$$

6. 高斯定理

真空中的任何静电场中，穿过任一闭合曲面的电通量，在数值上等于该闭合曲面内包围的电量的代数和乘以 $\frac{1}{\varepsilon_0}$，即

$$\Phi_e = \oint_S \vec{E} \cdot \mathrm{d}\vec{S} = \frac{1}{\varepsilon_0} \sum_i q_i$$

高斯定理适用的范围是空间的电场强度分布有很强的对称性。

利用高斯定理求电场强度的步骤：

（1）分析电场分布的对称性。

（2）作一合适的高斯面（即一闭合曲面）。所谓合适的高斯面，就是这一曲面上有电场线穿过的地方的各点场强大小相同。

（3）用高斯定理列方程，并求解。

7. 几种特殊电荷系统的电场

均匀带电球面

$$\vec{E} = \begin{cases} 0 & (r < R) \\ \dfrac{q\vec{e}_r}{4\pi\varepsilon_0 r^2} & (r > R) \end{cases}$$

均匀带电球体

$$\vec{E} = \begin{cases} \dfrac{qr\vec{e}_r}{4\pi\varepsilon_0 R^3} & (r < R) \\ \dfrac{q\vec{e}_r}{4\pi\varepsilon_0 r^2} & (r > R) \end{cases}$$

无限大均匀带电平面

$$E = \frac{\sigma}{2\varepsilon_0}$$

方向垂直于带电平面。

无限长均匀带电直线

$$E = \frac{\lambda}{2\pi\varepsilon_0 r}$$

方向垂直于带电直线。

8. 静电场的环路定理

在静电场中，电场强度沿任一闭合路径的线积分恒为零，即

$$\oint_L \vec{E} \cdot \mathrm{d}\vec{l} = 0$$

静电场的环路定理说明静电场是保守场。

9. 电位能和电位

（1）电位能：电荷在电场中某一点 P 的电位能，在数值上等于把电荷从该点移到电位能零点时，静电力所做的功

$$W_p = \int_p^{(0)} q_0 \vec{E} \cdot \mathrm{d}\vec{l}$$

把电荷 q_0 从 a 点移到 b 点，静电场力所做的功

$$W_{ab} = W_a - W_b = \int_a^b q_0 \vec{E} \cdot \mathrm{d}\vec{l}$$

（2）电位：电场中某一点 P 的电位，在数值上等于单位正电荷在该点所具有的电位能，即把单位正电荷从该点沿任意路径移到电位能零点，电场力所做的功。

$$V_p = \frac{W_p}{q_0} = \int_p^{(0)} \vec{E} \cdot \mathrm{d}\vec{l}$$

若源电荷为有限分布，可取无限远处为电位零点，即

$$V_p = \int_p^\infty \vec{E} \cdot \mathrm{d}\vec{l}$$

若源电荷为无限分布，电位零点的选取将视具体问题而定。

电位叠加原理：

点电荷系

$$V_p = \sum_i V_{ip} = \sum_i \frac{q_i}{4\pi\varepsilon_0 r_i}$$

电荷连续分布的带电体

$$V_p = \int \mathrm{d}V_p = \int_q \frac{\mathrm{d}q}{4\pi\varepsilon_0 r}$$

10. 带电体在电场中受的场力

在电场中受的场力

$$\vec{F} = q\vec{E}$$

电偶极子在电场中受到的力矩

$$\vec{M} = \vec{p} \times \vec{E}$$

电荷连续分布的带电体在电场中受的力

$$\vec{F} = \int_q \vec{E} \mathrm{d}q$$

11. 电场强度和电位的微分关系

$$\vec{E} = -\nabla V$$

在直角坐标系中

$$\vec{E} = -\left(\frac{\partial V}{\partial x}\vec{i} + \frac{\partial V}{\partial y}\vec{j} + \frac{\partial V}{\partial z}\vec{k} \right)$$

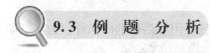

9.3 例 题 分 析

例 1. 一无限长均匀带电直线的电荷线密度为 λ，则距离直线垂直距离为 r 的地方，电场强度为_____，通过与直线同轴、高度为 h 的圆柱面的电场强度通量为_____。

[答案]：$\frac{\lambda}{2\pi r\varepsilon_0}$，$\frac{h\lambda}{\varepsilon_0}$

[解析]：根据电场强度的高斯定理 $\oint_S \vec{E} \cdot \mathrm{d}\vec{S} = \dfrac{\sum\limits_i Q_{i0}}{\varepsilon_0}$ 可知，通过圆柱高斯面的电场强度为 $\frac{\lambda}{2\pi r\varepsilon_0}$，其电场强度通量为 $\frac{h\lambda}{\varepsilon_0}$。

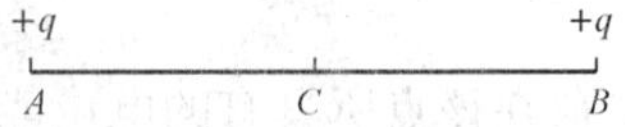

例 2. 如图 9-1 所示，在 A、B 两点处各置有电荷 $+q$，$AC = BC = a$：（1）C 处的电场强度大小为_____，电位为_____；（2）若把电荷 Q 从点 C 移至无穷远处，电场力对它所做的功为_____。

图 9-1

[答案]：0，$\frac{q}{2\pi\varepsilon_0 a}$，$\frac{Qq}{2\pi\varepsilon_0 a}$

[解析]：根据点电荷的电场强度公式 $\vec{E} = \dfrac{q\vec{e}_r}{4\pi\varepsilon_0 r^2}$ 和电场强度的叠加原理 $\vec{E} = \vec{E}_1 + \vec{E}_2 + \cdots$ 可知，C 点电场强度为 0。又因点电荷在空间某点激发的电位 $V = \dfrac{q}{4\pi\varepsilon_0 r}$ 及电场力做功的特征可得 C 点的电位为 $\frac{Q}{2\pi\varepsilon_0 a}$，将电荷从 C 点移至无穷远处电场力做的功为 $\frac{Qq}{2\pi\varepsilon_0 a}$。

例 3. 真空中两块互相平行的无限大均匀带电平板，两板间的距离为 d，其中一块的电荷面密度为 $+\sigma$，另一块的电荷面密度为 $+2\sigma$，则两板间的电位差为　　　（　　）

(A) 0　　　　　(B) $\frac{3\sigma}{2\varepsilon_0}$　　　　(C) $\frac{\sigma}{\varepsilon_0}d$　　　　(D) $\frac{\sigma}{2\varepsilon_0}d$

[答案]：(D)

[解析]：根据高斯定理知，电荷面密度为 $+\sigma$ 的无限大平板在空间激发的电场强度为 $\vec{E} = \dfrac{\sigma}{2\varepsilon_0}\vec{e}_r$，结合电位差的定义即可知电位差为 $\frac{\sigma}{2\varepsilon_0}d$。

例 4. 下列说法中正确的是　　　　　　　　　　　（　　）

（A）闭合曲面上各点电场强度都为零时，曲面内一定没有电荷

（B）闭合曲面上各点电场强度都为零时，曲面内电荷的代数和必定为零

(C) 闭合曲面的电通量为零时，曲面上各点的电场强度必定为零

(D) 闭合曲面的电通量不为零时，曲面上任意一点的电场强度都不可能为零

[答案]：(B)

[解析]：依照静电场中的高斯定理，闭合曲面上各点的电场强度都为零时，曲面内电荷的代数和必定为零，但不能肯定曲面内一定没有电荷；闭合曲面的电通量为零时，表示穿入闭合曲面的电场线数等于穿出闭合曲面的电场线数或没有电场线穿过闭合曲面，不能确定曲面上各点的电场强度必定为零；同理，闭合曲面的电通量不为零时，也不能由此推断曲面上任意一点的电场强度都不可能为零，因而正确答案为 (B)。

例 5. 一半径为 R 的半圆细环上均匀地分布有电荷 Q。求：环心处的电场强度与电位。

[解]：建立如图 9-2 所示的坐标系，在圆环上取一个微元 $\mathrm{d}l$，$\mathrm{d}l$ 所带的电荷量 $\mathrm{d}q = \lambda \mathrm{d}l$。由点电荷电场强度公式，$\mathrm{d}q$ 在环心处产生的电场强度大小为

$$\mathrm{d}E = \frac{1}{4\pi\varepsilon_0} \frac{\lambda \mathrm{d}l}{R^2}$$

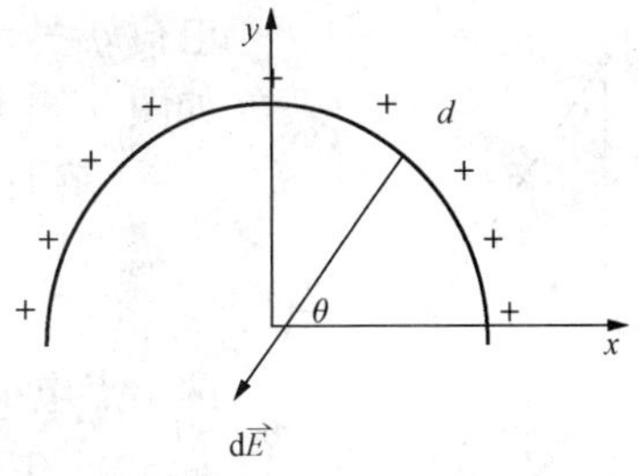

由对称性分析，$\mathrm{d}E$ 在 x 方向的各个分量相互抵消等于零，即

$$E_x = 0$$

图 9-2

$\mathrm{d}E$ 在 y 方向的分量

$$\mathrm{d}E_y = -\frac{\mathrm{d}q}{4\pi\varepsilon_0 R^2}\sin\theta = -\frac{Q}{4\pi^2\varepsilon_0 R^2}\sin\theta \mathrm{d}\theta$$

因此

$$E = \int_L \mathrm{d}E_y = \int_L -\frac{Q}{4\pi^2\varepsilon_0 R^2}\sin\theta \mathrm{d}\theta = -\frac{Q}{2\pi^2\varepsilon_0 R^2}$$

所以环心处的电场强度都是沿 y 轴方向，即 $\vec{E} = E\vec{j}$。

环心处的电位为

$$V = \int_L \frac{\mathrm{d}q}{4\pi\varepsilon_0 R} = \frac{Q}{4\pi\varepsilon_0 R}$$

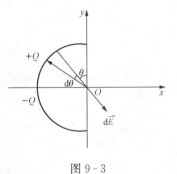

图 9-3

例 6. 一个细玻璃棒被弯成半径为 R 的半圆形，沿其上半部分均匀分布有电量 $+Q$，沿其下半部分均匀分布有电量 $-Q$，如图 9-3 所示。试求圆心 O 处的电场强度。

[解]：把所有电荷都当做正电荷处理。在 θ 处取微小电荷

$$\mathrm{d}q = \lambda \mathrm{d}L = \frac{2Q\mathrm{d}\theta}{\pi}$$

它在 O 点产生的场强

$$\mathrm{d}E = \frac{\mathrm{d}q}{4\pi\varepsilon_0 R^2} = \frac{Q}{2\pi^2\varepsilon_0 R^2}\mathrm{d}\theta$$

按 θ 角变化，将 $\mathrm{d}\vec{E}$ 分解成两个分量

$$\mathrm{d}E_x = \mathrm{d}E\sin\theta = \frac{Q}{2\pi^2\varepsilon_0 R^2}\sin\theta \mathrm{d}\theta$$

$$dE_y = -dE\cos\theta = -\frac{Q}{2\pi^2\varepsilon_0 R^2}\cos\theta d\theta$$

对各分量分别积分，积分时考虑到一半是负电荷

$$E_x = \frac{Q}{2\pi^2\varepsilon_0 R^2}\left(\int\sin\theta d\theta - \int\sin\theta d\theta\right) = 0$$

$$E_y = -\frac{Q}{2\pi^2\varepsilon_0 R^2}\left(\int\cos\theta d\theta + \int\cos\theta d\theta\right) = \frac{-Q}{\pi^2\varepsilon_0 R^2}$$

所以圆心 O 处的电场强度

$$\vec{E} = E_x\vec{i} + E_y\vec{j} = (-Q/\pi^2\varepsilon_0 R^2)\vec{j}$$

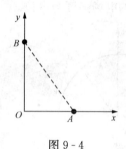

图 9-4

例 7. 直角三角形 OAB，点电荷 $q_1 = 1.8\times10^{-9}$C 放在 A 点，点电荷 $q_2 = -4.8\times10^{-9}$C 放在 B 点，其中 $OA = 0.03$m，$OB = 0.04$m，如图 9-4 所示。求：O 点处的电场强度。

[**解**]：点电荷产生的场强

$$\vec{E} = \frac{1}{4\pi\varepsilon_0}\frac{q}{r^2}\vec{e_r}$$

两个点电荷在坐标原点产生的场强分别为

$$\vec{E}_1 = \frac{1}{4\pi\varepsilon_0}\frac{q_1}{OA^2}\vec{e_r} = 9\times10^9\times\frac{1.8\times10^{-9}}{0.03^2}(-\vec{i}) = -1.8\times10^4\vec{i}\,\text{V/m}$$

$$\vec{E}_2 = \frac{1}{4\pi\varepsilon_0}\frac{q_2}{OB^2}\vec{e_r} = 9\times10^9\times\frac{-4.8\times10^{-9}}{0.04^2}(-\vec{j}) = 2.7\times10^4\vec{j}\,\text{V/m}$$

所以 O 点处的电场强度

$$\vec{E}_O = \vec{E}_1 + \vec{E}_2 = -1.8\times10^4\vec{i} + 2.7\times10^4\vec{j}\,\text{V/m}$$

例 8. 在真空中，有一电荷为 Q、半径为 R 的均匀带电球壳，其电荷均匀分布。试求：

（1）球壳外两点间的电位差；

（2）球壳内两点间的电位差；

（3）球壳外任意点的电位；

（4）球壳内任意点的电位。

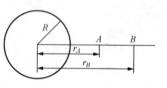

图 9-5

[**解**]：（1）已知均匀带电球壳外一点的电场强度为

$$\vec{E} = \frac{Q}{4\pi\varepsilon_0 r^2}\vec{e_r} \tag{1}$$

电场强度 $\vec{E}$ 的方向是沿径矢的，$\vec{e_r}$ 为沿径矢的单位矢量。若在图所示的径向取 A、B 两点，它们与球心的距离分别为 r_A 和 r_B，那么，A、B 两点之间的电位差为

$$V_A - V_B = \int_{r_A}^{r_B}\vec{E}\cdot d\vec{r}$$

由图 9-5 可知 $d\vec{r} = dr\,\vec{e_r}$，将式（1）代入上式，得

$$V_A - V_B = \frac{Q}{4\pi\varepsilon_0}\int_{r_A}^{r_B}\frac{dr}{r^2}\vec{e_r}\cdot\vec{e_r}$$

$$= \frac{Q}{4\pi\varepsilon_0}\int_{r_A}^{r_B}\frac{dr}{r^2}$$

$$= \frac{Q}{4\pi\varepsilon_0}\left(\frac{1}{r_A} - \frac{1}{r_B}\right) \tag{2}$$

式（2）表明，均匀带电球壳外两点的电位差，与球上电荷全部集中于球心时该两点的电位差是一样的。

（2）带电球壳内部任意点的电场强度为

$$\vec{E} = 0$$

故球壳内两点间的电位差为

$$V_A - V_B = \int_{r_A}^{r_B} \vec{E} \cdot d\vec{r} = 0$$

（3）若取 $r_B \approx \infty$ 时 $V_\infty = 0$，那么由式（2）可得，均匀带电球壳外一点的电位为

$$V(r) = \frac{Q}{4\pi\varepsilon_0 r} \quad (r \geqslant R)$$

（4）由于带电球壳为一等势体，故球壳内各处的电位与球壳表面的电位应相等，由上式可得球壳表面的电位为

$$V(R) = \frac{Q}{4\pi\varepsilon_0 R}$$

例 9. 如图 9-6 所示，半径为 R 的均匀带电球面，带电量为 Q。沿其径向有一均匀带电直线，电荷线密度为 λ，长度为 l，直线近端距离球心 r_0。设球和直线上的电荷分布不受相互作用的影响，试求直线所受的电场力和直线在电场中的电位能。

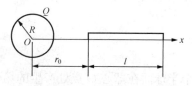

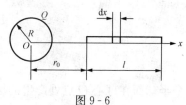

图 9-6

[解]：在 x 处线元 dx 所带电量为

$$dq = \lambda dx$$

均匀带电球在 x 处产生的场强为

$$E = \frac{Q}{4\pi\varepsilon_0 x^2}$$

线元 dx 所受的电场力为

$$d\vec{F} = \frac{Q\lambda}{4\pi\varepsilon_0 x^2} dx \vec{i}$$

整个带电直线所受的电场力为

$$\vec{F} = \frac{Q\lambda}{4\pi\varepsilon_0} \int_{r_0}^{r_0+l} \frac{1}{x^2} dx \vec{i} = \frac{Q\lambda l}{4\pi\varepsilon_0 r_0(r_0+l)} \vec{i}$$

均匀带电球在在 x 处产生的电位为

$$V = \frac{Q}{4\pi\varepsilon_0 x}$$

线元 dx 在 x 处具有的电位能为

$$dW = Vdq = \frac{Q\lambda dx}{4\pi\varepsilon_0 x}$$

整个带电直线电场中的电位能为

$$W = \frac{Q\lambda}{4\pi\varepsilon_0} \ln \frac{l+r_0}{r_0}$$

例 10. 一半径为 R 的均匀带电半球面，电荷面密度为 σ，求球心 O 点处的场强。

[解]：这是一个连续带电体问题，求解的关键在于如何取电荷元。现将球壳分割为一组

平行的细圆环，如图 9-7 所示，任意一个圆环所带电荷为

$$dq = \sigma 2\pi r R d\theta = \sigma 2\pi R^2 \sin\theta d\theta$$

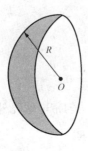
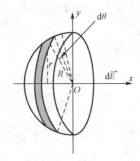

图 9-7

任意一个圆环在 O 点处激发的电场强度为

$$dE = \frac{1}{4\pi\varepsilon_0} \frac{x dq}{(x^2 + r^2)^{\frac{3}{2}}}$$

$$= \frac{1}{4\pi\varepsilon_0} \frac{2\pi R^3 \cos\theta \sin\theta d\theta}{R^3} = \frac{\sigma}{4\varepsilon_0} \sin 2\theta$$

整个半球面在球心 O 点处产生的场强的大小为

$$E = \int_S dE = \frac{\sigma}{4\varepsilon_0} \int_0^{\frac{\pi}{2}} \sin 2\theta d\theta$$

$$= -\frac{\sigma}{8\varepsilon_0} \cos 2\theta \Big|_0^{\frac{\pi}{2}} = \frac{\sigma}{8\varepsilon_0}(1+1) = \frac{\sigma}{4\varepsilon_0}$$

整个半球面在球心 O 点处产生的场强为

$$\vec{E} = \frac{\sigma}{4\varepsilon_0}\vec{i}$$

例 11. 均匀带电球面半径为 R，带电荷量为 Q，求球面内、外的电场强度。

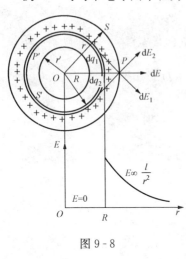

[解]：应用高斯定理求电场强度时，首先要分析电场分布的对称性。如图 9-8 所示，我们来考虑带电球面外与球心 O 相距 r 的任一场点 P，点 P 和球心的连线 OP 沿半径方向。由于电荷均匀分布在球面上，故对球面上任一电荷元 dq_1，总可在球面上找到等电荷量的另一电荷 dq_2，两者对连线 OP 完全对称，故它们在 P 点产生的电场强度 $d\vec{E}_1$ 和 $d\vec{E}_2$ 对称于连线 OP。将整个带电球面上的每一对称电荷元在点 P 的电场强度叠加，所得的总电场强度 $\vec{E}$ 的方向也必定沿着连线 OP，即沿半径方向。

同理，分析通过点 P 并与带电球面同心的球面上各点的电场强度，其方向各自沿所在半径向外，即整个电场的电场线呈辐射状，其大小都和点 P 的相同。如果场点 P 在带电球面内，也可进行类似分析。所以，均匀带电球面的电场分布是球对称的。

图 9-8

既然电场是球对称，我们就取通过点 P 的同心球面作为高斯面 S，面上各点的电场强度

$\vec{E}$ 的大小处处都和点 P 的电场强度相同，$\vec{E}$ 的方向各沿其半径而指向球外，与球面上所在点的外法线，即面元 $\mathrm{d}\vec{S}$ 的方向一致，即 $\vec{E}$ 与 $\mathrm{d}\vec{S}$ 之间的夹角 $\theta=0$，$\cos\theta=1$。通过此高斯面的电场强度通量为

$$\Phi_e = \oiint_S \vec{E} \cdot \mathrm{d}\vec{S} = \oiint_S E\mathrm{d}S = E \times 4\pi r^2$$

如果所取场点 P 在带电球面外（$r>R$），则高斯面所包围的电荷量 $\sum_i q_i$ 即为球面上所带电荷量 Q。根据高斯定理，有

$$E \times 4\pi r^2 = \frac{Q}{\varepsilon_0}$$

从而得

$$E = \frac{Q}{4\pi\varepsilon_0 r^2}$$

用 $\vec{e_r}$ 表示 r 方向的单位矢量（沿半径向外为正方向），可以把电场强度写成矢量式

$$\vec{E} = \frac{Q}{4\pi\varepsilon_0 r^2}\vec{e_r} \qquad (r>R)$$

若 $Q<0$，则电场强度 $\vec{E}$ 的方向与 $\vec{e_r}$ 的方向相反，即沿半径指向球内。

如果所取场点 P' 在带电球面内（$r'<R$），则选取通过点 P' 的同心球面 S' 作为高斯面。由于球面内没有电荷，即 $\sum_i q_i = 0$，因此根据高斯定理，有

$$E \times 4\pi r'^2 = 0$$

从而得

$$E = 0 \qquad (r<R)$$

故在球面内，各点的电场强度为零。

由此看到，均匀带电球面外的电场强度分布与球面上的电荷都集中在球心时所形成的点电荷在该区域的电场强度分布一样。球面内的电场强度均匀为零。球面处电场强度不连续，存在突变。

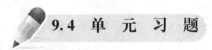

9.4 单元习题

一、选择题

1. 关于电场强度与电位之间的关系，下列说法中正确的是　　　　　　　　　　（　　）

   (A) 在电场中，电场强度为零的点，电位必为零

   (B) 在电场中，电位为零的点，电场强度必为零

   (C) 在电位梯度不变的空间，电场强度处处相等

   (D) 在电场强度不变的空间，电位处处相等

2. 下列说法中正确的是　　　　　　　　　　　　　　　　　　　　　　　　（　　）

   (A) 电场中某点电场强度的方向，就是将点电荷放在该点所受的电场力的方向

   (B) 在以电荷为中心的球面上，该电荷产生的电场强度处处相同

   (C) 电场强度方向可由 $\vec{E}=\dfrac{\vec{F}}{q_0}$ 定出，其中 q_0 为试验电荷的电荷量，q_0 可正可负，$\vec{F}$ 为

试验电荷所受的电场力

(D) 电场强度由 $\vec{E}=\dfrac{\vec{F}}{q_0}$ 定义，电场强度大小与试验电荷电荷量 q_0 成反比

3. 在静电场中，高斯定理告诉我们　　　　　　　　　　　　　　　　　　（　　）

(A) 高斯面内不包围电荷，则面上各点 $\vec{E}$ 的量值处处为零

(B) 高斯面上各点的 $\vec{E}$ 只与面内电荷有关，与面内电荷分布无关

(C) 穿过高斯面的 $\vec{E}$ 通量，仅与面外电荷有关，而与面内电荷分布无关

(D) 穿过高斯面的 $\vec{E}$ 通量为零，则面上各点的 $\vec{E}$ 必为零

4. 下面说法中正确的是　　　　　　　　　　　　　　　　　　　　　　　（　　）

(A) 等势面上各点的场强大小都相等

(B) 电位高处电位能也一定大

(C) 场强大处电位一定高

(D) 场强的方向总是从高电位指向低电位

5. 关于电场强度定义式 $\vec{E}=\dfrac{\vec{F}}{q_0}$，下列说法中正确的是　　　　　　　（　　）

(A) 场强 $\vec{E}$ 的大小与试探电荷 q_0 的大小成反比

(B) 对场中某点，试探电荷受力 $\vec{F}$ 与 q_0 的比值不因 q_0 而变

(C) 试探电荷受力 $\vec{F}$ 的方向就是场强 $\vec{E}$ 的方向

(D) 若场中某点不放试探电荷 q_0，则 $\vec{F}=0$，从而 $\vec{E}=0$

6. 如图 9-9 所示，两个同心球壳，内球壳半径为 R_1，均匀带有电量 Q；外球壳半径为 R_2，壳的厚度忽略，原先不带电，但与地相连接。设地为电位零点，则在内球壳里面，距离球心 r 处的 P 点的场强大小及电位分别为　　　　　　　　　　（　　）

(A) $E=0$，$V=\dfrac{q}{4\pi\varepsilon_0 R_1}$ 　　　　　(B) $E=0$，$V=\dfrac{Q}{4\pi\varepsilon_0}\left(\dfrac{1}{R_1}-\dfrac{1}{R_2}\right)$

(C) $E=\dfrac{Q}{4\pi\varepsilon_0 r^2}$，$V=\dfrac{Q}{4\pi\varepsilon_0 r}$ 　　　　(D) $E=\dfrac{Q}{4\pi\varepsilon_0 r^2}$，$V=\dfrac{Q}{4\pi\varepsilon_0 R_1}$

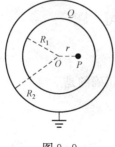
图 9-9

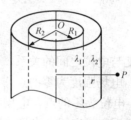
图 9-10

7. 如图 9-10 所示，两个"无限长"的半径分别为 R_1 和 R_2 的共轴圆柱面，均匀带电，沿轴线方向单位长度上的带电量分别为 λ_1 和 λ_2，则在外圆柱面外面、距离轴线为 r 处的 P 点的电场强度的大小为　　　　　　　　　　　　　　　　　（　　）

(A) $\dfrac{\lambda_1+\lambda_2}{2\pi\varepsilon_0 r}$ 　　　　　　　　(B) $\dfrac{\lambda_1}{2\pi\varepsilon_0(r-R_1)}+\dfrac{\lambda_2}{2\pi\varepsilon_0(r-R_2)}$

(C) $\dfrac{\lambda_1+\lambda_2}{2\pi\varepsilon_0(r-R_2)}$ (D) $\dfrac{\lambda_1}{2\pi\varepsilon_0 R_1}+\dfrac{\lambda_2}{2\pi\varepsilon_0 R_2}$

8. 如图 9-11 所示，在一场强为 $\vec{E}$ 的匀强电场，$\vec{E}$ 的方向与 x 轴正向平行，则通过图中一半径为 R 的半球面电场强度的通量为 （　　）

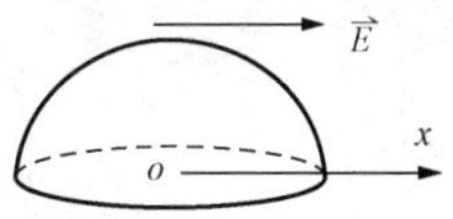

(A) $\pi R^2 E$ (B) $\dfrac{1}{2}\pi R^2 E$

(C) $2\pi R^2 E$ (D) 0

图 9-11

9. 两个带有电量为 $2q$ 的等量异号电荷，形状相同的金属小球 A 和 B 的相互作用力为 f，它们之间的距离 R 远大于小球本身的直径，现在用一个带有绝缘柄的原来不带电的相同的金属小球 C 去和小球 A 接触，再和 B 接触，然后移去，则球 A 和球 B 之间的作用力变为 （　　）

(A) $\dfrac{f}{4}$ (B) $\dfrac{f}{8}$ (C) $\dfrac{3}{8}f$ (D) $\dfrac{f}{16}$

10. 有一正方体，在其中心 O 点处有一电量为 q 的正点电荷，则通过其任一侧面的电场强度的通量为 （　　）

(A) $\dfrac{q}{16\varepsilon_0}$ (B) $\dfrac{q}{8\varepsilon_0}$ (C) $\dfrac{q}{4\varepsilon_0}$ (D) $\dfrac{q}{6\varepsilon_0}$

11. 下列说法中正确的是 （　　）
(A) 电场强度为零的点，电位也一定为零
(B) 电场强度不为零的点，电位也一定不为零
(C) 电位为零的点，电场强度也一定为零
(D) 电位在某一区域内为常量，则电场强度在该区域内必定为零

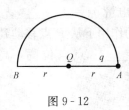
图 9-12

12. 如图 9-12 所示，真空中有一点电荷，其带电量为 Q，在与它相距为 r 的 A 点处有一试验电荷 q。现使试验电荷 q 从 A 点沿半圆弧轨道运动到 B 点，则电场力所做的功为 （　　）

(A) $\dfrac{Qq}{4\pi\varepsilon_0 r^2}2\pi r$ (B) $\dfrac{Qq}{4\pi\varepsilon_0 r^2}2r$

(C) $\dfrac{Qq}{4\pi\varepsilon_0 r^2}\pi r$ (D) 0

二、填空题

1. 一无限长均匀带电直线的电荷线密度为 λ，则距离直线垂直距离为 r 的地方，电场强度为_____，通过与直线同轴、高度为 h 的圆柱面的电场强度通量为_____。

2. 如图 9-13 所示，在 C 点放置电荷 q_1，在 A 点放置电荷 q_2，S 是包围 q_1 的封闭曲面，P 点是曲面上任意一点，现将 q_2 从 A 点移动到 B 点，则通过 S 面的电场强度通量_____，P 点的电场强度_____。（填"变"或"不变"）

3. 两块"无限大"的均匀带电平行平板，其电荷面密度分别为 $\sigma(\sigma>0)$ 及 -2σ，如图 9-14 所示。试写出各区域的电场强度 $\vec{E}$。（方向填"向右"或"向左"）

Ⅰ区 $\vec{E}$ 的大小_____，方向_____。

Ⅱ区 $\vec{E}$ 的大小_____，方向_____。

Ⅲ区 $\vec{E}$ 的大小_____，方向_____。

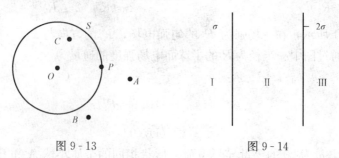

图 9-13　　　　　　　　　　　　图 9-14

4. 有一均匀带电球面，带电量为 Q，半径为 R，则球心 O 的电场强度大小为 $E=$ _____，电位 $V=$ _____。

5. 在_____中，电场强度的环流为零。

6. 静电场力是_____力，它对试验电荷所做的功与试验电荷的具体路径无关。

7. 电场中的两根电场线_____相交。

8. 均匀带电球体的电荷体密度为 ρ，中心处电场强度的大小为_____，球体内距离球心 r 处的电场强度的大小为_____。

9. 只有电荷分布在_____里，才能选无限远的电位为零。

10. 电荷只能取_____量值的性质，叫做电荷的量子化。

11. 试验电荷必须满足两个条件：第一，它必须是_____电荷；第二，它的电荷应足够_____。

12. 静电场的电场线总是起始于_____，终止于_____。

13. 如图 9-15 所示，同心导体球壳 A 和 B，半径分别为 R_1、R_2，带电量分别为 q、Q，则内球 A 的电位 $V_A=$ _____；若把内球 A 接地，则内球 A 所带电量 $q_A=$ _____。

14. 如图 9-16 所示，一电量 $q=-5\times10^{-5}$C 的点电荷在电场力的作用下从 P 点移动到 Q 点电场力对它所做的功 $W=3\times10^{-2}$J，则 P、Q 两点中_____点电位高，高_____V。

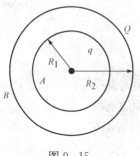

图 9-15

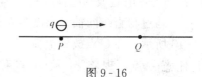

图 9-16

15. 在点电荷 q 的电场中，选取以 q 为中心、R 为半径的球面上一点 A 作为电位零点，则在球面外与电荷 q 距离 r 的 P 点的电位为_____。

16. 一均匀静电场，电场强度 $\vec{E}=(200\,\vec{i}+300\,\vec{j})$V/m，则点 $a(3,2)$ 和点 $b(0,1)$ 之间的电位差 $U_{ab}=$ _____；若选坐标原点为零电位，则点 $a(3,2)$ 的电位 $V_a=$

_____（x、y 以 m 计）。

17. A、B 为真空中的两个无限大均匀带电平面，两平面间的电场强度大小为 E_0；A 面上方的电场强度大小为 $\dfrac{E_0}{3}$，方向如图 9 - 17 所示，则 A、B 面上电荷面密度 $\sigma_A =$ _____，$\sigma_B =$ _____。

18. 两根无限长细直导线相互平行且相距为 d，电荷线密度分别为 $+\lambda$ 和 $-\lambda$，则每单位长度上导线之间的相互作用力大小为 _____，力的方向为 _____。

19. 如图 9 - 18 所示，一带电量为 q_0 的试验电荷，在点电荷 Q 的电场中，沿半径为 R 的 3/4 圆弧形轨道 abc 从 a 移动到 c 电场力所做的功 $W_1 =$ _____，再从 c 移动到无限远电场力所做的功 $W_2 =$ _____。

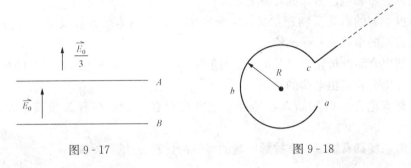

图 9 - 17   图 9 - 18

三、计算题

1. 电荷大小和符号都相同的三个点电荷 q 放在等边三角形的顶点上，为了不使它们由于斥力的作用而散开，可在三角形的中心放一符号相反的点电荷 q'。求：q' 的电荷大小。

2. 一个点电荷 q 位于边长为 a 的立方体的一个角上。求：通过立方体每个面的电场强度通量。

3. 设在半径为 R 的球体内电荷均匀分布，电荷体密度为 ρ。求：球体外和球体内任一点的电位。

4. 四个点电荷带电荷量均为 q，分别置于边长为 a 的正方形的四个角上，以无穷远处为电位零点，求正方形中心处的电场强度和电位。

5. 假想从无限远处陆续移来微量电荷使一半径为 R 的导体球带电：

(1) 当球上已带有电荷 q 时，再将一个电荷元 dq 从无限远处移到球上的过程中，外力做多少功？

(2) 使球上电荷量从零开始增加到 Q 的过程中，外力共做多少功？

6. 求均匀带电细杆的中垂线上任一点（杆外）的电场强度，设细杆的长度为 L，细杆的电荷线密度为 λ。

7. 两个同心球面，半径分别为 10cm 和 30cm。小球面均匀带有正电荷，大小为 10^{-8}C；大球面均匀带有正电荷，大小为 1.5×10^{-8}C。求：离球心 20、50cm 处的电位。

8. 在 x-y 平面上，各点的电位满足 $V = \dfrac{ax}{x^2 + y^2} + \dfrac{b}{(x^2 + y^2)^{1/2}}$，式中 x 和 y 为任一点的坐标，a 和 b 为常量。求：任一点电场强度的 E_x 和 E_y 两个分量。

第 10 章　静电场中的导体和电介质

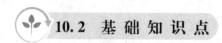

10.1　基　本　要　求

（1）理解导体的静电感应现象和静电平衡条件，掌握导体达到静电平衡状态时电荷及电场强度的分布特点。能结合静电平衡条件分析静电感应、静电屏蔽等现象。掌握存在导体时静电场的场强分布和电位分布的计算方法。

（2）掌握电容的概念及物理意义，掌握典型电容器电容的计算及电容器储能的计算方法。掌握电容器的串联和并联的特点。

（3）了解电介质的极化机理及电介质对静电场的影响。掌握电极化强度的物理意义及电介质中的极化电荷和自由电荷的关系。

（4）掌握有电介质时的高斯定理和有电介质存在时的电位移矢量和电场强度的计算方法。

（5）理解电场具有能量，掌握静电场的能量的计算方法。

10.2　基　础　知　识　点

1. 导体的静电平衡条件

（1）静电感应现象：当导体处于外电场中时，电子受外电场力的作用后作定向运动，引起导体中电荷重新分布的现象。

（2）导体的静电平衡条件：

1）导体内部电场强度处处为零。如果导体内电场强度不为零，自由电子将在电场的作用下继续发生定向移动。

2）导体表面外侧的电场强度（电场线）必定和导体表面垂直。

3）导体是一个等势体，其表面是一个等势面。

2. 静电平衡时导体的电荷分布

（1）导体内部无净电荷：$q=0$。

（2）导体所带电荷只能分布在导体的表面上：$\sigma=\varepsilon_0 E$。

3. 静电屏蔽

在静电平衡状态下，空腔导体外面电荷不会影响空腔内部；一个接地的导体空腔，空腔内的电荷对空腔外的物体不会产生影响。

计算有导体存在时的静电场问题的基本依据：高斯定理、电位概念、电荷守恒及导体静电平衡条件。

4. 静电场中的电介质

（1）电介质的极化：电介质中出现束缚电荷的现象，称为电介质的极化。

（2）电介质对电场的影响：电场中充满介质时 $\vec{E}=\dfrac{\vec{E}_0}{\varepsilon_r}$，$C=\varepsilon_r C_0$。

（3）电位移矢量：电位移矢量 $\vec{D}$ 仅是一个辅助量，对于各向同性电介质

$$\vec{D} = \varepsilon_0 \varepsilon_r \vec{E} = \varepsilon \vec{E}$$

式中：ε_r 为介质的相对电容率；ε 为介质的电容率。

（4）有电介质时的高斯定理：通过任意闭合曲面的电位移通量等于该闭合曲面内所包围的自由电荷的代数和，即

$$\oint_S \vec{D} \cdot \mathrm{d}\vec{S} = \sum_i q_{0i}$$

5. 电容器和电容

（1）电容器：带有等量异号电荷的两导体所组成的系统。两导体称为正负极板。

（2）电容器的电容：两导体中任意一个导体所带的电量 Q 与两导体电位差 U 之比，即

$$C = \frac{Q}{U}$$

（3）几种典型电容器的电容：

孤立导体球

$$C = 4\pi\varepsilon_0 R \qquad （R \text{ 为球体半径}）$$

平行板电容器

$$C = \frac{\varepsilon_0 \varepsilon_r S}{d} \qquad （S \text{ 为极板面积}, d \text{ 为极板间距}）$$

同心球形电容

$$C = 4\pi\varepsilon_0 R_1 R_2 / (R_2 - R_1)$$

式中：R_1、R_2 分别为内、外球极板半径。

同轴柱形电容器

$$C = \frac{2\pi\varepsilon_0 L}{\ln \dfrac{R_2}{R_1}} \qquad （R_1, R_2 \text{ 为内外圆柱体的半径}, L \text{ 为圆柱体长度}）$$

（4）电容器的连接：

串联

$$\frac{1}{C} = \sum_i \frac{1}{C_i}$$

并联

$$C = \sum_i C_i$$

（5）电容器的能量

$$W = \frac{Q^2}{2C} = \frac{1}{2}CU^2 = \frac{1}{2}QU$$

6. 电场的能量和电场的能量密度

（1）电场的能量密度：单位体积电场内所具有的能量

$$w_e = \frac{1}{2}\varepsilon_0 \varepsilon_r E^2$$

（2）均匀电场的能量

$$W = \frac{1}{2}\varepsilon E^2 V$$

（3）非均匀电场的能量

$$W = \int_V \frac{1}{2}\varepsilon E^2 \, \mathrm{d}V$$

积分要遍及整个有电场的空间。根据电场的分布情况合理选择体积元 $\mathrm{d}V$ 的形状。

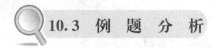

10.3 例 题 分 析

例 1. 各种形状的带电导体中，是否只有球形导体其内部场强才为零？为什么？

[解]： 根据导体处于静电平衡的条件：①导体内部任何一点处的电场强度为零；②导体表面处电场强度的方向均与导体表面垂直。所以，只有任何形状的带电导体内部的场强都为零，才满足导体达到静电平衡的条件。

例 2. 把一个带电物体移近一个导体壳，带电体单独在导体壳的腔内产生的电场_____（为零，不为零）。

[答案]： 不为零

[解析]： 一个带电物体移近一个导体壳时，带电体单独存在导体壳的腔内产生的电场不为零。但是，导体壳在带电物体的电场影响下，其表面电荷会形成一定的分布，使得带电体单独在腔内某点产生的电场和导体壳表面电荷在腔内同一点产生的电场之和为零，这样就产生了静电屏蔽效应。

例 3. 将一个带正电的带电体 A 从远处移到一个不带电的导体 B 附近，则导体 B 的电位将　　　　　　　　　　　　　　　　　　　　　　　　　　　　　　　（　　）

（A）升高　　　　（B）降低　　　　（C）不会发生变化　　　　（D）无法确定

[答案]：（A）

[解析]： 不带电的导体 B 相对无穷远处为零电位。由于带正电的带电体 A 移到不带电的导体 B 附近的近端感应负电荷；在远端感应正电荷，不带电导体的电位将高于无穷远处，因而正确答案为（A）。

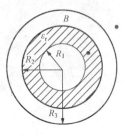

图 10-1

例 4. 如图 10-1 所示，半径为 R_1 的金属球 A 的外面包有同心的金属球壳 B，内半径为 R_2，外半径为 R_3，A、B 间充满相对电容率为 ε_r 的均匀电介质，球壳 B 外是空气，A 球上带有 $+Q_1$，球壳 B 上带有 $+Q_2$。求：

（1）离球心距离为 $r_1(R_1 < r_1 < R_2)$ 处的 P_1 点的电场强度大小和电位；

（2）离球心距离为 $r_2(r_2 > R_3)$ 处的 P_2 点的电场强度大小和电位；

（3）球 A 与球壳 B 之间的电位差。

[解]： 由于电荷分布是均匀对称的，因此电介质中的电场也是对称的，则在同一球面上各点的电场强度大小相等，且电场强度与球面上各处的 dS 相垂直。由电介质中的高斯定理

$$\oint_S \vec{D} \cdot \mathrm{d}\vec{S} = \sum q \ 得$$

$$D = \begin{cases} 0 & (r < R_1) \\ \dfrac{Q_1}{4\pi r^2} & (R_1 \leqslant r \leqslant R_2) \\ 0 & (R_2 \leqslant r \leqslant R_3) \\ \dfrac{Q_1 + Q_2}{4\pi r^2} & (r > R_3) \end{cases}$$

$$E = \begin{cases} 0 & (r < R_1) \\ \dfrac{Q_1}{4\pi\varepsilon_0\varepsilon_r r^2} & (R_1 \leqslant r \leqslant R_2) \\ 0 & (R_2 \leqslant r \leqslant R_3) \\ \dfrac{Q_1 + Q_2}{4\pi\varepsilon_0 r^2} & (r > R_3) \end{cases}$$

（1）P_1 点 $r = r_1$ 的电场强度大小和电位分别为

$$E_1 = \frac{Q_1}{4\pi\varepsilon_0\varepsilon_r r_1^2}$$

$$V_1 = \int_{r_1}^{\infty} E dl = \int_{r_1}^{R_2} \frac{Q_1}{4\pi\varepsilon_0\varepsilon_r r^2} dr + \int_{R_3}^{\infty} \frac{Q_1 + Q_2}{4\pi\varepsilon_0 r^2} dr = \frac{Q_1}{4\pi\varepsilon_0\varepsilon_r}\left(\frac{1}{r_1} - \frac{1}{R_2}\right) + \frac{Q_1 + Q_2}{4\pi\varepsilon_0}\frac{1}{R_3}$$

（2）P_2 点 $r = r_2$ 的电场强度大小和电位分别为

$$E_2 = \frac{Q_1 + Q_2}{4\pi\varepsilon_0 r_2^2}$$

$$V_2 = \int_{r_2}^{\infty} \frac{Q_1 + Q_2}{4\pi\varepsilon_0 r^2} dr = \frac{Q_1 + Q_2}{4\pi\varepsilon_0}\frac{1}{r_2}$$

（3）球 A 与球壳 B 之间的电位差

$$U_{AB} = \int_{R_1}^{R_2} E dl = \int_{R_1}^{R_2} \frac{Q_1}{4\pi\varepsilon_0\varepsilon_r r^2} dr = \frac{Q_1}{4\pi\varepsilon_0\varepsilon_r}\left(\frac{1}{R_1} - \frac{1}{R_2}\right)$$

例 5. 半径 $R_1 = 0.01\text{m}$ 的金属球，带电量 $Q_1 = 1 \times 10^{-10}\text{C}$，球外套一内、外半径分别 $R_2 = 3 \times 10^{-2}\text{m}$ 和 $R_3 = 4 \times 10^{-2}\text{m}$ 的同心金属球壳，壳上带电量 $Q_2 = 11 \times 10^{-10}\text{C}$。求：

（1）金属球和金属球壳的电位差；

（2）若用导线把球和球壳连接在一起，则球和球壳的电位各为多少？

［解］：（1）由高斯定理知，金属球和金属球壳间的电场为

$$E = \frac{Q_1}{4\pi\varepsilon_0 r^2} \quad (R_1 < r < R_2)$$

$$V_1 - V_2 = \int_{R_1}^{R_2} \frac{Q_1}{4\pi\varepsilon_0 r^2} dr = \frac{Q_1}{4\pi\varepsilon_0}\left(\frac{1}{R_1} - \frac{1}{R_2}\right)$$

$$= 9 \times 10^9 \times 10^{-10}\left(\frac{1}{1 \times 10^{-2}} - \frac{1}{3 \times 10^{-2}}\right)$$

$$= 60\text{V}$$

（2）由高斯定理知，金属球壳外的电场强度为

$$E = \frac{Q_1 + Q_2}{4\pi\varepsilon_0 r^2} \quad (r > R_3)$$

$$V_1 = V_2 = \int_{R_3}^{\infty} \frac{Q_1 + Q_2}{4\pi\varepsilon_0 r^2} dr = \frac{Q_1 + Q_2}{4\pi\varepsilon_0 R_3} = 9 \times 10^9 \times \frac{(1 + 11) \times 10^{-10}}{4 \times 10^{-2}} = 270\text{V}$$

例 6. 平行平板电容器的极板是边长为 l 的正方形，两板之间的距离 $d=1$mm。如两极板的电位差为 100V，要使极板上储存 $\pm 10^{-4}$C 的电荷，边长 l 应取多大？

[**解**]：要使电容器的电位差在 100V 时极板上有 10^{-4} 的电荷，其电容需为

$$C = \frac{Q}{U} = \frac{10^{-4}}{100} = 10^{-6}\text{F}$$

由于极板的面积 $S=l^2$，因此

$$l = \sqrt{\frac{Cd}{\varepsilon_0}} = 10.6\text{m}$$

例 7. 设有两根半径都为 R 的平行长直导线，其中心之间相距为 d，且 $d \gg R$。求单位长度的电容。

[**解**]：设导线 A、B 间的电位差为 U，它们的电荷线密度分别为 λ 和 $-\lambda$。两导线中心 OO' 连线上，距 O 为 x 处点 P 的电场强度 $\vec{E}$ 的大小为

$$E = \frac{1}{2\pi\varepsilon_0}\left(\frac{\lambda}{x} + \frac{\lambda}{d-x}\right)$$

$\vec{E}$ 的方向沿 x 轴正向。两导线之间的电位差为

$$U = \int_L \vec{E} \cdot d\vec{l} = \int_R^{d-R} E\,dx = \frac{\lambda}{2\pi\varepsilon_0}\int_R^{d-R}\left(\frac{1}{x} + \frac{1}{d-x}\right)dx \approx \frac{\lambda}{\pi\varepsilon_0}\ln\frac{d}{R}$$

于是，两长直导线单位长度的电容为

$$C = \frac{\lambda}{U} \approx \frac{\pi\varepsilon_0}{\ln\dfrac{d}{R}}$$

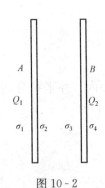

图 10 - 2

例 8. 如图 10 - 2 所示，面积均为 $S=0.1\text{m}^2$ 的两金属平板 A、B 平行对称放置，间距 $d=1$mm。今给 A、B 两板分别带电 $Q_1 = 3.54 \times 10^{-9}$ C、$Q_2 = 1.77 \times 10^{-9}$C，忽略边缘效应，求：

（1）两板共四个表面的面电荷密度 σ_1、σ_2、σ_3、σ_4；

（2）两板间的电位差 U。

[**解**]：（1）在 A 板体内取一点 A，B 板体内取一点 B，它们的电场强度是四个表面的电荷产生的，应为零，所以有

$$E_A = \sigma_1/(2\varepsilon_0) - \sigma_2/(2\varepsilon_0) - \sigma_3/(2\varepsilon_0) - \sigma_4/(2\varepsilon_0) = 0$$
$$E_B = \sigma_1/(2\varepsilon_0) + \sigma_2/(2\varepsilon_0) + \sigma_3/(2\varepsilon_0) - \sigma_4/(2\varepsilon_0) = 0$$

而

$$S(\sigma_1 + \sigma_2) = Q_1$$
$$S(\sigma_3 + \sigma_4) = Q_2$$

有

$$\sigma_1 - \sigma_2 - \sigma_3 - \sigma_4 = 0$$
$$\sigma_1 + \sigma_2 + \sigma_3 - \sigma_4 = 0$$
$$\sigma_1 + \sigma_2 = Q_1/S$$
$$\sigma_3 + \sigma_4 = Q_2/S$$

解得

$$\sigma_1 = \sigma_4 = (Q_1 + Q_2)/(2S) = 2.66 \times 10^{-8}\text{C/m}^2$$

$$\sigma_2 = -\sigma_3 = (Q_1 - Q_2)/(2S) = 0.89 \times 10^{-8} \text{C/m}^2$$

两板间的场强

$$E = \sigma_2/\varepsilon_0 = (Q_1 - Q_2)/(2\varepsilon_0 S)$$

（2）两板间的电位差

$$U = V_A - V_B = \int_A^B \vec{E} \cdot d\vec{l} = Ed = \frac{(Q_1 - Q_2)d}{2\varepsilon_0 S} = 1\text{V}$$

例 9. 半径为 R_1 的导体球带电量为 Q，球外一层半径为 R_2、相对电容率为 ε_r 的同心均匀介质球壳，其余全部空间为空气。求：

（1）离球心距离 $r_1(r < R_1)$、$r_2(R_1 < r < R_2)$、$r_3(r > R_2)$ 处的电位移矢量 $\vec{D}$ 和电场强度矢量 $\vec{E}$；

（2）离球心 r_1、r_2、r_3 处的电位差 U；

（3）介质球壳内、外表面的极化电荷面密度。

[解]：（1）因为电荷与介质均为球对称，电场也球对称，故过场点作与金属球同心的球形高斯面。由电介质中的高斯定理

$$\oint_S \vec{D} \cdot d\vec{S} = \sum q_{0i}$$

$$4\pi r^2 D = \sum q_{i0}$$

当 $r < R_1$ 时，$\sum q_{i0} = 0$，得

$$D_1 = 0$$
$$E_1 = 0$$

当 $R_1 < r < R_2$ 时，$\sum q_{i0} = Q$，得

$$D_2 = Q/(4\pi r^2)$$
$$E_2 = Q/(4\pi\varepsilon_0 \varepsilon_r r^2)$$

当 $r > R_2$ 时，$\sum q_{i0} = Q$，得

$$D_3 = Q/(4\pi r^2)$$
$$E_3 = Q/(4\pi\varepsilon_0 r^2)$$

$\vec{D}$ 和 $\vec{E}$ 的方向沿径向。

（2）离球心 r_1、r_2、r_3 处的电位差 U 分别为

当 $r < R_1$ 时

$$U_1 = \int_r^\infty \vec{E} \cdot d\vec{l} = \int_r^{R_1} E_1 dr + \int_{R_1}^{R_2} E_2 dr + \int_{R_2}^\infty E_3 dr$$

$$= \frac{Q}{4\pi\varepsilon_0\varepsilon_r R_1} - \frac{Q}{4\pi\varepsilon_0\varepsilon_r R_2} + \frac{Q}{4\pi\varepsilon_0 R_2}$$

当 $R_1 < r < R_2$ 时

$$U_2 = \int_r^\infty \vec{E} \cdot d\vec{l} = \int_r^{R_2} E_2 dr + \int_{R_2}^\infty E_3 dr$$

$$= \frac{Q}{4\pi\varepsilon_0\varepsilon_r r} - \frac{Q}{4\pi\varepsilon_0\varepsilon_r R_2} + \frac{Q}{4\pi\varepsilon_0 R_2}$$

当 $r > R_2$ 时

$$U_1 = \int_r^\infty \vec{E} \cdot d\vec{l} = \int_r^\infty E_3 dr = Q/(4\pi\varepsilon_0 r)$$

（3）在介质的内外表面存在极化电荷面密度

$$\sigma' = \varepsilon_0(\varepsilon_r - 1)E$$

电介质两表面的电场强度为

当 $r = R_1$ 时

$$E_1 = Q/(4\pi\varepsilon_0\varepsilon_r R_1^2)$$

当 $r = R_2$ 时

$$E_2 = Q/(4\pi\varepsilon_0\varepsilon_r R_2^2)$$

介质球壳内表面的极化电荷面密度

$$\sigma'_1 = \varepsilon_0(\varepsilon_r - 1)E_1$$
$$= Q(\varepsilon_r - 1)/(4\pi\varepsilon_r R_1^2)$$

介质球壳外表面的极化电荷面密度

$$\sigma'_2 = \varepsilon_0(\varepsilon_r - 1)E_2$$
$$= Q(\varepsilon_r - 1)/(4\pi\varepsilon_r R_2^2)$$

例 10. 求真空中半径为 R、带电荷量为 Q 的均匀带电球面电场的能量。

［解］： 先根据高斯定理计算出距球心 r 处的电场强度，分别为

$$E_1 = 0 \quad (r > R)$$
$$E_2 = \frac{1}{4\pi\varepsilon_0}\frac{Q}{r^2} \cdot \quad (r \geqslant R)$$

下面根据场积分方法来计算静电能。显然本题中的电场具有球对称性，因此取半径为 r、厚度为 dr 的薄球壳作为体积元 $dV = 4\pi r^2 dr$，根据式

$$W_e = \int \frac{1}{2}\varepsilon_0 E^2 dV$$

$$W_e = \int \frac{1}{2}\varepsilon_0 E^2 dV = \frac{\varepsilon_0}{2}\int_0^R E_1^2 4\pi r^2 dr + \frac{\varepsilon_0}{2}\int_R^\infty E_2^2 4\pi r^2 dr$$
$$= \frac{\varepsilon_0}{2}\int_R^\infty \left(\frac{Q}{4\pi\varepsilon_0 r^2}\right)^2 4\pi r^2 dr$$
$$= \frac{Q^2}{8\pi\varepsilon_0 R}$$

本题还可以由电容储能公式计算。从电场分布上看，均匀带电球面等效于相同半径、相同带电荷量的孤立导体球。半径为 R 的孤立导体球的电容量 $C = 4\pi\varepsilon_0 R$，因此带电荷量 Q、半径为 R 的均匀带电球面的电场的能量就是相同半径和带电荷量的孤立导体球电容储存的能量，即

$$W_e = \frac{Q^2}{2C} = \frac{Q}{2 \times 4\pi\varepsilon_0 R} = \frac{Q^2}{8\pi\varepsilon_0 R}$$

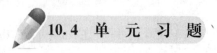

10.4　单　元　习　题

一、选择题

1. 当一个带电导体达到静电平衡时 　　　　　　　　　　　　　　（　　）

（A）表面上电荷密度较大处电位较高

（B）表面曲率较大处电位较高

(C) 导体内部的电位比导体表面的电位高

(D) 导体内任一点与其表面上任一点的电位差等于零

2. 一空气平行板电容器，充电后把电源断开，这时电容器中存储的能量为 W_0，然后在两极板间充满相对电容率为 ε_r 的各向同性均匀电介质，则该电容器中存储的能量 W　　(　　)

(A) $W = \varepsilon_r W_0$　　　　　　　　　　　(B) $W = \dfrac{W_0}{\varepsilon_r}$

(C) $W = (1 + \varepsilon_r) W_0$　　　　　　　　(D) $W = W_0$

3. 在一点电荷产生的电场中，以点电荷处为球心作一球形封闭面，电场中有一块对球心不对称的电介质，则　　　　　　　　　　　　　　　　　　　　　　(　　)

(A) 高斯定理成立，并可用其求出封闭面上各点的电场强度

(B) 高斯定理成立，但不能用其求出封闭面上各点的电场强度

(C) 高斯定理不成立

(D) 即使电介质对称分布，高斯定理也不成立

4. 图 10 - 3 所示为一具有球对称性分布的静电场的 E - r 关系曲线，请指出该静电场是由下列哪种带电体产生的　　　　　　　　　　　　　　　　　　　　　　(　　)

(A) 半径为 R 的均匀带电球面

(B) 半径为 R 的均匀带电球体

(C) 半径为 R、电荷体密度 $\rho = Ar$（A 为常数）的非均匀带电

　　球体

(D) 半径为 R、电荷体密度 $\rho = \dfrac{A}{r}$（A 为常数）的非均匀带电

　　球体

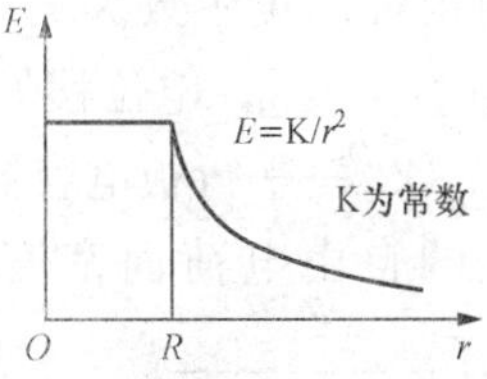

图 10 - 3

5. 有一个平板电容器，充电后极板上的电荷面密度为 $\sigma_0 = 4.5 \times 10^{-5} \text{C/m}^2$，现将两极板与电源断开，然后再把相对电容率 $\varepsilon_r = 2.0$ 的电介质插入两极板之间。此时电介质中的 $\vec{E}$ 的大小为　　　　　　　　　　　　　　　　　　　　　　　　　　(　　)

(A) $5.0 \times 10^6 \text{V/m}$　　　　　　　　(B) $2.5 \times 10^6 \text{V/m}$

(C) $1.25 \times 10^6 \text{V/m}$　　　　　　　(D) $1.0 \times 10^7 \text{V/m}$

6. 空中两块互相平行的无限大均匀带电平板，两板间距离为 d，其中一块的电荷面密度为 $+\sigma$，另一块的电荷面密度为 $+2\sigma$，则两板间的电位差为　　　　(　　)

(A) 0　　　　　(B) $\dfrac{\sigma}{2\varepsilon_0} d$　　　　(C) $\dfrac{\sigma}{\varepsilon_0} d$　　　　(D) $\dfrac{3\sigma}{2\varepsilon_0}$

7. 两平行金属板的电荷面密度分别为 σ、$-\sigma$，则下列说法中正确的是　　(　　)

(A) 电荷全部集中在两平行金属板的内表面

(B) 电荷在每一个金属板上均匀分布

(C) 电荷分布在每一块金属板的两表面

(D) 无法确定电荷怎样分布

8. 孤立金属导体球带有电荷 Q，由于它不受外电场作用，因此它具有的性质是（　　）

(A) 导体内电荷均匀分布，导体内电场强度不为零

(B) 电荷只分布于导体球表面，导体内电场强度不为零

(C) 导体内电荷均匀分布，导体内电场强度为零

(D) 电荷分布于导体表面，导体内电场强度为零

9. 在带电体 A 旁有一不带电的导体壳 B，C 为导体空腔内的一点，如图 10-4 所示，则正确的是　　　　　　　　（　　）

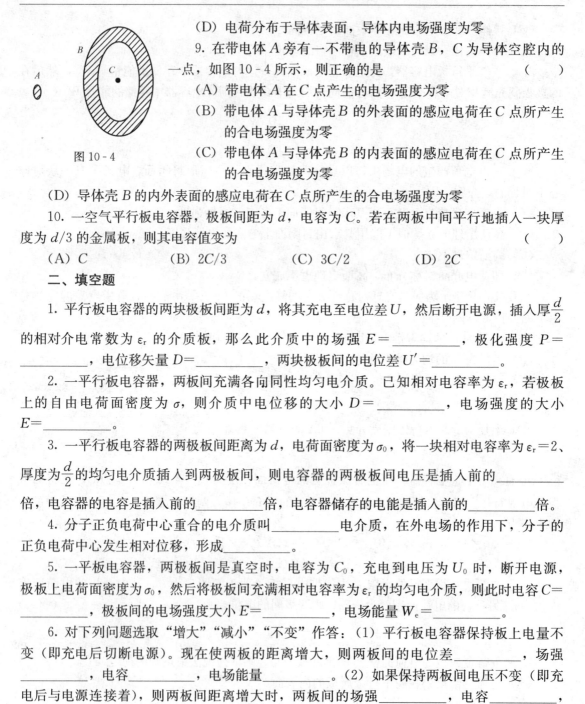

图 10-4

(A) 带电体 A 在 C 点产生的电场强度为零

(B) 带电体 A 与导体壳 B 的外表面的感应电荷在 C 点所产生的合电场强度为零

(C) 带电体 A 与导体壳 B 的内表面的感应电荷在 C 点所产生的合电场强度为零

(D) 导体壳 B 的内外表面的感应电荷在 C 点所产生的合电场强度为零

10. 一空气平行板电容器，极板间距为 d，电容为 C。若在两板中间平行地插入一块厚度为 $d/3$ 的金属板，则其电容值变为　　　　　　　　　　　（　　）

(A) C　　　　　(B) $2C/3$　　　　　(C) $3C/2$　　　　　(D) $2C$

二、填空题

1. 平行板电容器的两块极板间距为 d，将其充电至电位差 U，然后断开电源，插入厚 $\dfrac{d}{2}$ 的相对介电常数为 ε_r 的介质板，那么此介质中的场强 $E=$ ＿＿＿＿＿＿，极化强度 $P=$ ＿＿＿＿＿＿，电位移矢量 $D=$ ＿＿＿＿＿＿，两块极板间的电位差 $U'=$ ＿＿＿＿＿＿。

2. 一平行板电容器，两板间充满各向同性均匀电介质。已知相对电容率为 ε_r，若极板上的自由电荷面密度为 σ，则介质中电位移的大小 $D=$ ＿＿＿＿＿＿，电场强度的大小 $E=$ ＿＿＿＿＿＿。

3. 一平行板电容器的两极板间距离为 d，电荷面密度为 σ_0，将一块相对电容率为 $\varepsilon_r=2$、厚度为 $\dfrac{d}{2}$ 的均匀电介质插入到两极板间，则电容器的两极板间电压是插入前的＿＿＿＿＿＿倍，电容器的电容是插入前的＿＿＿＿＿＿倍，电容器储存的电能是插入前的＿＿＿＿＿＿倍。

4. 分子正负电荷中心重合的电介质叫＿＿＿＿＿＿电介质，在外电场的作用下，分子的正负电荷中心发生相对位移，形成＿＿＿＿＿＿。

5. 一平板电容器，两极板间是真空时，电容为 C_0，充电到电压为 U_0 时，断开电源，极板上电荷面密度为 σ_0，然后将极板间充满相对电容率为 ε_r 的均匀电介质，则此时电容 $C=$ ＿＿＿＿＿＿，极板间的电场强度大小 $E=$ ＿＿＿＿＿＿，电场能量 $W_e=$ ＿＿＿＿＿＿。

6. 对下列问题选取"增大""减小""不变"作答：（1）平行板电容器保持板上电量不变（即充电后切断电源）。现在使两板的距离增大，则两板间的电位差＿＿＿＿＿＿，场强＿＿＿＿＿＿，电容＿＿＿＿＿＿，电场能量＿＿＿＿＿＿。（2）如果保持两板间电压不变（即充电后与电源连接着），则两板间距离增大时，两板间的场强＿＿＿＿＿＿，电容＿＿＿＿＿＿，电场能量＿＿＿＿＿＿。

三、计算题

1. 有一外半径 $R_1=10\text{cm}$、内半径 $R_2=7\text{cm}$ 的金属球壳，在球壳中放一半径 R_3 为 5cm 的同心金属球。若使球壳和球均带有 $q=10^{-3}\text{C}$ 的正电荷，问：

(1) 两球体上的电场如何分布？

(2) 球心的电位为多少？

2. 将一块相对电容率 $\varepsilon_r=3$ 的电介质放在极板间相距 $d=1\mathrm{mm}$ 的平行平板电容器的两极之间。放入之前，两极板的电位差为 1000V。试求两极板间电介质内的电场强度 E、极化电荷面密度大小、电介质内的电位移 D。

3. 常用的圆柱形电容器是由半径为 R_1 的长直圆柱导体和同轴的半径为 R_2 的薄导体圆筒组成，并在直导体与圆筒之间充以相对电容率为 ε_r 的电介质。设直导体和圆筒单位长度上的电荷分别为 $+\lambda$ 和 $-\lambda$，长度为 l，求：

（1）电介质中的电场强度、电位移；

（2）电介质内、外表面的极化电荷面密度；

（3）此圆柱形电容器的电容。

4. 一个带电金属球（半径为 R_1，带电荷量 q_1）放在另一个带电球壳内。球壳内、外半径分别为 R_2、R_3，带电荷量为 q。试求此系统的电荷、电场分布以及球与球壳间的电位差。如果用导线将球壳和球接一下又将如何？

5. 一同轴圆柱电容器，外筒的内半径 $b=2\mathrm{cm}$，内筒的半径 a 可以自由选择，两筒之间充满各向同性的均匀电介质，电介质的击穿场强 $E_m=2.0\times10^7\mathrm{V/m}$。试计算此电容器所能承受的最大电压。

第11章　恒　定　磁　场

11.1　基　本　要　求

（1）了解基本磁现象；认识电与磁之间的联系；理解磁场的基本概念，认识磁场的物质性。

（2）理解磁感应强度的物理意义；掌握毕奥-萨伐尔定律的物理意义，会用该定律求解简单的磁场分布问题。

（3）理解磁通量的物理意义及计算方法，掌握高斯定理及其物理意义。

（4）掌握安培环路定律的物理意义，并能用以计算磁感应强度。

（5）掌握洛仑兹力的物理意义，会计算洛仑兹力的大小，了解洛仑兹力的应用；掌握安培定理，会计算安培力。

（6）掌握磁场强度 $\vec{H}$ 的概念、物理意义，以及 $\vec{B}$ 与 $\vec{H}$ 之间的关系。

（7）掌握磁介质的安培环路定理，并能计算相关问题。

11.2　基　础　知　识　点

1. 磁感应强度

如果正电荷在磁场中沿着与磁场垂直的方向运动时所受到的最大磁力为 F_{m}，则磁感应强度 $\vec{B}$ 的大小

$$B = \frac{F_{\mathrm{m}}}{qv}$$

磁感应强度 $\vec{B}$ 的方向：对正电荷而言，与 $\vec{F_{\mathrm{m}}} \times \vec{v}$ 的方向相同；对负电荷而言，与 $\vec{F_{\mathrm{m}}} \times \vec{v}$ 的方向相反。

2. 毕奥-萨伐尔定律（磁感应强度的方向遵循右手螺旋法则）

电流元 $I\mathrm{d}\vec{l}$ 产生的磁场

$$\mathrm{d}\vec{B} = \frac{\mu_0 I\mathrm{d}\vec{l} \times \vec{e_r}}{4\pi r^2}$$

其中 $\mu_0 = 4\pi \times 10^{-7} \mathrm{H/m}$，称为真空中的磁导率。

$\mathrm{d}\vec{B}$ 的大小为

$$\mathrm{d}B = \frac{\mu_0}{4\pi} \frac{I\sin\theta \mathrm{d}l}{r^2} \quad (\theta \text{ 为电流元 } I\mathrm{d}\vec{l} \text{ 与径矢 } \vec{r} \text{ 之间的夹角})$$

$\mathrm{d}\vec{B}$ 的方向

$$I\mathrm{d}\vec{l} \times \vec{e_r} \text{ 的方向} \quad (\vec{e_r} \text{ 为径矢 } \vec{r} \text{ 的单位矢量})$$

整个稳恒电流回路 L 在场点 P 产生的磁感应强度 $\vec{B}$ 为

$$\vec{B} = \int_L d\vec{B} = \int_L \frac{\mu_0}{4\pi} \frac{I d\vec{l} \times \vec{e_r}}{r^2}$$

几种典型稳恒电流的磁场：

（1）载流直导线的磁场，如图 11-1 所示

$$B = \frac{\mu_0 I}{4\pi d}(\cos\theta_1 - \cos\theta_2)$$

无限长载流直导线附近一点的磁场为

$$B = \frac{\mu_0 I}{2\pi r} \quad （r \text{ 为导线到场点的距离}）$$

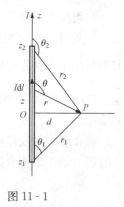

图 11-1

（2）载流圆线圈轴线上的磁场

$$B = \frac{\mu_0 I R^2}{2(R^2 + x^2)^{3/2}} \quad （R \text{ 为圆线圈的半径}，x \text{ 为轴线上任意一点到载流圆线圈圆心的距离}）$$

圆心处的磁场为

$$B = \frac{\mu_0 I}{2R}$$

载流长直螺线管的磁场为

$$B = \mu_0 n I \quad （内）$$
$$B = 0 \quad （外）$$

载流螺绕环内部的磁场为

$$B = \frac{\mu_0 N I}{2\pi r} (N \text{ 为载流螺绕环匝数})$$

（3）载流长直圆柱面的磁场

$$B = \begin{cases} 0 & (r \leqslant R) \\ \dfrac{\mu_0 I}{2\pi r} & (r > R) \end{cases} \quad 或 \quad B = \begin{cases} 0 & (r < R) \\ \dfrac{\mu_0 I}{2\pi r} & (r \geqslant R) \end{cases}$$

3. 运动电荷的磁场

$$\vec{B} = \frac{\mu_0 q v \times \vec{e_r}}{4\pi r^2}$$

4. 磁通量和磁场中的高斯定理

（1）磁通量：通过磁场中某一曲面的磁感应线数叫做通过此曲面的磁通量

$$\Phi_m = \iint_S \vec{B} \cdot d\vec{S} = \iint_S B dS \cos\theta$$

（2）磁场中的高斯定理：通过任意闭合曲面的磁通量等于零，即

$$\oiint_L \vec{B} \cdot d\vec{S} = 0$$

5. 安培环路定理

真空中的安培环路定理：在真空的稳恒磁场中，磁感应强度 $\vec{B}$ 沿任一闭合路径的积分的值，等于 μ_0 乘以该闭合路径所包围的各电流的代数和，即

$$\oint_L \vec{B} \cdot d\vec{l} = \mu_0 \sum_i I_i$$

回路包围的电流的正负积分与积分路径的主方向有关，如果穿过积分路径 L 的电流方向与 L 的环绕方向服从右手螺旋关系，则 I 取正值；反之 I 取负值。另外，上式右边的电流求和不计积分路径以外的电流。需要注意的是，虽然矢量 $\vec{B}$ 的环流 $\oint_L \vec{B} \cdot \mathrm{d}\vec{l}$ 只与穿过积分路径所包围面积的电流有关，但式中 $\vec{B}$ 是空间所有电流在路径上任一点产生的磁感应强度的矢量和。

磁介质中的安培环路定理：在磁介质的稳恒磁场中，磁场强度 $\vec{H}$ 沿任一闭合路径的积分的值，等于该闭合路径所包围的各传导电流的代数和，即

$$\oint_L \vec{H} \cdot \mathrm{d}\vec{l} = \sum_i I$$

6. 磁力和磁力矩

（1）洛仑兹力：当运动电荷 q 在磁场 $\vec{B}$ 中以速度 $\vec{v}$ 运动时，所受的磁场力为

$$\vec{f} = q\vec{v} \times \vec{B}$$

（2）安培力：电流元 $I\mathrm{d}\vec{l}$ 在磁场中所受的安培力为

$$\mathrm{d}\vec{F} = I\mathrm{d}\vec{l} \times \vec{B}$$

一段有限长载流导线 L 所受的磁场力为

$$\vec{F} = \int \mathrm{d}\vec{F} = \int I\mathrm{d}\vec{l} \times \vec{B}$$

（3）载流平面线圈磁力矩。载流平面线圈的磁矩为

$$\vec{m} = IS\vec{e}_n（\vec{e}_n \text{ 为线圈平面的法向单位矢量}）$$

$$\vec{M} = \vec{m} \times \vec{B}$$

这就是载流线圈在均匀磁场中受到的磁力矩。当线圈平面的法向单位矢量与磁场方向平行时，磁力矩为零；当线圈平面的法向单位矢量与磁场方向垂直时，磁力矩最大；当线圈平面的法向单位矢量与磁场方向之间有夹角 φ 时，磁场的平行于线圈法向的分量对线圈无任何影响，磁场的垂直于线圈法向的分量对线圈有力矩作用。

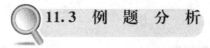

11.3 例 题 分 析

例 1. 磁场是_____场。

[答案]：非保守

[解析]：根据安培环路定理，磁感应强度 $\vec{B}$ 沿任何闭合路径的线积分 L 并不等于零，而等于路径 L 所包围的电流强度的代数和的 μ_0 倍，即

$$\oint_L \vec{B} \cdot \mathrm{d}\vec{l} = \mu_0 \sum_i I_i$$

因为 $\oint_L \vec{B} \cdot \mathrm{d}\vec{l} = 0$ 并不普遍成立，所以磁场不是保守场，是非保守场。

例 2. 一个塑料圆盘，半径为 R，表面均匀分布电量 q，则当它绕着通过盘心而垂直于盘面的轴以角速度 ω 转动时，盘心处的磁感应强度为_____。

[答案]：$B = \dfrac{\mu_0 \omega q}{2\pi R}$

[解析]：因为圆盘上的电荷密度为

$$\sigma = \frac{q}{\pi R^2}$$

考虑圆盘上半径为 r、宽度为 dr 的同心圆环，环上的电量为

$$dq = \sigma \times 2\pi r dr = \frac{2qr\,dr}{R^2}$$

当盘以角速度 ω 转动时，环上电流为

$$dI = \frac{\omega}{2\pi}dq = \frac{\omega\, qr\, dr}{\pi R^2}$$

它在盘心处的磁感应强度为

$$dB = \frac{\mu_0 dI}{2r} = \frac{\mu_0 \omega\, q\, dr}{2\pi R^2}$$

故盘心处总的磁感应强度为

$$B = \int dB = \int \frac{\mu_0 \omega\, q\, dr}{2\pi R^2} = \frac{\mu_0 \omega\, q}{2\pi R}$$

例 3. 在磁感强度为 $\vec{B}$ 的均匀磁场中作一半径为 r 的半球面 S，S 边线所在平面的法线方向单位矢量 $\vec{n}$ 与 $\vec{B}$ 的夹角为 θ，如图 11‐2 所示，则通过半球面 S 的磁通量为 （　）

(A) $\pi r^2 B$ (B) $2\pi r^2 B$

(C) $-\pi r^2 B\sin\theta$ (D) $-\pi r^2 B\cos\theta$

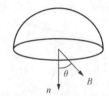

[答案]：(D)

图 11‐2

[解析]：作半径 r 的圆 S' 与半球面 S 构成一闭合曲面，根据磁场中的高斯定理，磁感应线是闭合曲线，闭合曲面的磁通量为零，即穿过半球面的磁通量等于穿出圆面 S' 的磁通量：$\Phi_m = \vec{B} \cdot \vec{S}$，因此正确答案为 （D）。

例 4. 如图 11‐3 所示，无限长直导线弯成半径为 R 的圆，当通以电流 I 时，则圆心 O 点的磁感应强度大小等于 （　）

(A) $\frac{\mu_0 I}{2\pi R}$ (B) $\frac{\mu_0 I}{4R}$

(C) $\frac{\mu_0 I}{2R}\left(1 - \frac{1}{\pi}\right)$ (D) $\frac{\mu_0 I}{4R}\left(1 + \frac{1}{\pi}\right)$

[答案]：(C)

[解析]：应用磁场叠加原理求解，将载流导线看做圆电流和长直电流，它们各自在点 O 处所激发的磁感应强度分别是 $\frac{\mu_0 I}{2R}$ 和 $\frac{\mu_0 I}{2\pi R}$，由叠加原理可得

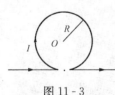

图 11‐3

$$\frac{\mu_0 I}{2R}\left(1 - \frac{1}{\pi}\right)$$

磁场的方向为垂直于纸面向内。

例 5. 一载流导线 $abcde$，如图 11‐4 所示，求 O 点的磁感应强度的大小和方向。

[解]：根据磁感应强度的叠加原理可知，O 点的磁感应强

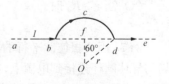

图 11‐4

度等于 ab 段通电导线、bcd 段通电导线及 de 段通电导线在 O 点的矢量和，即

$$\vec{B}_o = \vec{B}_{\overline{ab}} + \vec{B}_{bcd} + \vec{B}_{\overline{de}}$$

$$B_{\overline{ab}} = B_{\overline{de}} = \frac{\mu_0 I}{4\pi \overline{Of}}(\cos\beta_1 - \cos\beta_2)$$

因为

$$\overline{Of} = r\cos 60°, \quad \beta_2 = \frac{\pi}{6}, \beta_1 = 0$$

所以

$$B_{\overline{ab}} = B_{\overline{de}} = \frac{\mu_0 I}{4\pi r\cos 60°}\left(\cos 0 - \cos\frac{\pi}{6}\right) = 0.067\frac{\mu_0 I}{\pi r}$$

$$\vec{B}_{bcd} = \frac{\mu_0 I}{4\pi r^2} \times r \times \frac{2\pi}{3} = \frac{\mu_0 I}{6r}$$

从而得

$$B_o = 2.63 \times 10^{-7}\frac{I}{r}T$$

方向：垂直于纸面向内。

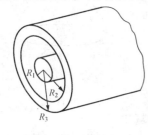

图 11-5

例 6. 有一同轴电缆，其尺寸如图 11-5 所示。两导体中的电流均为 I，电流的流向相反，导体的磁性可不考虑。试计算以下各处的磁感强度：（1）$r < R_1$；（2）$R_1 < r < R_2$；（3）$R_2 < r < R_3$；（4）$r > R_3$。

[**解**]：同轴电缆导体内的电流均匀分布，其磁场呈轴对称，取半径为 r 的同心圆为积分路径，$\oint \vec{B} \cdot d\vec{l} = B \times 2\pi r$，利用磁场的安培环路定理

$$\oint \vec{B} \cdot d\vec{l} = \mu_0 I$$

可解得各区域的磁感应强度：

（1）当 $r < R_1$ 时

$$B_1 \times 2\pi r = \mu_0 \frac{r^2}{R_1^2}I \Rightarrow B_1 = \frac{\mu_0 rI}{2\pi R_1^2}$$

（2）当 $R_1 < r < R_2$ 时

$$B_2 \times 2\pi r = \mu_0 I \Rightarrow B_2 = \frac{\mu_0 I}{2\pi r}$$

（3）当 $R_2 < r < R_3$ 时

$$B_3 \times 2\pi r = \mu_0\left[I - I\frac{\pi(r^2 - R_2^2)}{\pi(R_3^2 - R_2^2)}\right] \Rightarrow B_3 = \frac{\mu_0 I}{2\pi r}\frac{R_3^2 - r^2}{R_3^2 - R_2^2}$$

（4）当 $r > R_3$ 时

$$B_4 \times 2\pi r = \mu_0(I - I) = 0 \Rightarrow B_4 = 0$$

例 7. 用两根彼此平行的半无限长 L_1、L_2 的导线把半径为 R 的均匀导体圆环连接到电源上，如图 11-6 所示。已知直导线上的电流为 I，求圆环中心 O 点的磁感应强度。

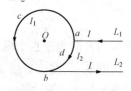

图 11-6

[解]：应用磁场叠加原理求解，O 点的磁感应强度由 L_1、L_2 和 $\overline{acb}$、$\overline{adb}$ 四段的电流产生，它们各自在点 O 处所激发的磁感应强度分别为

$$L_1: B_1 = 0$$

$$L_2: B_2 = \frac{\mu_0 I}{4\pi R}\left(\sin\frac{\pi}{2} - \sin 0\right) = \frac{\mu_0 I}{4\pi R}$$

方向：　$\odot$

$$\overline{acb}: B_3 = \frac{\mu_0 I_1}{2R}\frac{3}{4} \qquad\qquad 方向：\quad \odot$$

$$\overline{adb}: B_4 = \frac{\mu_0 I_2}{2R}\frac{1}{4} \qquad\qquad 方向：\quad \otimes$$

由于 $I_1 = 3I_2$，因此 $\vec{B}_3 + \vec{B}_4 = 0$
由叠加原理可得 O 点的磁感应强度大小为

$$B = B_2 = \frac{\mu_0 I}{4\pi R}$$

方向：垂直于纸面向外。

例 8. 高压输电线在地面上空 25m，通过的电流为 1.8×10^3 A。

（1）求地面上该电流产生的磁感应强度大小；

（2）在上述区域，地磁场的磁感应强度大小为 0.6×10^{-4} T，问输电线产生的磁场与地磁场相比如何？

[解]：（1）高压输电线中电流为一长直线电流，由磁场的安培环路定理可知它在地面上产生的磁感应强度大小为

$$B = \frac{\mu_0 I}{2\pi r} = \frac{2 \times 10^{-7} \times 1.8 \times 10^3}{25} = 1.4 \times 10^{-5}\text{T}$$

（2）设地磁场的磁感应强度大小为 B'，则

$$\frac{B}{B'} = \frac{1.4 \times 10^{-5}}{0.6 \times 10^{-5}} = 2.3$$

例 9. 如图 11 - 7 所示，有两个半径分别为 R_1 和 R_2 的无限长同轴圆柱形和圆筒形导体，在它们之间充以相对磁导率为 μ_r 的磁介质，当两圆筒通以相反方向的电流 I 时，试计算以下各范围的磁感应强度：

（1）$r < R_1$；（2）$R_1 < r < R_2$；（3）$r > R_2$。

[解]：同轴圆柱形和圆筒形导体内的电流均匀分布，其磁场呈轴对称，取半径为 r 的同心圆为积分路径，利用磁场的安培环路定理求解。

（1）当 $r < R_1$ 时，由磁场的安培环路定理

$$\oint \vec{B} \cdot \mathrm{d}\vec{l} = \mu_0 I$$

可得

$$\oint \vec{B}_1 \cdot \mathrm{d}\vec{l} = B_1 \times 2\pi r = \mu_0 I \frac{\pi r^2}{\pi R_1^2} \Rightarrow B_1 = \frac{\mu_0 I r}{2\pi R_1^2}$$

（2）当 $R_1 < r < R_2$ 时，由有介质时的安培环路定理

$$\oint \vec{H} \cdot \mathrm{d}\vec{l} = I$$

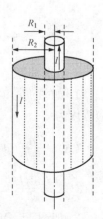

图 11 - 7

可得

$$\oint \vec{H}_2 \cdot \mathrm{d}\vec{l} = H_2 \times 2\pi r = I \Rightarrow H_2 = \frac{I}{2\pi r}$$

$$B_2 = \mu_0 \mu_r H_2 = \frac{\mu_0 \mu_r I}{2\pi r}$$

（3）当 $r > R_2$ 时，由磁场的安培环路定理

$$\oint_L \vec{B} \cdot \mathrm{d}\vec{l} = \mu_0 I$$

可得

$$\oint \vec{B}_3 \cdot \mathrm{d}\vec{l} = B_3 \times 2\pi r = \mu_0 \times 0 \Rightarrow B_3 = 0$$

例 10. 如图 11-8 所示，一段由半圆形导线与沿直径的直导线组成的载流回路通有电流 I，圆的半径为 R，放在均匀磁场 $\vec{B}$ 中，磁场与回路平面垂直。求均匀磁场作用在半圆形载流回路上的力。

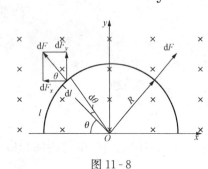

图 11-8

〔解〕： 取坐标系 xOy，磁场作用在回路中底边直线段上的安培力 $\vec{F}_1$ 大小为

$$F_1 = BI \times 2R = 2BIR$$

$\vec{F}_1$ 的方向沿负 y 轴（竖直向下）。

取如图所示的电流元，在半圆弧上各段电流元受到的安培力的大小都等于

$$\mathrm{d}F = BI\mathrm{d}l$$

方向沿径向向外。半圆弧受到的安培力 $\vec{F}_2$ 为各个电流元所受力的矢量和。将 $\mathrm{d}F$ 分解为 x 方向和 y 方向的分量 $\mathrm{d}F_x$ 和 $\mathrm{d}F_y$，由电流分布的对称性，半圆弧上各个电流元在 x 方向上受到的分力的矢量和为零，只有 y 方向分力对合力 $\vec{F}_2$ 有贡献

$$F_2 = \int_{半圆弧} \mathrm{d}F_y = \int_{半圆弧} BI\mathrm{d}s\sin\theta = \int_0^\pi BIR\sin\theta\mathrm{d}\theta = 2BIR$$

$\vec{F}_2$ 的方向沿 y 轴（竖直向上）。

由于 $\vec{F}_1$ 和 $\vec{F}_2$ 大小相等、方向相反，因此均匀磁场作用在半圆形载流回路上的力为零。

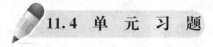

11.4 单元习题

一、选择题

1. 如图 11-9 所示，边长为 l 的正方形线圈中通有电流 I，则此线圈在 A 点产生的磁感应强度为　　　　　　　　　　　　　　　　　　　（　　）

(A) $\dfrac{\sqrt{2}\mu_0 I}{4\pi l}$ 　　　　　　　(B) $\dfrac{\sqrt{2}\mu_0 I}{2\pi l}$

(C) $\dfrac{\sqrt{2}\mu_0 I}{\pi l}$ 　　　　　　　(D) 以上均不对

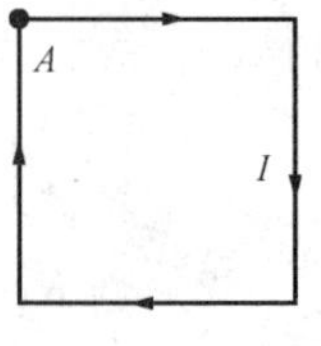

2. 如图 11-10 所示，电流 I 由长直导线 1 沿对角线 AC 方向经 A 点流

图 11-9

入一电阻均匀分布的正方形导线框，再由 D 点沿对角线 BD 方向流
出，经长直导线 2 返回电源。若载流直导线 1、2 和正方形框在导线
框中心 O 点产生的磁感应强度分别用 $\vec{B}_1$、$\vec{B}_2$ 和 $\vec{B}_3$ 表示，则 O 点磁
感应强度的大小为　　　　　　　　　　　　　　　　　　　　（　　）

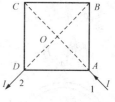

图 11-10

　(A) $B=0$，因为 $B_1=B_2=B_3=0$

　(B) $B=0$，因为虽然 $B_1\neq0$，$B_2\neq0$，但 $B_1+B_2=0$，$B_3=0$

　(C) $B\neq0$，因为虽然 $B_3=0$，但 $B_1+B_2\neq0$

　(D) $B\neq0$，因为虽然 $B_1+B_2=0$，但 $B_3\neq0$

3. 有一半径为 R 的单匝圆线圈，通以电流 I，若将该导线弯成匝数 $N=2$ 的平面圆线
圈，导线长度不变，并通以同样的电流，则线圈中心的磁感应强度和线圈的磁矩分别是原来
的　　　　　　　　　　　　　　　　　　　　　　　　　　　　　　　　　（　　）

　(A) 4 倍和 $\frac{1}{2}$ 倍　　　　　　　　　　(B) 4 倍和 $\frac{1}{8}$ 倍

　(C) 2 倍和 $\frac{1}{4}$ 倍　　　　　　　　　　(D) 2 倍和 $\frac{1}{2}$ 倍

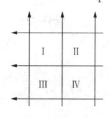

图 11-11

4. 如图 11-11 所示，六根长导线互相绝缘，通过的电流均为 I，区
域 Ⅰ、Ⅱ、Ⅲ、Ⅳ 均为相等的正方形，则哪个区域指向纸内的磁通量最
大？　　　　　　　　　　　　　　　　　　　　　　　　　　　　　（　　）

　(A) Ⅰ 区域　　　　　(B) Ⅱ 区域

　(C) Ⅲ 区域　　　　　(D) Ⅳ 区域

5. 用相同细导线分别均匀密绕成两个单位长度匝数相等的半径为 R
和 r 的长直螺线管（$R=2r$），螺线管长度远大于半径。今让两螺线管载
有电流均为 I，则两螺线管中的磁感应强度大小 B_R 和 B_r 应满足　　　　　（　　）

　(A) $B_R=2B_r$　　　　　　　　　　(B) $B_R=B_r$

　(C) $2B_R=B_r$　　　　　　　　　　(D) $B_R=4B_r$

6. 无限长直圆柱体，半径为 R，沿轴向均匀流有电流，设圆柱体内（$r<R$）的磁感应
强度为 B_1，圆柱体外（$r>R$）的磁感应强度为 B_2，则有　　　　　　　　　　（　　）

　(A) B_1、B_2 均与 r 成正比

　(B) B_1、B_2 均与 r 成反比

　(C) B_1 与 r 成正比，B_2 与 r 成反比

　(D) B_1 与 r 成反比，B_2 与 r 成正比

7. 在图 11-12 (a) 和图 11-12 (b) 中各有一半径相
同的圆形回路 L_1 和 L_2，圆周内有电流 I_1 和 I_2，其分布相
同，且均在真空中，但在图 11-12 (b) 中，L_2 回路外有
电流 I_3，P_1、P_2 为两圆形回路上的对应点，则　　　　　　　（　　）

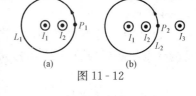

图 11-12

　(A) $\oint_{L_1}\vec{B}\cdot\mathrm{d}\vec{l}=\oint_{L_2}\vec{B}\cdot\mathrm{d}\vec{l}$，$\vec{B}_{P_1}=\vec{B}_{P_2}$

　(B) $\oint_{L_1}\vec{B}\cdot\mathrm{d}\vec{l}\neq\oint_{L_2}\vec{B}\cdot\mathrm{d}\vec{l}$，$\vec{B}_{P_1}=\vec{B}_{P_2}$

(C) $\oint_{L_1} \vec{B} \cdot d\vec{l} = \oint_{L_2} \vec{B} \cdot d\vec{l}, \vec{B}_{P_1} \neq \vec{B}_{P_2}$

(D) $\oint_{L_1} \vec{B} \cdot d\vec{l} \neq \oint_{L_2} \vec{B} \cdot d\vec{l}, \vec{B}_{P_1} \neq \vec{B}_{P_2}$

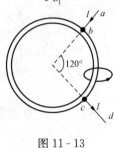

图 11-13

8. 如图 11-13 所示，两根直导线 ab 和 cd 沿半径方向被接到一个截面处处相等的铁环上，恒定电流 I 从 a 端流入而从 d 端流出，则磁感应强度 $\vec{B}$ 沿图中闭合路径的积分 $\oint_L \vec{B} \cdot d\vec{l}$ 等于　　　（　　）

(A) $\mu_0 I$　　　　　(B) $\dfrac{2\mu_0 I}{3}$

(C) $\dfrac{\mu_0 I}{4}$　　　　(D) $\dfrac{\mu_0 I}{5}$

9. 一电子以速度 $\vec{v}$ 垂直进入磁感应强度为 $\vec{B}$ 的均匀磁场中，则此电子在磁场中的运动轨道所围的面积内的磁通量　　　　　　　　　　　　　（　　）

(A) 正比于 B，反比于 v^2　　　　(B) 反比于 B，正比于 v^2

(C) 正比于 B，反比于 v　　　　(D) 反比于 B，反比于 v

10. 用细导线均匀密绕成长为 l、半径为 a（$l \gg a$）、总匝数为 N 的螺线管，管内充满相对磁导率为 μ_r 的均匀磁介质，若线圈中载有恒定电流 I，则管中任意一点　　　（　　）

(A) 磁场强度大小为 $H = NI$，磁感应强度大小为 $B = \mu_0 \mu_r NI$

(B) 磁场强度大小为 $H = \dfrac{\mu_0 NI}{l}$，磁感应强度大小为 $B = \dfrac{\mu_0 \mu_r NI}{l}$

(C) 磁场强度大小为 $H = \dfrac{NI}{l}$，磁感应强度大小为 $B = \dfrac{\mu_0 NI}{l}$

(D) 磁场强度大小为 $H = \dfrac{NI}{l}$，磁感应强度大小为 $B = \dfrac{\mu_0 \mu_r NI}{l}$

二、填空题

1. 平面线圈的磁矩为 $\vec{P}_m = IS\vec{n}$，其中 S 是电流为 I 的平面线圈_____，$\vec{n}$ 是平面线圈的法向单位矢量，按右手螺旋法则，当四指的方向代表_____方向时，大拇指的方向代表_____方向。

2. 两个半径分别为 R_1、R_2 的同心半圆形导线，与沿直径的直导线连接同一回路，回路中电流为 I，如图 11-14 所示：

(1) 如果两个半圆共面，如图 11-14（a）所示，则圆心 O 点的磁感应强度 $\vec{B}_O$ 的大小为_____，方向为_____。

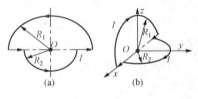

图 11-14

(2) 如果两个半圆面正交，如图 11-14（b）所示，则圆心 O 点的磁感应强度 $\vec{B}_O$ 的大小为_____，$\vec{B}_O$ 的方向与 y 轴的夹角为_____。

3. 半径为 R 的无限长圆筒形螺线管，其内部产生的是均匀磁场，方向沿轴线，与 I 成右手螺旋，大小为 $\mu_0 nI$，其中 n 为单位长度上的线圈匝数，则通过螺线管横截面的磁通量的大小为_____。

4. 在安培环路定理中 $\oint_L \vec{B} \cdot d\vec{l} = \mu_0 \sum I_i$，其中 $\sum I_i$ 是指 _____，$\vec{B}$ 是指 _____，$\vec{B}$ 是由环路 _____ 的电流产生的。

5. 两根长直导线通有电流 I，图 11-15 所示有三种环路，对于环路 a，$\oint_{La} \vec{B} \cdot d\vec{l} =$ _____；对于环路 b，$\oint_{Lb} \vec{B} \cdot d\vec{l} =$ _____；对于环路 c，$\oint_{Lc} \vec{B} \cdot d\vec{l} =$ _____。

6. 圆柱体上载有电流 I，电流在其横截面上均匀分布，一回路 L 通过圆柱内部，将圆柱体横截面分为两部分，其面积大小分别为 S_1 和 S_2，如图 11-16 所示，则 $\oint_L \vec{B} \cdot d\vec{l} =$ _____。

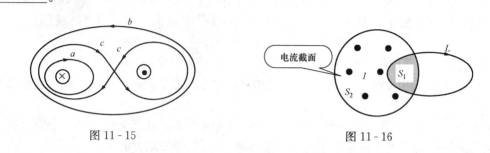

图 11-15　　　　　　　　　　　图 11-16

7. 如图 11-17 所示，真空中有一半径为 R 的 $\frac{3}{4}$ 圆弧形导线，其中通以稳恒电流 I，导线置于均匀外磁场中，且 $\vec{B}$ 与导线所在平面平行，则该载流导线所受力的大小为 _____。

8. 空气中某处的磁感应强度 $B = 1T$，空气的磁化率 $\chi_m = 3.04 \times 10^{-4}$，则此处的磁场强度 $H =$ _____，此处空气的磁化强度 $M =$ _____。

9. 硬磁材料的特点是 _____，适于制造 _____。

三、计算题

1. 如图 11-18 所示，半径分别为 R 和 r 的同心半圆，相邻两端点由直导线连接组成回路。现在回路中通以稳恒电流 I_0，在大半圆上为顺时针，求：圆心处的磁感应强度。

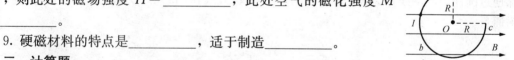

图 11-17

2. 在无限长直载流导线的右侧有面积为 S_1 和 S_2 的两个矩形回路，回路旋转方向如图 11-19 所示，两个回路与长直载流导线在同一平面内，且矩形回路的一边与长直载流导线平行，求通过两矩形回路的磁通量及通过 S_1 回路的磁通量与通过 S_2 回路的磁通量之比。

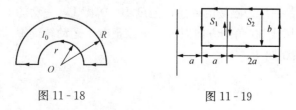

图 11-18　　　　　　　图 11-19

3. N 匝线圈均匀密绕在内半径为 R_1、外半径为 R_2 的一个圆环上，圆环截面为长方形，求：通入电流 I 后，$r<R_1$、$R_1<r<R_2$ 和 $r>R_2$ 三个范围内的磁感应强度的大小。

4. 如图 11-20 所示，有两个半径分别为 R_1 和 R_2 的无限长同轴圆柱面导体，其间为真空，导体的磁性可不考虑，求：

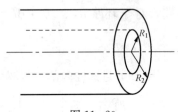

图 11-20

（1）当两圆柱面导体通以相反方向的电流 I 时，$r<R_1$、$R_1<r<R_2$ 和 $r>R_2$ 三个范围内的磁感应强度的大小；

（2）当两圆柱面导体通以相同方向的电流 I 时，$r>R_2$ 范围内的磁感应强度的大小。

5. 一边长 $a=10\text{cm}$ 的正方形铜导线线圈（铜导线横截面积 $S=2.00\text{mm}^2$，铜的密度 $\rho=8.90\text{g/cm}^3$）放在均匀外磁场中，$\vec{B}$ 竖直向上，且 $B=9.40\times10^{-5}\text{T}$，线圈中电流为 $I=10\text{A}$，线圈在重力场中，求：

（1）若使线圈平面保持竖直，则线圈所受的磁力矩为多少；

（2）假若线圈能以某一条水平边为轴自由摆动，当线圈平衡时，线圈平面与竖直面夹角为多少？

6. 如图 11-21 所示，一长直载流导线中所通电流为 I_1，在其旁边的同一平面上有一段垂直的载流导线 ab，其中所通电流为 I_2，求导线 ab 所受的安培力的大小。

7. 如图 11-22 所示，有一无限长直载流导线，通过电流为 I_0，另有一半径为 R 的圆形电流 I，其直径 AB 与此直线重合，求：

（1）半圆弧 AaB 所受的作用力的大小与方向；

（2）整个圆形电流所受力的大小与方向。

8. 一根长直圆柱形铜导体半径为 R，载有电流 I，电流均匀分布于横截面上。在导体内部通过圆柱中心轴线宽为 R、单位长的矩形平面 S，如图 11-23 所示。试计算通过面积 S 的磁通量。

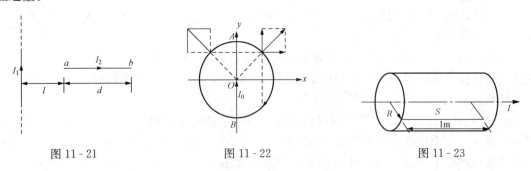

图 11-21　　　　　　　图 11-22　　　　　　　图 11-23

9. 如图 11-24 所示，一均匀磁场的磁感应强度 $B=0.01\text{T}$，一动能为 20eV 的正电子以与磁场成 $60°$ 角的方向射入，求该正电子运动轨迹螺旋线的螺距 h、半径 R 和周期 T。

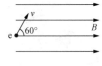

图 11-24

第12章　电　磁　感　应

12.1　基　本　要　求

（1）了解电磁感应现象的发现概况。

（2）掌握 Faraday 电磁感应定律与楞次定律，能熟练应用 Faraday 电磁感应定律分析研究电磁感应现象的问题与习题，并能应用楞次定律判断感应电动势的方向。

（3）认识到产生动生电动势的非静电力是洛仑兹力，掌握动生电动势和感生电动势的计算方法。

（4）掌握自感与互感概念的物理意义，并能熟练计算自感电动势与互感电动势、自感系数与互感系数。了解自感与互感的应用，会分析自感与互感现象。

（5）理解磁场能量及能量密度的概念。掌握自感磁能、互感磁能和磁场能量的计算方法。

12.2　基　础　知　识　点

当穿过闭合导体回路的磁通量发生变化时，不管这变化是什么原因引起的，在导体回路中就会产生感应电流。这就是电磁感应现象。而在这导体回路中由于磁通量的发生变化所引起的电动势叫做感应电动势。

1. 电动势

电动势可以定义为单位正电荷从电源负极 B 移到电源正极 A 时，电源内部非静电力所做的功，即

$$\varepsilon = \frac{W_{\sharp}}{q} = \int_B^A \vec{E}_{\sharp} \cdot \mathrm{d}\vec{l}$$

式中 $\vec{E}_{\sharp}$ 表示单位正电荷所受的非静电场力。规定电动势的方向由负极经电源内部指向正极。

2. 法拉第电磁感应定律

当穿过闭合回路所围面积的磁通量发生变化时，不论这种变化是什么原因引起的，回路中都会建立起感应电动势，而且此感应电动势正比于磁通量对时间变化率的负值，即

$$\varepsilon = -\frac{\mathrm{d}\Psi}{\mathrm{d}t}$$

3. 动生电动势

由于回路所围面积的变化或面积取向变化而引起的感应电动势，称为动生电动势，其表达式为

$$\varepsilon_{ab} = \int_a^b (\vec{v} \times \vec{B}) \cdot \mathrm{d}\vec{l}$$

式中：$\vec{v}$ 为线元 $\mathrm{d}\vec{l}$ 的运动速度；$\vec{B}$ 为线元 $\mathrm{d}\vec{l}$ 所在处的磁感应强度。

4. 感生电动势

由于磁感强度变化而引起的感应电动势，称为感生电动势，其表达式为

$$\varepsilon = \oint_L \vec{E}_i \cdot \mathrm{d}\vec{l} = -\frac{\mathrm{d}\Phi}{\mathrm{d}t} = -\int_s \frac{\partial \vec{B}}{\partial t} \cdot \mathrm{d}\vec{s}$$

5. 自感

当一个线圈中的电流发生变化时，它所激发的磁场通过线圈自身的磁通量也在变化，使线圈自身产生感应电动势，这就是自感现象。产生的电动势称为自感电动势。自感电动势（L 一定时）的表达式为

$$\varepsilon_L = -L\frac{\mathrm{d}I}{\mathrm{d}t}$$

式中 L 为自感系数，其数值上等于回路中的电流为一个单位时，穿过此回路所围面积的磁通量，即

$$L = \frac{\Psi}{i}$$

自感磁能

$$W_\mathrm{m} = \frac{1}{2}LI^2$$

6. 互感

两个邻近的线圈 1 和 2 分别通有电流 I_1 和 I_2，I_1 所激发的磁场 $\vec{B}_1$ 在线圈 2 产生的磁链数（总磁通量）为 Ψ_{21}，I_2 所激发的磁场 $\vec{B}_2$ 在线圈 1 产生的磁链数为 Ψ_{12}。当线圈 1 中的电流 I_1 发生变化时，Ψ_{21} 也要变化，因而在线圈 2 内激起感应电动势 ε_{21}；同样，线圈 2 中的电流 I_2 变化时，Ψ_{12} 也要变化，因而在线圈 1 中也激起感应电动势 ε_{12} 的现象，称为互感现象，产生的电动势称为互感电动势。互感电动势（M 一定时）为

$$\varepsilon_{21} = -M\frac{\mathrm{d}I_1}{\mathrm{d}t}$$

式中 M 为互感系数，其数值上等于其中一个线圈中的电流为一个单位时，穿过另一个线圈所围面积的磁通量，即

$$M = \frac{\Psi_{21}}{I_1} = \frac{\Psi_{12}}{I_2}$$

互感磁能

$$W_\mathrm{m} = MI_1I_2$$

7. 磁场的能量密度和磁场能量

磁场的能量密度

$$w_\mathrm{m} = \frac{B^2}{2\mu} = \frac{1}{2}BH$$

磁场能量

$$W_\mathrm{m} = \int_V w_\mathrm{m}\mathrm{d}V = \int_V \frac{1}{2}BH\mathrm{d}V$$

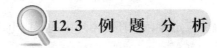

12.3 例 题 分 析

例 1. 在电子感应加速器中，要保持电子在半径一定的轨道环内运行，则要求轨道环内的磁场 B 与轨道环围绕的面积中 $\vec{B}$ 的平均值 $\bar{B}$ 之间满足关系_____。

[答案]：$B = \dfrac{\bar{B}}{2}$

[解析]：电子在切向和法向的运动方程分别为

$$m\frac{\mathrm{d}v}{\mathrm{d}t} = -eE_i \tag{1}$$

$$m\frac{v^2}{a} = e\,vB \tag{2}$$

式（2）中 a 为轨道半径，由式（2）可得

$$\frac{\mathrm{d}v}{\mathrm{d}t} = \frac{ae}{m}\frac{\mathrm{d}B}{\mathrm{d}t}$$

代入式（1）中得到

$$E_i = -a\frac{\mathrm{d}B}{\mathrm{d}t}$$

在轨道环上

$$\oint_L \vec{E}_i \cdot \mathrm{d}\vec{r} = 2\pi a E_i$$

$\bar{B}$ 表示环面上的平均磁感应强度，则

$$\Phi = \bar{B}S = \pi a^2 \bar{B}$$

根据 $\oint_L \vec{E}_i \cdot \mathrm{d}\vec{r} = -\dfrac{\mathrm{d}\Phi}{\mathrm{d}t}$，可得

$$\vec{E}_i = -\frac{a}{2}\frac{\mathrm{d}\bar{B}}{\mathrm{d}t}$$

将其与 $E_i = -a\dfrac{\mathrm{d}B}{\mathrm{d}t}$ 进行比较可得

$$B = \frac{\bar{B}}{2}$$

例 2. 一铁芯上绕有线圈 N 匝，已知铁芯中磁通量与时间的关系为 $\Phi = a\sin\omega t$，则线圈中的感应电动势为_____。

[答案]：$-Na\omega\cos\omega t$

[解析]：由法拉第电磁感应定律 $\varepsilon = -\dfrac{\mathrm{d}\Psi}{\mathrm{d}t}$ 可得线圈中的感应电动势为 $-Na\omega\cos\omega t$。

例 3. 将形状完全相同的铜环和木环静止放置在交变磁场中，并假设通过两环面的磁通量随时间的变化相等，不计自感时则   （   ）

(A) 铜环中有感应电流，木环中无感应电流

(B) 铜环中有感应电流，木环中有感应电流

(C) 铜环中感应电动势大，木环中感应电动势小

(D) 铜环中感应电动势小，木环中感应电动势大

[**答案**]：（A）

[**解析**]：根据法拉第电磁感应定律，铜环和木环中的感应电动势大小相等，但在木环中不会形成电流，因而正确答案为（A）。

例 4. 下列概念中正确的是   （   ）

（A）感生电场是保守场

（B）感生电场的电场线是一组闭合曲线

（C）$\Phi_{m}=LI$，因而线圈的自感系数与回路的电流成正比

（D）$\Phi_{m}=LI$，回路的磁通量越大，回路的自感系数也一定大

[**答案**]：（B）

[**解析**]：对照感生电场的性质，感生电场的电场线是一组闭合曲线，因而正确答案为（B）。

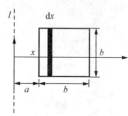

图 12-1

例 5. 如图 12-1 所示，在无限长通电流 I 的直导线旁放置一个刚性的正方形线圈，线圈一边与直导线平行，尺寸见图。求：

（1）穿过线圈的磁通量；

（2）当直导线中电流随时间变化的规律为 $I=I_0\sin\omega t$，且 $\omega t=\dfrac{2}{3}\pi$ 时，线圈中的感应电动势的大小和方向。

[**解**]：（1）取线圈顺时针方向为回路的绕行方向，建立图 12-1 所示直角坐标系，在线圈中 x 坐标处取一宽度为 $\mathrm{d}x$ 的微元。根据磁场的安培环路定理可得

$$B=\frac{\mu_0 I}{2\pi x}$$

所以通过微元的磁感应强度通量

$$\mathrm{d}\Phi=\vec{B}\cdot\mathrm{d}\vec{S}=B\mathrm{d}S=\frac{\mu_0 I}{2\pi x}b\mathrm{d}x$$

所以通过整个线圈的磁感应强度通量

$$\Phi=\int_a^{a+b}\frac{\mu_0 I}{2\pi x}b\mathrm{d}x=\frac{\mu_0 Ib}{2\pi}\ln\frac{a+b}{a}$$

（2）由法拉第电磁感应定律知线圈中产生的感应电动势的大小

$$|\varepsilon|=\left|-\frac{\mathrm{d}\Phi}{\mathrm{d}t}\right|=\left|-\frac{\mu_0 I_0\omega b}{2\pi}\cos\omega t\ln\frac{a+b}{a}\right|=\frac{\mu_0 I_0\omega b}{4\pi}\ln\frac{a+b}{a}$$

方向：顺时针方向。

例 6. 如图 12-2 所示，一根无限长直导线载有电流为 I，金属杆 CD 长 L，以 $\vec{v}$ 平行于直导线的速度方向运动，运动过程中保持 α 角不变，C 点与直导线相距 a，问：金属杆 CD 中的感应电动势为多大？杆的哪端电位较高？

[**解**]：建立图 12-2 所示坐标系，根据磁场的安培环路定理知，通电直导线在距导线 x 处产生的磁感应强度

$$B=\frac{\mu_0 I}{2\pi x}$$

根据感生电动势的计算公式有

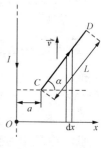

图 12-2

$$\varepsilon = \int_{\overline{CD}} (\vec{v} \times \vec{B}) \cdot \mathrm{d}\vec{l} = \int_{\overline{CD}} vB\cos\alpha\,\mathrm{d}l = \int_a^{a+L\cos\alpha} \frac{\mu_0 IV}{2\pi x}\mathrm{d}x$$

$$= \frac{\mu_0 IV}{2\pi}\ln\frac{a+L\cos\alpha}{a}$$

根据矢量叉乘的右手螺旋法则可知 D 端电位高。

例 7. 如图 12-3 所示，磁感应强度 $\vec{B}$ 垂直于线圈平面向里，通过线圈的磁通量按下式关系随时变化 $\Phi = 6t^2 + 7t + 1$，式中 Φ 的单位为 mWb（毫韦伯）、时间的单位为 s，问：

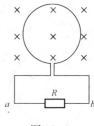

图 12-3

(1) 当 $t = 2.0$ s 时，回路中的感应电动势的大小是多少？

(2) 通过 R 的电流方向为何？

[解]： (1) 根据 Faraday 电磁感应定律，可得回路中的感应电动势为

$$\varepsilon_i = \frac{\mathrm{d}\Phi}{\mathrm{d}t} = \frac{\mathrm{d}}{\mathrm{d}t}(6t^2 + 7t + 1) \times 10^{-3} = (12t + 7) \times 10^{-3}\,\mathrm{V}$$

当 $t = 2.0$ s 时，回路中的感应电动势的大小为

$$\varepsilon_i = (12 \times 2.0 + 7) \times 10^{-3} = 3.1 \times 10^{-2}\,\mathrm{V}$$

(2) 由楞次定律可知，电动势方向：$a \to b$；通过 R 的电流方向为：$a \to R \to b$。

例 8. 如图 12-4 所示，直导线 ab 以速率 v 沿平行于直导线的方向运动，ab 与直导线共面，且与它垂直，设直导线中的电流强度为 I，导线 ab 长为 L，a 端到直导线的距离为 d，求导线 ab 中的动生电动势，并判断哪端电位较高。

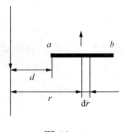

图 12-4

解法 1： 在导线 ab 所在区域，长直载流导线在距其 r 处的磁感应强度 $\vec{B}$ 大小为

$$B = \frac{\mu_0 I}{2\pi r}$$

方向垂直于纸面向外。

在导线 ab 上距载流导线 r 处取一线元 $\mathrm{d}r$，方向向右，因 $\vec{v} \times \vec{B}$ 方向也向右，所以该线元中产生的电动势为

$$\mathrm{d}\varepsilon_i = (\vec{v} \times \vec{B}) \cdot \mathrm{d}\vec{r} = vB\mathrm{d}r = v\frac{\mu_0 I}{2\pi r}\mathrm{d}r$$

故导线 ab 中的总电动势为

$$\varepsilon_{ab} = \int_d^{d+L} v\frac{\mu_0 I}{2\pi r}\mathrm{d}r = \frac{v\mu_0 I}{2\pi}\ln\frac{d+L}{d}$$

由于 $\varepsilon_{ab} > 0$，表明电动势的方向为 $a \to b$，b 端电位较高。

解法 2： 应用 Faraday 电磁感应定律计算。

假想一个 U 形导体框与 ab 组成一个闭合回路，先算出回路的感应电动势，由于 U 形框不运动，不会产生动生电动势，因而，回路的感应电动势就是导线 ab 在磁场中运动时所产生的动生电动势，如图 12-5 所示。

设某时刻导线 ab 到 U 形框底边的距离为 x，取顺时针方向为回路的正方向，则该时刻通过回路的磁通量为

图 12-5

$$\Phi = \int \vec{B} \cdot d\vec{S} = \int_d^{d+L} -\frac{\mu_0 I}{2\pi r} x\, dr = -\frac{\mu_0 I}{2\pi} x\ln\frac{d+L}{d}$$

回路中的电动势

$$\varepsilon_i = -\frac{d\Phi}{dt} = -\frac{d}{dt}\left(-\frac{\mu_0 I}{2\pi} x\ln\frac{d+L}{d}\right) = \frac{\mu_0 I}{2\pi} v\ln\frac{d+L}{d}$$

$\varepsilon_i > 0$ 表示电动势方向与所选回路正方向相同，即沿顺时针方向，因此在导线 ab 上，电动势的方向为 $a \rightarrow b$，b 端电位高。

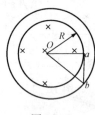

图 12-6

例 9. 如图 12-6 所示，半径为 R 的无限长圆柱形空间分布着与轴线平行的均匀磁场 $\vec{B}$，其变化率为 $\dfrac{dB}{dt}=$ 常数 >0，长为 R 的导线放在图中所示的位置，求导线 ab 中的感应电动势。

[解]： 作辅助线 Oa、Ob，则 Oab 为一闭合回路，由 Faraday 电磁感应定律得

$$\varepsilon_i = -\frac{d\Phi}{dt} = -S\frac{dB}{dt}$$

S 为 $\triangle Oab$ 中 $\vec{B}$ 不为零的扇形面积。

如图所示，$Oa=ab$，$Oa \perp ab$，$\angle aOb = \pi/4$，故

$$S = \frac{1}{8}\pi R^2$$

$\vec{E}_k$ 为感生电场，因为 $\varepsilon_i = \oint_L \vec{E}_i \cdot d\vec{l} = -\dfrac{d\Phi}{dt} = \int_o^a \vec{E}_k \cdot d\vec{l} + \int_a^b \vec{E}_k \cdot d\vec{l} + \int_b^o \vec{E}_k \cdot d\vec{l} = \int_o^a$

$E_k dl\cos\theta_1 + \int_a^b E_k dl\cos\theta_2 + \int_b^o E_k dl\cos\theta_3 = \varepsilon_{oa} + \varepsilon_{ab} + \varepsilon_{bo}$

又因为 $\vec{E}_k \perp oa$、$\vec{E}_k \perp ob$，故 $\cos\theta_1 = \cos\theta_3 = 0$，故 $\varepsilon_{oa} = \varepsilon_{bo} = 0$，即 oa、bo 段不产生感应电动势。因而 ab 段的感应电动势为

$$\varepsilon_{ab} = \varepsilon_i = -\frac{1}{8}\pi R^2 \frac{dB}{dt}$$

方向为 $b \rightarrow a$。

例 10. 在半径为 R 的长直螺线管中，均匀磁场随时间的变化率 $\dfrac{dB}{dt} > 0$，直导线 $ab=bc=R$，如图 12-7 所示，求导线 ac 上的感应电动势。

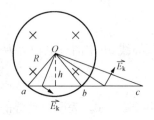

图 12-7

解法 1： 用积分方法，由电动势的定义可得

$$\varepsilon_i = \int_a^c \vec{E}_k \cdot d\vec{l} = \int_a^b \vec{E}_k \cdot d\vec{l} + \int_b^c \vec{E}_k \cdot d\vec{l} = \varepsilon_{ab} + \varepsilon_{bc}$$

其中

$$\vec{E}_k = \begin{cases} \dfrac{r}{2}\dfrac{dB}{dt} & (r < R) \\[2mm] \dfrac{R^2}{2r}\dfrac{dB}{dt} & (r \geq R) \end{cases}$$

所以对 ab 段有

$$\varepsilon_{ab} = \int_a^b \vec{E}_k \cdot d\vec{l} = \int_a^b E_k \cdot \cos\theta dl = \int_a^b \frac{r}{2}\frac{dB}{dt} \cdot \cos\theta dl = \frac{dB}{dt}\int_a^b \frac{r}{2} \cdot \cos\theta dl$$

$$= \frac{1}{2} \frac{\mathrm{d}B}{\mathrm{d}t} \int_a^b h \, \mathrm{d}l = \frac{1}{2} \frac{\mathrm{d}B}{\mathrm{d}t} hR = \frac{\sqrt{3}}{4} R^2 \frac{\mathrm{d}B}{\mathrm{d}t}$$

对 bc 段有

$$\varepsilon_{bc} = \int_b^c \overrightarrow{E}_k \cdot \mathrm{d}\overrightarrow{l} = \int_b^c E_k \cdot \cos\theta \mathrm{d}l = \int_a^b \frac{R^2}{2r} \frac{\mathrm{d}B}{\mathrm{d}t} \cdot \cos\theta \mathrm{d}l$$

令 $l = h\tan\theta$，则 $\mathrm{d}l = h\sec^2\theta\mathrm{d}\theta$，$\cos\theta = \dfrac{h}{r}$

$$\varepsilon_{bc} = \int_a^b \frac{R^2}{2} \frac{\mathrm{d}B}{\mathrm{d}t} \cdot \frac{\cos\theta}{h} \cos\theta \, h \sec^2\theta \mathrm{d}\theta = \int_a^b \frac{R^2}{2} \frac{\mathrm{d}B}{\mathrm{d}t} \cdot \mathrm{d}\theta$$

$$= \frac{R^2}{2} \frac{\mathrm{d}B}{\mathrm{d}t} \left(\frac{\pi}{3} - \frac{\pi}{6} \right) = \frac{\pi R^2}{12} \frac{\mathrm{d}B}{\mathrm{d}t}$$

所以

$$\varepsilon_i = \varepsilon_{ab} + \varepsilon_{bc} = \frac{\sqrt{3}}{4} R^2 \frac{\mathrm{d}B}{\mathrm{d}t} + \frac{\pi R^2}{12} \frac{\mathrm{d}B}{\mathrm{d}t} = \frac{R^2}{4} \frac{\mathrm{d}B}{\mathrm{d}t} \left(\sqrt{3} + \frac{\pi}{3} \right)$$

方向为 $a \rightarrow c$。

解法 2：用 Faraday 电感应定律，可得

$$\Phi = BS = B \left[\frac{1}{2} R\cos\frac{\pi}{6} R + \frac{1}{2} R^2 \left(\frac{\pi}{3} - \frac{\pi}{6} \right) \right] = B \left(\frac{\sqrt{3}}{4} R^2 + \frac{\pi}{12} R^2 \right)$$

所以

$$\varepsilon_i = \frac{\mathrm{d}\Phi}{\mathrm{d}t} = \frac{R^2}{4} \frac{\mathrm{d}B}{\mathrm{d}t} \left(\sqrt{3} + \frac{\pi}{3} \right)$$

因为 $\varepsilon_i = \oint_L \overrightarrow{E}_i \cdot \mathrm{d}\overrightarrow{l} = -\dfrac{\mathrm{d}\Phi}{\mathrm{d}t} = \int_o^a \overrightarrow{E}_k \cdot \mathrm{d}\overrightarrow{l} + \int_a^c \overrightarrow{E}_k \cdot \mathrm{d}\overrightarrow{l} + \int_c^o \overrightarrow{E}_k \cdot \mathrm{d}\overrightarrow{l} = \int_o^a E_k \mathrm{d}l\cos\theta_1 + \int_a^c E_k \mathrm{d}l\cos\theta_2$

$+ \int_c^o E_k \mathrm{d}l\cos\theta_3 = \varepsilon_{oa} + \varepsilon_{ac} + \varepsilon_{co}$，又因为长直螺线管中的磁感应线为一系列同心圆，而过圆和半

径交点的切线方向为感生电场方向，该方向和半径垂直，所以 $\overrightarrow{E}_k \perp oa$、$\overrightarrow{E}_k \perp co$，即 $\cos\theta_1$

$= \cos\theta_3 = 0$，$\varepsilon_{oa} = \varepsilon_{co} = 0$，即 oa、co 段不产生感应电动势，所以有

$$\varepsilon_i = \varepsilon_{ac} = \frac{R^2}{4} \frac{\mathrm{d}B}{\mathrm{d}t} \left(\sqrt{3} + \frac{\pi}{3} \right)$$

方向为 $a \rightarrow c$。

例 11. 如图 12-8 所示，设在一长度为 l、横截面积为 S、密绕有 N_1 匝线圈的长直螺线管中部再绕 N_2 匝线圈，试计算这两个共轴螺线管的互感系数。

[解]：如果长直线管上通过的电流为 I_1，则螺线管内中部的磁感应强度为

$$B = \mu_0 \frac{N_1}{l} I_1$$

穿过 N_2 匝线圈的总磁通量为

$$\Phi_{21} = BSN_2 = \mu_0 \frac{N_1 N_2}{l} I_1 S$$

根据互感系数的定义可得

$$M = \frac{\Phi_{21}}{I_1} = \mu_0 \frac{N_1 N_2}{l} S$$

讨论：如图 12-9 所示，线圈 1 的电感系数

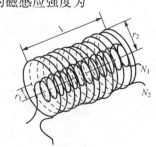

图 12-8

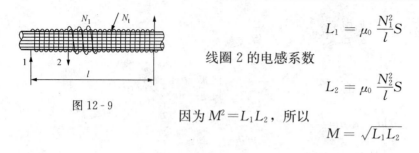

图 12 - 9

$$L_1 = \mu_0 \frac{N_1^2}{l} S$$

线圈 2 的电感系数

$$L_2 = \mu_0 \frac{N_2^2}{l} S$$

因为 $M^2 = L_1 L_2$，所以

$$M = \sqrt{L_1 L_2}$$

讨论：

（1）以上讨论只适用于理想情况，即无漏磁地穿过每一匝线圈；

（2）一般情况下，有

$$M = k \sqrt{L_1 L_2}$$

k 为耦合系数，$0 \leqslant k \leqslant 1$。$k$ 的值可由实验测定，其大小取决于两个线圈的耦合程度。理想情况下，$k = 1$；相距无限远时，$k = 0$。在实际中，有时要求 k 大，如对变压器，$k = 0.98$；有时 k 大则有害，如电话。线圈 1 中有中流 I_1，线圈 1 中磁通量为 Φ_{11}，线圈 2 中磁通量为 $k_1 \Phi_{11}$；线圈 2 中有中流 I_2，线圈 1 中磁通量为 $k_2 \Phi_{22}$，线圈 2 中磁通量为 Φ_{22}，则

$$\Phi_{21} = k_1 \Phi_{11} = M I_1$$
$$\Phi_{12} = k_2 \Phi_{22} = M I_2$$
$$\Phi_{11} = L_1 I_1$$
$$\Phi_{22} = L_2 I_2$$

可得

$$M = \sqrt{k_1 k_2} \cdot \sqrt{L_1 L_2} = k \sqrt{L_1 L_2}$$

其中 $k = \sqrt{k_1 k_2}$。

例 12. 发电机由矩形线环组成，线环平面绕竖直轴旋转，此竖直轴与大小为 $2.0 \times 10^{-2} \, \text{T}$ 的均匀水平磁场垂直，环的尺寸为 $10.0 \, \text{cm} \times 20.0 \, \text{cm}$，共 120 圈。导线的两端接在外电路上，为了在两端之间产生最大值为 12.0 V 的感应电动势，线环必须以多大的转速旋转？

[**解**]：当线环平面法线与磁场方向夹角为 θ 时，线环平面的磁通量为

$$\Phi = BS \cos\theta = BS \cos\omega t$$

当环线以转速 n 旋转时，它的感应电动势为

$$\varepsilon = -N \frac{\mathrm{d}\Phi}{\mathrm{d}t} = NBS\omega \sin\omega t = 2\pi n NBS \sin\omega t$$

由上式可知电动势的最大值

$$\varepsilon_{\max} = 2\pi n NBS$$

由此可得

$$n = \frac{\varepsilon_{\max}}{2\pi NBS} = 40 \text{r/s}$$

12.4 单 元 习 题

一、选择题

1. 尺寸相同的铁环与铜环所包围的面积中，通以相同变化率的磁通量，则环中 　（　　）

　（A）感应电动势不同，感应电流不同　　（B）感应电动势相同，感应电流相同

　（C）感应电动势不同，感应电流相同　　（D）感应电动势相同，感应电流不同

2. 如图 12-10 所示，一载流螺线管的旁边有一圆形线圈，欲使线圈产生 12-10 图示方向的感应电流 i，下列哪种情况可以做到　　　　　　　　　　　　　　　（　　）

　（A）载流螺线管向线圈靠近　　　　　（B）载流螺线管离开线圈

　（C）载流螺线管中电流增大　　　　　（D）载流螺线管中插入铁芯

3. 如图 12-11 所示，导体棒 AC 在均匀磁场中绕通过 D 点、垂直于棒长且沿磁场方向的轴 OO' 转动（角速度 $\vec{\omega}$ 与 $\vec{B}$ 同方向），CD 的长度为棒长的 $\dfrac{1}{3}$，则　　（　　）

　（A）A 点电位比 C 点高　　　　　（B）A 点电位与 C 点相等

　（C）A 点电位比 C 点低　　　　　（D）有稳恒电流从 A 点流向 C 点

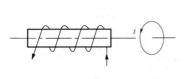
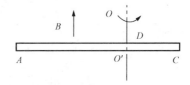

图 12-10　　　　　　　　　　　　　　　　图 12-11

4. 两个通有电流的平面圆线圈相距不远，如果要使其互感系数近似为零，则应调整线圈的取向，使　　　　　　　　　　　　　　　　　　　　　　　　　　　（　　）

　（A）两线圈平面都平行于两圆心的连线

　（B）两线圈平面都垂直于两圆心的连线

　（C）两线圈中电流方向相反

　（D）一个线圈平面平行于两圆心的连线，另一个线圈平面垂直于两圆心的连线

5. 对于线圈，其自感系数的定义式为 $L=\dfrac{\Phi_{\mathrm{m}}}{I}$，当线圈的几何形状、大小及周围磁介质分布不变，且无铁磁性物质时，若线圈中的电流变小，则线圈的自感系数 L　（　　）

　（A）变大，与电流成反比　　　　　（B）变小

　（C）不变　　　　　　　　　　　　（D）变大，但与电流不成反比

6. 半径为 a 的圆线圈置于磁感应强度为 $\vec{B}$ 的均匀磁场中，线圈平面与磁场方向垂直，线圈电阻为 R，当把线圈转动使其法向与 $\vec{B}$ 的夹角 $\alpha=60°$ 时，线圈中已通过的电量与线圈面积及转动时间的关系是　　　　　　　　　　　　　　　　　　（　　）

　（A）与线圈面积成正比，与时间无关

　（B）与线圈面积成正比，与时间成正比

　（C）与线圈面积成反比，与时间无关

　（D）与线圈面积成反比，与时间成正比

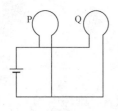

图 12 - 12

7. 如图 12 - 12 所示，两线圈 P 和 Q 并联地接到一电动势恒定的电源上，线圈 P 的自感和电阻分别是线圈 Q 的两倍。当达到稳定状态后，线圈 P 的磁场能量与 Q 的磁场能量的比值是　　　　（　　）

(A) 4　　　　　　(B) $\dfrac{1}{2}$　　　　　　(C) 1　　　　　　(D) 2

二、填空题

1. 如图 12 - 13 所示，长直导线中通有电流 I，有一与长直导线共面且垂直于导线的细金属棒 AB，以速度 $\vec{v}$ 平行于长直导线做匀速运动。(1) 金属棒 AB 两端的电位 V_A　　　　　V_B（填 $>$、$<$、$=$）；(2) 若使电流 I 反向，AB 两端的电位 V_A　　　　　V_B（填 $>$、$<$、$=$）；(3) 若将金属棒与导线平行放置，AB 两端的电位 V_A　　　　　V_B（填 $>$、$<$、$=$）。

2. 半径为 R 的金属圆板在均匀磁场中以角速度 ω 绕中心轴旋转，均匀磁场的方向平行于转轴，如图 12 - 14 所示。这时板中由中心至同一边缘点的不同曲线上总感应电动势的大小为　　　　　，方向　　　　　。

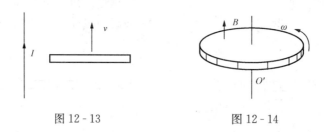

图 12 - 13　　　　　　　　　　图 12 - 14

3. 一自感系数为 L_0 的细长密绕螺线管，试求：

(1) 若线圈总匝数加倍，则自感系数变为 $L=$　　　　　；

(2) 若螺线管半径加倍，则自感系数变为 $L=$　　　　　；

(3) 若螺线管长度加倍，则自感系数变为 $L=$　　　　　。

4. 一截面积为矩形的密绕螺线环，内半径为 R，外半径为 $3R$，厚度为 D，总匝数为 N，则自感系数 L 的值为　　　　　。若螺线环内通有电流 I，则其储能为　　　　　。

5. 一带电粒子平行于磁场射入磁场，则它做　　　　　运动；一带电粒子垂直于磁场射入磁场，则它做　　　　　运动；一带电粒子与磁场线成任意交角射入磁场，则它做　　　　　运动。

6. 质量为 m、带电量为 q 的粒子，以速度 $\vec{v}$ 射入磁感应强度为 $\vec{B}$ 的匀强磁场中，若 $\vec{v}$ 与 $\vec{B}$ 的夹角为 $\theta\left(0<\theta<\dfrac{\pi}{2}\right)$，则粒子所受洛伦兹力的大小为　　　　　，方向垂直于　　　　　所确定的平面；粒子在磁场中的运动轨迹为　　　　　，半径为　　　　　，螺距为　　　　　。

7. 半径为 R 的无限长柱形导体上均匀通有电流 I，该导体材料的相对磁导率 $\mu_r=1$，则导体轴线上一点的磁场能量密度为 $w_{m0}=$　　　　　，在与导体轴线相距 $r(r<R)$ 处的磁场能量密度为　　　　　。

三、计算题

1. 长直导线 AC 中的电流 I 沿导线向上，并以 $\mathrm{d}I/\mathrm{d}t=2\mathrm{A/s}$ 的变化率均匀增长。导线附

近放一个与之同面的直角三角形线框，其一边与导线平行，位置及线框尺寸如图 12-15 所示。求此线框中产生的感应电动势的大小和方向。

2. AB 段导线，长为 10cm，与水平方向成 30°角，若使该导线在匀强磁场中以速度大小 $v=1.5$m/s 运动，方向如图 12-16 所示，磁场方向垂直于纸面向里，磁感应强度大小 $B=2.5×10^{-2}$T．求：导线上的动生电动势的大小、方向，并判断 A、B 两端哪端电位高。

3. 如图 12-17 所示，半径为 R 的圆柱形空间（横截面）内分布着均匀磁场（如长直载流螺线管的中部）设磁感应强度的大小 B 随时间 t 按 $B=kt$（k 为常量）变化，试求感生电场的分布。

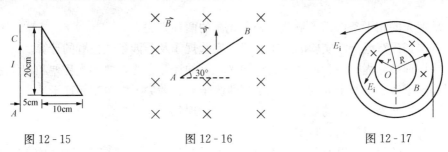

图 12-15　　　　　　　图 12-16　　　　　　　图 12-17

4. 一个直径为 0.01m、长为 0.10m 的长直密螺线管，共 1000 匝线圈，总电阻为 7.76Ω．求：如把线圈接到电动势 $\varepsilon=2.0$V 的电池上，电流稳定后，线圈中所储存的磁能有多少？磁能密度是多少？

5. 未来可能会利用超导线圈中持续大电流建立的磁场来储存能量，要储存 1kW·h 的能量，利用 1.0T 的磁场，需要多大体积的磁场？若利用线圈中 500A 的电流储存上述能量，则线圈的自感系数应为多大？

6. 在真空中，若一均匀电场中的电场能量密度与一 0.50T 的均匀磁场中的磁场能量密度相等，该电场的电场强度为多少？

7. 如图 12-18 所示，两根相互平行的无限长直导线载通有方向相反、大小为 40A 的电流 I，金属杆 CD 长 $L=2$m，以 $v=2$m/s 的速度平行于两直导线的方向运动，运动过程中保持 $\alpha=60°$不变，C 点与两直导线分别相距 a 和 $2a$（$a=0.1$m）．求：金属杆 CD 中动生电动势的大小，并判断杆的哪端电位较高。

8. 在一个长直密绕的螺线管中间放一正方形小线圈，若螺线管长 1m，绕了 1000 匝，通以电流 $I=10\cos(100\pi t)$A，正方形小线圈每边长 5cm，共 100 匝，电阻为 1Ω，求线圈中感应电流的最大值（正方形线圈的法线方向与螺线管的轴线方向一致）。

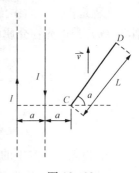

图 12-18

9. 电阻 $R=4$Ω 的闭合导体回路置于变化磁场中，通过回路包围面的磁通量与时间的关系为 $\Phi_m=4t×10^{-2}$Wb．求：

(1) $t=10$s 时，回路中感应电流的大小；

(2) 在 $t=1$s 至 $t=2$s 的时间内，流过回路导体横截面的感应电荷的大小。

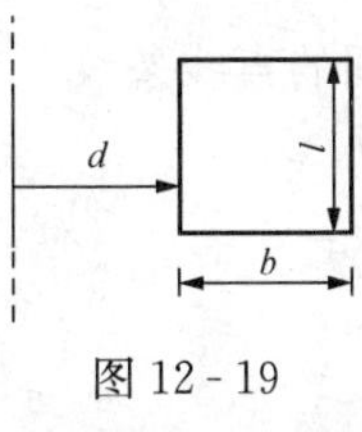

10. 如图 12-19 所示，在磁导率为 μ_0 的真空中，一无限长直导线与一宽和长分别为 b 和 l 的矩形线圈处于同一平面内，直导线与矩形线圈的一侧平行，且相距为 d．求它们的互感。

图 12-19

第13章　波　动　光　学

13.1　基　本　要　求

（1）掌握光的相干条件，了解获得相干光源的两种方法。

（2）掌握杨氏双缝干涉实验的基本装置、实验规律及干涉条纹位置的计算。

（3）确切理解光程的概念，掌握光程和光程差的计算方法，熟悉光程差和相位之间的关系；掌握等倾干涉、等厚干涉的本质；掌握薄膜干涉、劈尖干涉、牛顿环干涉。

（4）了解半波损失产生的规律，了解光的衍射现象。

（5）掌握单缝衍射的明、暗纹公式。

（6）了解光的偏振性以及起偏与检偏，掌握马吕斯定律。了解反射光与折射光的偏振，掌握布儒斯特定律，了解偏振光的干涉。

13.2　基　础　知　识　点

1. 相干光

光的相干条件：同振动方向、同频率、相差恒定。

利用普通光源获得相干光的方法：分波阵面法和分振幅法。

2. 光程与光程差

光程是把光介质中传播的路程折合为光在真空中传播的相应路程，在数值上等于介质折射率（n）乘以光在介质中传播的路程（x），即

$$光程 = nx$$

光程差 Δ 与相位差 $\Delta\varphi$ 的关系为

$$\Delta\varphi = 2\pi\frac{\Delta}{\lambda}$$

$$\Delta = n_2 r_2 - n_1 r_1$$

式中：λ 为光在真空中的波长；Δ 为光程差。

半波损失：光从光疏媒质向光密媒质入射时，反射光的相位有 π 的突变，相当于光程增加或减少了 $\dfrac{\lambda}{2}$，故称做半波损失。

3. 杨氏双缝干涉实验

用分波阵面法获得相干光的典型实验，其干涉条纹为等间距的明暗相间的直线条纹。

明暗条纹满足的条件：

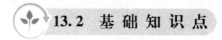

$$\Delta = \begin{cases} \pm k\lambda & (k = 0, 1, 2, 3, \cdots) & 明纹 \\ \pm(2k-1)\dfrac{\lambda}{2} & (k = 1, 2, \cdots) & 暗纹 \end{cases}$$

式中 Δ 应按给定的介质条件具体分析，由于介质条件不同，k 级条纹在屏上的位置亦不同。

明条纹的位置

$$x = \pm k \frac{D}{d}\lambda \quad (k = 0,1,2,\cdots) \quad 干涉加强$$

暗条纹的位置

$$x = \pm k \frac{D}{d}(2k+1)\frac{\lambda}{2} \quad (k = 0,1,2,\cdots) \quad 干涉减弱$$

式中：D 为双缝到屏的距离；d 为双缝间距；λ 为入射光波的波长。

4. 薄膜干涉

入射光射在薄膜表面时由于反射和折射而"分振幅"，产生两个相干光源。

光程差

$$\Delta = 2d\sqrt{n_2^2 - n_1^2\sin^2 i} + \frac{\lambda}{2} = \begin{cases} k\lambda & (k = 1,2,3,\cdots) & 干涉加强 \\ (2k+1)\dfrac{\lambda}{2} & (k = 0,1,2,\cdots) & 干涉减弱 \end{cases}$$

式中：n_2 为薄膜折射率；n_1 为薄膜外的折射率；d 为薄膜厚度；i 为入射角，有无 $\frac{\lambda}{2}$ 由上下表面有无半波损失而定。

当光线垂直入射薄膜时，$i=0$，则

$$\Delta = 2n_2 d + \frac{\lambda}{2} = \begin{cases} k\lambda & (k = 1,2,3,\cdots) & 干涉加强 \\ (2k+1)\dfrac{\lambda}{2} & (k = 0,1,2,\cdots) & 干涉减弱 \end{cases}$$

每条干涉条纹下方的薄膜厚度处处相等，这种干涉称为等厚干涉。劈尖干涉和牛顿环干涉都是等厚干涉。

劈尖：在垂直入射的情况下，并考虑半波损失，则明、暗纹的条件是

$$\Delta = 2nd + \frac{\lambda}{2} = \begin{cases} k\lambda & (k = 1,2,3,\cdots) & 明纹 \\ (2k+1)\dfrac{\lambda}{2} & (k = 0,1,2,\cdots) & 暗纹 \end{cases}$$

两条相邻明纹（暗纹）在表面上的距离为

$$L = \frac{\lambda}{2n\sin\theta}$$

在棱边（$d=0$）上，要具体分析半波损失情况，才能确定是明纹或暗纹。劈尖干涉产生一组平行于劈棱的明暗相间的等间距直条纹。相邻条纹所对应的劈尖厚度差为

$$d_{k+1} - d_k = \frac{\lambda}{2n}$$

由劈尖干涉方法可检测待测平面的平整度等。

牛顿环：在垂直入射的情况下，并考虑半波损失，则明、暗纹的条件是

$$\Delta = 2nd + \frac{\lambda}{2} = \begin{cases} k\lambda & (k = 1,2,3,\cdots) & 明纹 \\ (2k+1)\dfrac{\lambda}{2} & (k = 0,1,2,\cdots) & 暗纹 \end{cases}$$

当介质是空气时，明、暗环半径是

$$r_k = \begin{cases} \sqrt{\dfrac{(2k-1)R\lambda}{2}} & (k = 1,2,3,\cdots) \quad \text{明环} \\[3mm] \sqrt{kR\lambda} & (k = 0,1,2,\cdots) \quad \text{暗环} \end{cases}$$

式中：R 为平凸镜的曲率半径；r_k 为第 k 级牛顿环的半径。牛顿环干涉图样是一组明暗相间、内疏外密的同心圆环。干涉的级次内低外高。由牛顿环方法可检测透镜的质量等。

5. 迈克耳孙干涉仪

视场中明纹移动的数目 Δn 与平面镜 M_2 平移的距离 Δd 的关系为

$$\Delta d = \Delta n \frac{\lambda}{2}$$

6. 惠更斯-菲涅耳原理

波阵面上的各点都可以当成子波波源，其后的波场中空间某点波的强度由各子波在该点的相干叠加决定。

7. 夫琅禾费衍射

（1）单缝衍射（单色光垂直入射）

$$a\sin\theta = \begin{cases} \pm k\lambda & (k = 1,2,3,\cdots) \quad \text{暗纹} \\[3mm] \pm(2k+1)\dfrac{\lambda}{2} & (k = 1,2,3,\cdots) \quad \text{明纹} \end{cases}$$

$$-\lambda < a\sin\theta < \lambda \quad \text{中央明区}$$

（2）圆孔衍射（单色光垂直入射）

$$D\sin\theta = 1.22\lambda$$

8. 光学仪器的分辨率

最小分辨角（角分辨率）

$$\delta\theta = 1.22\frac{\lambda}{D}$$

分辨率

$$R = \frac{1}{\delta\theta} = \frac{D}{1.22\lambda}$$

9. 光栅衍射（单色光垂直入射）

光栅公式

$$(a+b)\sin\theta = \pm k\lambda \quad (k = 0,1,2,\cdots)$$

缺级条件

$$(a+b)\sin\theta = \pm k\lambda \quad (k = 0,1,2,\cdots)$$
$$a\sin\theta = \pm k'\lambda \quad (k' = 1,2,3,\cdots)$$

同时成立时，$k = \pm\dfrac{(a+b)}{a}k'$，$k$ 级缺级。

10. X 射线衍射的布拉格公式

$$2d\sin\varphi = k\lambda$$

式中：φ 为掠射角；d 为相邻晶面的间距。

11. 光的偏振

光波是横波，光矢量在垂直于其传播方向上的平面内，光矢量可以在该平面内合成分解。

偏振态：自然光，偏振光（线偏振、椭圆偏振、圆偏振），部分偏振光。

线偏振光的获取：可以用多种方法产生线偏振光，常用的方法是让自然光透过偏振片产生线偏振光，当光强为 I_0 的自然光照射偏振片时，出射光的光强为

$$I = \frac{I_0}{2}$$

12. 马吕斯定律

$$I = I_0 \cos^2 \alpha$$

式中：α 为线偏振光的偏振方向与偏振片的偏振化方向间的夹角。

13. 布儒斯特定律

$$\tan i_0 = \frac{n_2}{n_1}$$

$i = i_0$ 时，反射光线与折射光线垂直。

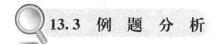

13.3　例　题　分　析

例 1. 把一个凸透镜的弯曲表面压在另一个玻璃平面上，让光从上方射入［见图 13 - 1 (a)］，这时可以看到亮暗相间的同心圆［见图 13 - 1 (b)］，这个现象是牛顿首先发现的，这些同心圆叫做牛顿环。解释为什么会出现牛顿环。

［解析］：凸透镜的弯曲上表面反射的光和下面的玻璃平面向上反射的光相互叠加，由于来自这两个面的反射的光的路程差不同，在有些位置相互加强，在有些位置相互削弱，因此出现了同心圆状的明暗相间的条纹。

例 2. 把一个平行玻璃板压在另一个平行玻璃板上，一端用薄片垫起，构成空气劈尖，让单色光从上方射入（见图 13 - 2），这时可以看到亮暗相间的条纹。下面关于条纹的说法中正确的是　　　　　　　　　　　　　　　　　　　　　　　　　（　　）

（A）将薄片向着劈尖移动使劈角变大时，条纹变疏

（B）将薄片远离劈尖移动使劈角变小时，条纹变疏

（C）将上玻璃板平行上移，条纹向着劈尖移动

（D）将上玻璃板平行上移，条纹远离劈尖移动

［答案］：(B)、(C)

［解析］：楔形空气层的上下两个表面反射的两列光波发生干涉，空气层厚度相同的地方，两列波的路程差相同，故如果被测表面是平的，干涉条纹就是一组平行的直线，如图 13 - 3 所示，当劈角为 α 时，相邻两条纹间等于 $\overline{AC}$，当劈角增大为 β 时，相邻的条纹左移

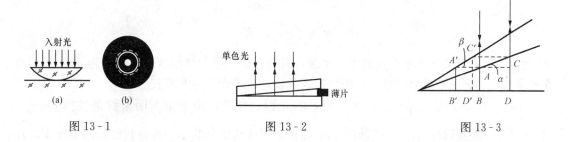

图 13 - 1　　　　　　　　　　图 13 - 2　　　　　　　　　　图 13 - 3

至 A'、C' 处，条纹间距变为 $\overline{A'C'}$。设 $\overline{CD}-\overline{AB}=\Delta s$，则 $\overline{C'D'}-\overline{AB}=\Delta s$，故 $\overline{AC}=\dfrac{\Delta s}{\sin\alpha}$，

$\overline{A'C'}=\dfrac{\Delta s}{\sin\beta}°$

因为 $\beta>\alpha$，所以 $\overline{AC}>\overline{A'C'}$，故劈角增大时，条纹变密。

同理，当上玻璃板平行上移时，易得 $A'C'CA$ 为平行四边形，所以条纹向壁尖移动，且间距不变，故本题选（B）、（C）。

例 3. 单色平行光垂直照射在单缝上时，可观察夫琅禾费衍射，若屏上点 P 处为第二级暗纹，则相应的单缝波阵面可分成的半波带数目为 （ ）

(A) 3 个　　　　(B) 4 个　　　　(C) 5 个　　　　(D) 6 个

[答案]：(B)

[解析]：根据单缝衍射公式

$$a\sin\theta=\begin{cases}\pm k\lambda & (k=1,2,3,\cdots) & \text{暗纹}\\[2mm]\pm(2k+1)\dfrac{\lambda}{2} & (k=1,2,3,\cdots) & \text{明纹}\end{cases}$$

因此第 k 级暗纹对应的单缝处波阵面被分成 $2k$ 个半波带，第 k 级明纹对应的单缝波阵面被分成 $2k+1$ 个半波带，则对应第二级暗纹，单缝处波阵面被分成 4 个半波带，故选（B）。

例 4. 自然光以 $60°$ 的入射角照射到两介质交界面时，反射光为完全线偏振光，则折射光为_____。

[答案]：部分偏振光且折射角为 $30°$。

[解析]：根据布儒斯特定律，当入射角为布儒斯特角时，反射光是线偏振光，相应的折射光为部分偏振光。此时，反射光与折射光垂直，因为入射角为 $60°$，所以折射角为 $30°$。

例 5. 使一束水平的氦氖激光器发出的激光垂直照射到一双缝上。在缝后 2.0m 处的墙上观察到中央明纹和第一级明纹的间隔为 14cm。

(1) 求两缝的间距；

(2) 在中央条纹以上还能看到几条明纹？

[解]：(1) 由双缝干涉的基本公式 $d\sin\theta=\pm k\lambda$，$\Delta x=\dfrac{D}{d}\lambda$，有

$$d=\frac{D}{\Delta x}\lambda=9.0\mu m$$

(2) 因 $\sin\theta=\pm k\dfrac{\lambda}{d}$，所以能在屏上看到的 θ 角的极限为 $\pm\dfrac{\pi}{2}$，即

$$\pm 1=\pm k\frac{\lambda}{d}$$

$$k=\frac{d}{\lambda}=14\ \text{条}$$

例 6. 一单色平行光垂直入射于一单缝，其衍射第三级明纹位置恰与波长为 600nm 的单色光垂直入射该缝时衍射的第二级明纹位置重合，试求该单色光波长。

[解]：对应于同一观察点，两次衍射的光程差相同，由于衍射明条纹条件为 $a\sin\theta=(2k+1)\dfrac{\lambda}{2}$，故有 $(2k_1+1)\lambda_1=(2k_2+1)\lambda_2$，在两明纹级次和其中一种波长已知的情况下，即

可求出另一种波长。将 $\lambda_2 = 600\text{nm}$、$k_2 = 2$、$k_1 = 3$ 代入

$$(2k_1 + 1)\lambda_1 = (2k_2 + 1)\lambda_2$$

故

$$\lambda_1 = \frac{5}{7}\lambda_2 = 429\text{nm}$$

例 7. 使一束部分偏振光垂直射向一偏振片，在保持偏振片平面方向不变而转动偏振片 360° 的过程中，发现透过偏振片的光的最大强度是最小强度的 3 倍。试问在入射光束中，线偏振光的强度是总强度的几分之几？

[解]：部分偏振光可由强度为 I_1 的自然光和强度为 I_2 的线偏振光混合而成。偏振片后的总透射光强为

$$I = \frac{I_1}{2} + I_2 \cos^2\theta$$

最大的透射光强

$$I_{\max} = \frac{I_1}{2} + I_2$$

最小的透射光强

$$I_{\min} = \frac{I_1}{2}$$

依题意知

$$I_{\max} = 3I_{\min}$$

故

$$\frac{I_1}{2} + I_2 = 3\,\frac{I_1}{2}$$

解得

$$I_1 = I_2$$

$$\frac{I_2}{I_1 + I_2} = \frac{1}{2}$$

即线偏振光的强度是总强度的 1/2。

例 8. 用单色平行可见光垂直照射到缝宽 $b = 0.5\text{mm}$ 的单缝上，在缝后放一焦距 $f = 1\text{m}$ 的透镜，在位于焦平面的观察屏上形成衍射条纹。已知屏上离中央纹中心 1.5mm 处的 P 点为明纹，求：

（1）入射光的波长；

（2）P 点的明纹级和对应的衍射角，以及此时单缝波面可分成的半波带数；

（3）中央明纹的宽度。

[解]：（1）对 P 点

$$\tan\theta = \frac{x}{f} = \frac{1.5 \times 10^{-3}}{1} = 1.5 \times 10^{-3}$$

当 θ 很小时 $\tan\theta = \sin\theta = \theta$

由单缝衍射公式可知

$$\lambda = \frac{2b\sin\theta}{2k+1} = \frac{2b\tan\theta}{2k+1}$$

当 $k=1$ 时，$\lambda=500\text{nm}$

当 $k=2$ 时，$\lambda=300\text{nm}$

在可见光范围内，入射光波长 $\lambda=500\text{nm}$。

（2）P 点为第一级明纹，$k=1$

$$\theta=\sin\theta=\frac{3\lambda}{2a}=1.5\times10^{-3}\text{rad}$$

半波带数为

$$2k+1=3$$

（3）中央明纹的宽度为

$$\Delta x=2f\frac{\lambda}{b}=2\times1\times\frac{5000\times10^{-10}}{0.5\times10^{-3}}=2\times10^{-3}\text{m}$$

例 9. 波长为 λ 的平行单色光垂直入射在一块多缝光栅上，其光栅常数 $d=3\mu\text{m}$，缝宽 $a=1\mu\text{m}$，则在单缝衍射的中央明条纹中共有多少条谱线？

[**解**]：因为光栅常数 $d=3\mu\text{m}$，缝宽 $a=1\mu\text{m}$，$d=a+b$，所以

$$b=2\mu\text{m}$$

由光栅公式

$$\text{d}\sin\varphi=3\sin\varphi=\pm k\lambda$$

单缝衍射

$$a\sin\varphi=\pm k'\lambda$$

$$缺级\ k=\frac{d}{a}k'(k'=1,2,3,\cdots)$$

因 $\dfrac{d}{a}=3$，故 $k=3$，6，9，$\cdots$，缺级

$$\sin\varphi\leqslant1,k=3\ 为最大$$

所以 $\qquad\qquad\qquad\qquad k=0,\ 1,\ 2$

故在单缝衍射的中央明条纹中共有 5 条谱线。

例 10. 波长为 600nm 的单色平行光垂直入射到一光栅上，第二级光谱出现在衍射角 φ_2，$\sin\varphi_2=0.2$，第四级为缺级。问

（1）光栅常数等于多少？

（2）光栅上狭缝宽度有多大？

（3）屏幕上可能出现的全部光谱线的级数。

[**解**]：（1）光栅常数：

$$d=a+b=\frac{k\lambda}{\sin\varphi}$$

式中：k 为衍射级次 $k=2$；λ 为单色平行光波长；φ 为衍射角。

第二级光谱，即衍射级次 $k=2$，出现在衍射角 φ_2 满足下式的方向上，即 $\sin\varphi_2=0.2$，所以

$$d=\frac{2\lambda}{\sin\varphi_2}=\frac{2\times6.00\times10^{-7}}{0.2}=6.00\times10^{-6}\text{m}=6.00\mu\text{m}$$

（2）第四级为缺级

$$\frac{d}{a} = \frac{4\lambda}{\lambda} = 4$$

光栅上狭缝宽度

$$a = \frac{d}{4} = \frac{6.00}{4} = 1.50\mu m$$

（3）在屏幕上可能出现的全部光谱线的级数

$$k = \frac{d}{a}k' = 4k'(k' = 1, 2, 3, \cdots)$$

$$k \leqslant k_{max} \leqslant \frac{d}{\lambda} = \frac{6.00 \times 10^{-6}}{6.00 \times 10^{-7}} = 10$$

所以 $k = 4$、8，为缺级，考虑到对称性，在屏幕上可能出现的全部光谱线的级数为 0，± 1，± 2，± 3，± 5，± 6，± 7，± 9。

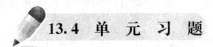

13.4 单 元 习 题

一、选择题

1. 真空中波长为 λ 的单色光，在折射率为 n 的均匀透明媒质中，从 A 点沿某一路径传播到 B 点，路径的长度为 l，A、B 两点光振动位相差记为 $\Delta\varphi$，则　　　　（　　）

(A) 当 $l = 3\lambda/2$，有 $\Delta\varphi = 3\pi$　　　　(B) 当 $l = 3\lambda/(2n)$，有 $\Delta\varphi = 3n\pi$

(C) 当 $l = 3\lambda/(2n)$，有 $\Delta\varphi = 3\pi$　　　　(D) 当 $l = 3n\lambda/2$，有 $\Delta\varphi = 3n\pi$

2. 在双缝干涉中，两缝间距离为 d，双缝与屏幕之间的距离为 D（$D \gg d$），波长为 λ 的平行单色光垂直照射到双缝上，屏幕上干涉条纹中相邻暗纹之间的距离是　　　　（　　）

(A) $2\lambda D/d$　　　　(B) $\lambda d/D$　　　　(C) dD/λ　　　　(D) $\lambda D/d$

3. 用白光光源进行双缝实验，若用一个纯红色的滤光片遮盖一条缝，用一个纯蓝色的滤光片遮盖另一条缝，则　　　　（　　）

(A) 干涉条纹的宽度将发生改变

(B) 产生红光和蓝光的两套彩色干涉条纹

(C) 干涉条纹的亮度将发生改变

(D) 不产生干涉条纹

4. 在双缝实验中，设缝是水平的，若双缝所在的平板稍微向上平移，其他条件不变，则屏上的干涉条纹　　　　（　　）

(A) 向下平移，且间距不变

(B) 向上平移，且间距不变

(C) 不移动，但间距改变

(D) 向上平移，且间距改变

5. 单色平行光垂直照射在薄膜上，经上下两表面反射的两束光发生干涉，如图 13 - 4 所示，若薄膜的厚度为 e，且 $n_1 < n_2 < n_3$，λ_1 为入射光在 n_1 中的波长，则两束光的光程差为　　　　（　　）

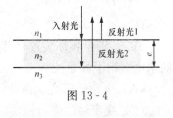

图 13 - 4

(A) $2n_2 e$　　　　　　　　　　(B) $2n_2 e - \lambda_1/(2n_1)$

(C) $2n_2e-\dfrac{1}{2}n_1\lambda_1$ (D) $2n_2e-\dfrac{1}{2}n_2\lambda_1$

6. 一束波长为 λ 的单色光由空气垂直入射到折射率为 n 的透明薄膜上，透明薄膜放在空气中，要使反射光得到干涉加强，则薄膜的最小厚度为   ( )

(A) $\lambda/4$ (B) $\lambda/(4n)$

(C) $\lambda/2$ (D) $\lambda/(2n)$

7. 用劈尖干涉法可检测工件表面缺陷，当波长为 λ 的单色平行光垂直入射时，若观察到的干涉条纹如图 13-5 所示，每一条纹弯曲部分的顶点恰好与其左边条纹直线部分的连线相切，则工件表面与条纹弯曲处对应的部分   ( )

(A) 凸起，且高度为 $\lambda/4$ (B) 凸起，且高度为 $\lambda/2$

(C) 凹陷，且深度为 $\lambda/2$ (D) 凹陷，且深度为 $\lambda/4$

8. 两块玻璃构成空气劈尖，左边为棱边，用单色平行光垂直入射，若上面的平玻璃慢慢向上平移，则干涉条纹   ( )

(A) 向棱边方向平移，条纹间隔变小   (B) 向棱边方向平移，条纹间隔变大

(C) 向棱边方向平移，条纹间隔不变   (D) 向远离棱边的方向平移，条纹间隔不变

9. 如图 13-6 所示，两个直径有微小差别且彼此平行的滚柱之间距离为 L，夹在两块平晶的中间，形成空气劈尖，当单色光垂直入射时，产生等厚干涉条纹，如果滚柱之间的距离 L 变小，则在 L 范围内干涉条纹的   ( )

(A) 数目减少，间距变大   (B) 数目不变，间距变小

(C) 数目增加，间距变小   (D) 数目减少，间距不变

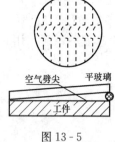

图 13-5

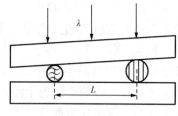

图 13-6

10. 在牛顿环实验装置中，曲率半径为 R 的平凸透镜与平玻璃板在中心恰好接触，它们之间充满折射率 n 的透明介质，垂直入射到牛顿环装置上的平行单色光在真空中的波长为 λ，则反射光形成的干涉条纹中暗环半径 r_k 的表达式为   ( )

(A) $r_k=\sqrt{k\lambda R}$ (B) $r_k=\sqrt{k\lambda R/n}$

(C) $r_k=\sqrt{kn\lambda R}$ (D) $r_k=\sqrt{k\lambda/(Rn)}$

11. 若把牛顿环装置（都是用折射率为 1.52 的玻璃制成的）由空气射入折射率为 1.33 的水中，则干涉条纹   ( )

(A) 中心暗斑变成亮斑   (B) 变疏

(C) 变密   (D) 间距不变

12. 把一平凸透镜放在平玻璃上，构成牛顿环装置。当平凸透镜慢慢地向上平移时，由

反射光形成的牛顿环 （　　）

 （A）向中心收缩，条纹间隔变小   （B）向中心收缩，环心呈明暗交替变化

 （C）向外扩张，环心呈明暗交替变化 （D）向外扩张，条纹间隔变大

13. 在迈克耳孙干涉仪的一条光路中，放入一折射率为 n、厚度为 d 的透明薄片。放入后，这条光路的光程改变了 （　　）

 （A）$2(n-1)d$ （B）$2nd$

 （C）$2(n-1)d+\lambda/2$ （D）nd

 （E）$(n-1)d$

14. 在单缝夫琅禾费衍射实验中，波长为 λ 的单色光垂直入射到宽度 $a=4\lambda$ 的单缝上，对应于衍射角 30° 的方向，单缝处波阵面可分成的半波带数目为 （　　）

 （A）2个   （B）4个

 （C）6个   （D）8个

15. 在如图 13-7 所示的单缝夫琅禾费衍射装置中，设中央明纹的衍射角范围很小，若使单缝宽度 a 变为原来的 3/2，同时使入射的单色光的波长 λ 变为原来的 3/4，则屏幕 C 上单缝衍射条纹中央明纹的宽度 Δx 将变为原来的 （　　）

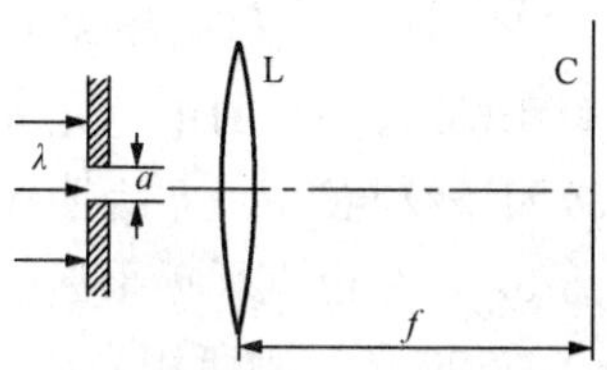

 （A）3/4 倍   （B）2/3 倍

 （C）9/8 倍   （D）1/2 倍

 （E）2 倍

图 13-7

16. 在夫琅禾费单缝衍射实验中，对于给定的入射单色光，当缝宽度变小时，除中央亮纹的中心位置不变外，各级衍射条纹 （　　）

 （A）对应的衍射角变小，条纹宽度变宽

 （B）对应的衍射角变小，条纹宽度变窄

 （C）对应的衍射角变大，条纹宽度变宽

 （D）对应的衍射角变大，条纹宽度变窄

17. 一束光强为 I_0 的自然光垂直穿过两个偏振片，且两偏振片的偏振化方向成 45° 角，若不考虑偏振片的反射和吸收，则穿过两个偏振片后的光强 I 为 （　　）

 （A）$\sqrt{2}I_0/4$ （B）$I_0/4$

 （C）$I_0/2$ （D）$\sqrt{2}I_0/2$

18. 使一光强为 I_0 的平面偏振光先后通过两个偏振片 P_1 和 P_2，P_1 和 P_2 的偏振化方向与原入射光光矢量振动方向的夹角分别是 α 和 90°，则通过这两个偏振片后的光强 I 是 （　　）

 （A）$\dfrac{1}{2}I_0\cos^2\alpha$ （B）0

 （C）$\dfrac{1}{4}I_0\sin^2(2\alpha)$ （D）$\dfrac{1}{4}I_0\sin^2\alpha$

 （E）$I_0\cos^4\alpha$

19. 自然光以布儒斯特角由空气入射到一玻璃表面上，反射光是 （　　）

 （A）在入射面内振动的完全偏振光

 （B）平行于入射面的振动占优势的部分偏振光

(C) 垂直于入射面振动的完全偏振光

(D) 垂直于入射面的振动占优势的部分偏振光

二、填空题

1. 如图 13 - 8 所示，假设有两个同相的相干点光源 S_1 和 S_2，发出波长为 λ 的光。A 是它们连线的中垂线上的一点，若在 S_1 与 A 之间插入厚度为 e、折射角为 n 的薄玻璃片，则两光源发出的光在 A 点的位相差 $\Delta\varphi=$ _____。若已知 $\lambda=500$nm，$n=1.5$，A 点恰为第四级明纹中心，则 $e=$ _____ nm。

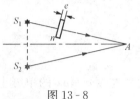

图 13 - 8

2. 把双缝干涉实验装置放在折射率为 n 的媒质中，双缝到观察屏的距离为 D，两缝间的距离为 d（$d \ll D$），入射光在真空中的波长为 λ，则屏上干涉条纹中相邻明纹的间距是_____。

3. 在空气中有一劈尖形透明物，劈尖角 $\theta=1.0\times10^{-4}$rad，在波长 $\lambda=700$nm 的单色光垂直照射下，测得两相邻干涉条纹的间距 $b=0.25$cm，此透明材料的折射率 $n=$ _____。

4. 波长为 λ 的单色光垂直照射到劈尖薄膜上，劈尖角为 θ，劈尖薄膜的折射率为 n，第 k 级明条纹与第 $k+5$ 级明纹的间距是_____。

5. 若在迈克耳孙干涉仪的可动反射镜 M 移动 0.620mm 的过程中，观察到干涉条纹移动了 2300 条，则所用光波的波长为_____ nm。

6. 用波长为 546.1nm 的平行单色光垂直照射到一透射光栅上，在分光计上测得第一级光谱线的衍射角 $\theta=30°$，则该光栅每毫米上有_____条刻痕。

7. 如果单缝夫琅禾费衍射的第一级暗纹发生在衍射角为 $30°$ 的方位上，所用单色光波长 $\lambda=500$nm，则单缝宽度为_____ m。

8. 波长 $\lambda=600$nm 的单色光垂直照射到牛顿环的装置上，第二级明纹与第五级明纹所对应的空气膜厚度之差为_____ nm。

9. 两个偏振片叠放在一起，强度为 I_0 的自然光垂直入射其上，若通过两个偏振片后的光强为 $I_0/8$，则两偏振片的偏振化方向间的夹角（取锐角）为_____；若在两片之间再插入一片偏振片，其偏振化方向与前后两片的偏振化方向的夹角（取锐角）相等，则通过三个偏振片后的透射光强度为_____。

三、计算题

1. 在双缝干涉实验中，波长 $\lambda=550$nm 的单色平行光垂直入射到间距 $d=2\times10^{-4}$m 的双缝上，屏到双缝的距离 $D=2$m。求：

(1) 中央明纹两侧的两条第十级明纹中心的间距；

(2) 用一厚度 $e=6.6\times10^{-6}$m、折射率 $n=1.58$ 的玻璃片覆盖一缝后，零级明纹将移到原来的第几级明纹处？

2. 用白光垂直照射置于空气中厚度为 0.50μm 的玻璃片上，玻璃片的折射率为 1.50，在可见光范围内（400～760nm），哪些波长的反射光有最大限度的增强？

3. 用波长 $\lambda=632.8$nm 的平行光垂直照射单缝，缝宽 $a=0.15$mm，缝后用凸透镜把衍射光会聚在焦平面上，测得第二级与第三级暗条纹之间的距离为 1.7mm，求此透镜的焦距。

4. 两个偏振片 P_1、P_2 叠放在一起，其偏振化方向之间的夹角为 $30°$，一束强度为 I_0 的光垂直入射到偏振片上。已知该入射光由强度相同的自然光和线偏振光混合而成，现测得透

过偏振片 P_2 与 P_1 后的出射光强与入射光强之比为 9/16，试求入射光中线偏振光的光矢量的振动方向（以 P_1 的偏振化方向为基准）。

5. 在单缝夫琅禾费衍射实验中，垂直入射的光有两种波长，$\lambda_1 = 400\text{nm}$，$\lambda_2 = 760\text{nm}$。已知单缝宽度 $a = 1.0 \times 10^{-2}\text{cm}$，透镜焦距 $f = 50\text{cm}$，求：

（1）两种光第一级衍射明纹中心之间的距离；

（2）若用光栅常数 $d = 1.0 \times 10^{-3}\text{cm}$ 的光栅替换单缝，其他条件和上一问相同，求两种光第一级衍射明纹中心之间的距离。

6. 有三个偏振片堆叠在一起，第一块与第三块的偏振化方向相互垂直，第二块和第一块的偏振化方向相互平行，然后第二块偏振片以恒定角速度 ω 绕光传播的方向旋转，如图 13-9 所示。设入射自然光的光强为 I_0，试证明：此自然光通过这一系统后，出射光的光强 $I = I_0(1 - \cos 4\omega t)/16$。

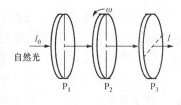

图 13-9

7. 波长 $\lambda = 589\text{nm}$ 的钠光平行光束经部分反射部分透射的平面镜 M 反射后，垂直入射到牛顿环装置上。今用读数显微镜 T 观察牛顿环，测得第 k 级暗环半径 $r_k = 4.00\text{mm}$，第 $k+5$ 级暗环半径 $r_{k+5} = 6.00\text{mm}$。求平凸透镜的球面曲率半径 R 及暗环的 k 值。

8. 用每毫米刻有 500 条栅纹的光栅观察 $\lambda = 589.3\text{nm}$ 的钠光谱线。试问在平行光线垂直入射光栅时，最多能看到第几级明条纹？总共有多少条明条纹？

9. 用白光（波长范围从 $\lambda_{\text{紫}} = 400.00\text{nm}$ 到 $\lambda_{\text{红}} = 760.0\text{nm}$）垂直入射到光栅常数 $d = 2.0 \times 10^{-6}\text{m}$ 的光栅上。试问第二级和第三级光栅光谱中的谱线是否会重叠？

10. 利用空气劈尖测细丝直径，观察到 30 条明条纹，且 30 条明条纹间的距离为 4.259mm。已知单色光的波长 $\lambda = 589.3\text{nm}$，玻璃片长度 $L = 28.88 \times 10^{-3}\text{m}$，求细丝直径 d。

第14章 狭义相对论

14.1 基本要求

（1）了解伽利略变换及绝对时空观。

（2）理解爱因斯坦狭义相对论的两条基本原理。

（3）理解狭义相对论的时空观、长度收缩及时间延缓的概念。

（4）理解狭义相对论动力学中的四个重要结论：动量与速度的关系、质量与速度的关系、质能关系式及动量与能量的关系。

14.2 基础知识点

1. 狭义相对论的基本原理、洛伦兹变换式

（1）相对论的基本原理：

1）相对性原理。物理定律在所有惯性系中都具有相同的表达形式，即所有惯性参考系都是等价的。

2）光速不变原理。在真空中，光的传播速度是一个恒量，与光源和观测者的运动状态无关。

（2）洛伦兹变换式

空间与时间的变换为
$$\begin{cases} x' = \dfrac{x - vt}{\sqrt{1-\beta^2}} \\ y' = y \\ z' = z \\ t' = \dfrac{t - \dfrac{vx}{c^2}}{\sqrt{1-\beta^2}} \end{cases} \qquad \begin{cases} x = \dfrac{x' + vt'}{\sqrt{1-\beta^2}} \\ y = y' \\ z = z' \\ t = \dfrac{t' + \dfrac{vx'}{c^2}}{\sqrt{1-\beta^2}} \end{cases}$$

速度变换式为
$$\begin{cases} u'_x = \dfrac{u_x - v}{1 - \dfrac{v}{c^2}u_x} \\[2mm] u'_y = \dfrac{u_y\sqrt{1-\beta^2}}{1 - \dfrac{v}{c^2}u_x} \\[2mm] u'_z = \dfrac{u_z\sqrt{1-\beta^2}}{1 - \dfrac{v}{c^2}u_x} \end{cases} \qquad \begin{cases} u_x = \dfrac{u'_x + v}{1 + \dfrac{v}{c^2}u'_x} \\[2mm] u_y = \dfrac{u'_y\sqrt{1-\beta^2}}{1 + \dfrac{v}{c^2}u'_x} \\[2mm] u_z = \dfrac{u'_z\sqrt{1-\beta^2}}{1 + \dfrac{v}{c^2}u'_x} \end{cases}$$

式中 $\beta = \dfrac{v}{c}$。因为要求 $1-\beta^2 > 0$，否则 $\sqrt{1-\beta^2}$ 将成为虚数，所以 $c \leqslant v$，即任何物体的速度

都不可能超过光速，光速是物体的极限速度。

2. 狭义相对论的时空观

（1）同时的相对性。设在 S' 参考系的 x'_1、x'_2 两点同时发生某事件，S' 系的观察者认为是同时发生的，而 S 系的观察者认为不是同时发生的。同样，在 S 参考系内两地同时发生的两事件，在 S' 参考系内认为不是同时发生的。

（2）长度的收缩性。设有一棒，相对棒静止的观察者测得棒长为 l_0，l_0 称为棒固有长度。相对棒速度 v，沿着棒长方向运动的观察者，测得棒长为 l，l 与 l_0 的关系为

$$l = l_0 \sqrt{1-\beta^2}$$

式中 $\beta = \dfrac{v}{c}$，$l < l_0$，所以固有长度最长，而运动的棒沿运动方向的长度缩短了。

（3）时间的延缓（时间膨胀）。相对于 S' 系静止的观测者，测得在同一地点 x' 发生的两个事件的时间间隔为 Δt_0，Δt_0 称为固有时，而相对系静止的观测者，测得两事件的时间间隔为 Δt，若 S' 系以速度 $\vec{v}$ 沿 xx' 轴运动，则根据洛伦兹变换式，可得 Δt 与 Δt_0 的关系为

$$\Delta t = \frac{\Delta t_0}{\sqrt{1-\beta^2}}$$

式中 $\beta = \dfrac{v}{c}$，$\Delta t > \Delta t_0$，所以固有时最短。

3. 狭义相对论动力学的几个结论

（1）动量与速度的关系

$$\vec{p} = m\vec{v} = \frac{m_0 \vec{v}}{\sqrt{1-\dfrac{v^2}{c^2}}}$$

（2）质量与速度的关系

$$m = \frac{m_0}{\sqrt{1-\dfrac{v^2}{c^2}}}$$

（3）质能关系

$$E = mc^2 = \frac{m_0 c^2}{\sqrt{1-\dfrac{v^2}{c^2}}}$$

（4）动量和能量的关系

$$E^2 = c^2 p^2 + E_0^2$$

14.3 例 题 分 析

例 1. 下列关于爱因斯坦狭义相对论的说法中不正确的是　　　　　　　　　（　　）

（A）它揭示了微观粒子的运动规律

（B）它揭示了高速运动物体的运动规律

（C）一切运动物体相对于观察者的速度都不能大于真空中的光速

（D）长度、时间、质量的测量都是随着物体与观察者相对运动状态的改变而改变

[答案]：（A）

[解析]：狭义相对论没有微观粒子的限定，它适用于研究高速运动物体的运动规律。

例 2. 由狭义相对论得出的正确关系式是 　　　　　　　　　　　　　（　　）

(A) $\vec{p}=m_0\vec{v}$ 　　　　　　　　　　(B) $E_k=\dfrac{1}{2}mv^2$

(C) $E^2=c^2p^2+m_0^2c^4$ 　　　　　　(D) $m=m_0\sqrt{1-\dfrac{v^2}{c^2}}$

[答案]：（C）

[解析]：（A）、（B）两选项是经典力学中的定义式，对于高速运动的粒子，其动量与能量的关系为 $E^2=c^2p^2+m_0^2c^4$，质量变换式 $m=m_0\sqrt{1-\dfrac{v^2}{c^2}}$。

例 3. α 粒子在加速器中被加速到动能为其静止能量的 4 倍时，其质量 m 与静止质量 m_0 的比值 $\dfrac{m}{m_0}=$ _____。

[答案]：5

[解析]：根据题意有 $mc-m_0c^2=4m_0c^2$，从而得到 $\dfrac{m}{m_0}=5$。

例 4. 按相对论，一粒子的静止质量为 m_0，速率为 v，则它的能量 $E=$ _____。

[答案]：$\dfrac{m_0c^2}{\sqrt{1-\dfrac{v^2}{c^2}}}$

[解析]：由狭义相对论可知，物体的能量 $E=mc^2$，而 $m=\dfrac{m_0}{\sqrt{1-\dfrac{v^2}{c^2}}}$

从而得到 $E=\dfrac{m_0c^2}{\sqrt{1-\dfrac{v^2}{c^2}}}$。

例 5. 离地面 6000m 的高空大气层中，产生一 π 介子以速度 $v=0.998c$ 飞向地球。假定 π 介子在自身参照系中的平均寿命为 2×10^{-6}s，根据相对论理论，试问：地球上的观测者判断 π 介子能否到达地球？

[解]：π 介子在自身参照系中的平均寿命 $\Delta t_0=2\times10^{-6}$ s 为固有时。地球上的观测者，由于时间膨胀效应，测得 π 介子的寿命为

$$\Delta t=\frac{\Delta t_0}{\sqrt{1-\dfrac{v^2}{c^2}}}=31.6\times10^{-6}\text{s}$$

即在地球上的观测者看来，π 介子一生可飞行的距离为

$$L=v\Delta t\approx9460\text{m}>6000\text{m}$$

所以判断结果是 π 介子能达到地球。

例 6. 一个电子的总能量为其静止能量的 5 倍，问它的速率、动量、动能各为多少？

[解]：由公式 $E=mc^2$ 和 $E_0=m_0c^2$ 可知

$$\frac{E}{E_0}=\frac{m}{m_0}=5$$

由公式 $m = \dfrac{m_0}{\sqrt{1 - \dfrac{v^2}{c^2}}}$ 可求得电子速率

$$v = c\left(\frac{E^2 - E_0^2}{E^2}\right)^{\frac{1}{2}} = \frac{\sqrt{24}}{5}c = 2.94 \times 10^8 \text{m/s}$$

电子动量 $p = mv = 5m_0 \dfrac{\sqrt{24}}{5}c = \sqrt{24}m_0c = 2.94 \times 10^8 \text{m/s}$

电子动能 $E_k = E - E_0 = 4m_0c^2 = 3.28 \times 10^{-13} \text{J}$

例 7. 一位旅客在星际旅行中打了 5.0min 的瞌睡，如果他乘坐的宇宙飞船是以 0.98c 的速度相对于太阳系运动的，那么，太阳系中的观测者会认为他睡了多长时间？

[解]：由于飞船中的旅客打瞌睡这一事件相对飞船始终发生于同一地点，故可直接使用时间膨胀公式计算。由时间膨胀公式

$$\Delta t = \frac{\Delta t_0}{\sqrt{1 - \beta}} = \frac{5}{\sqrt{1 - 0.98^2}} \approx 26\text{min}$$

所以，在太阳系看来他睡了 26min。

例 8. 当原长为 5m 的飞船以 $u = 9 \times 10^3 \text{m/s}$ 的速率相对于地面匀速飞行时，从地面上测量，它的长度是多少？

[解]：根据式 $l = l_0\sqrt{1 - \beta^2}$，在地面上测量的飞船长度为

$$l = l_0\sqrt{1 - \beta^2} = 5\sqrt{1 - (9 \times 10^3/3 \times 10^8)^2} = 4.999999998\text{m}$$

这表明，对于飞船这样大的速率，其洛仑兹收缩效应实际上也很难测出。

例 9. 如果一短跑选手在地球上以 10s 的时间跑完 100m，则在飞行速度为 0.98c 的飞船中的观察者看来，该选手跑了多长时间和多长距离？

[解]：设运动员在 S 系中沿 Ox 轴正方向跑，S′ 系中有

$$x'_2 - x'_1 = \frac{(x_2 - x_1) - v(t_2 - t_1)}{\sqrt{1 - \beta^2}} = \frac{100 - 0.98c \times 10}{\sqrt{1 - (0.98)^2}} = -1.48 \times 10^{10} \text{m}$$

$$t'_2 - t'_1 = \frac{(t_2 - t_1) - \dfrac{v}{c^2}(x_2 - x_1)}{\sqrt{1 - \beta^2}} = \frac{10 - \dfrac{0.98c}{c^2} \times 100}{\sqrt{1 - (0.98)^2}} = 50.25\text{s}$$

即飞船中的观测者测得运动员在 50.25s 时间内沿 x 轴反向跑了 1.48×10^{10} m 的距离。

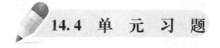

14.4 单 元 习 题

一、选择题

1. 下列几种说法中正确的是 （　　）

(1) 所有惯性系对物理基本规律都是等价的。

(2) 在真空中，光的速度与光的频率、光源的运动状态无关。

(3) 在任何惯性系中，光在真空中沿任何方向的传播速度都相同。

(A) 只有 (1)、(2) 是正确的　　　　(B) 只有 (1)、(3) 是正确的

(C) 只有 (2)、(3) 是正确的　　　　(D) 三种说法都是正确的

2. 在惯性系 S 中，测得飞行火箭的长度是其静止长度的 $1/2$，则火箭相对于 S 系的飞行速度 v 为　　　　　　　　　　　　　　　（　　）

(A) c 　　　　　(B) $(\sqrt{3}/2)c$ 　　　　(C) $c/2$ 　　　　(D) $2c$

3. 从加速器中以速度 $v=0.80c$ 飞出的离子，在它的运动方向上又发射出光子，则该光子相对于加速器的速度为　　　　　　　　　　　　　　　　（　　）

(A) c 　　　　　(B) $1.80c$ 　　　　(C) $0.20c$ 　　　　(D) $2.0c$

二、填空题

1. 一宇航员要到离地球为 5 光年的星球去旅行。如果宇航员希望把该路程缩短为 3 光年，则他所乘的火箭相对于地球的速度应是_____。

2. 一宇宙飞船相对地球以 $0.8c$ 的速度飞行，一光脉冲从船尾传到船头。飞船上的观察者测得飞船长为 90m，地球上的观察者测得光脉冲从船尾发出和到达船头两个事件的空间间隔为_____m。

3. 在参照系 S 中，有两个静止质量都是 m_0 的粒子 A 和 B，分别以速度 v 沿同一直线相向运动，相碰后合在一起成为一个粒子，则其静止质量 m_0 的值为_____。

三、计算题

1. 两惯性系 S、S' 沿 x 轴相对运动，当两坐标原点 O、O' 重合时计时开始。若在 S 系中测得某两事件的时空坐标分别为 $x_1=6\times10^4$m、$t_1=2\times10^{-4}$s，$x_2=12\times10^4$m、$t_2=1\times10^{-4}$s，而在 S' 系中测得这两事件同时发生。试问：

(1) S' 系相对 S 系的速度如何？

(2) S' 系中测得这两事件的空间间隔是多少？

2. 在惯性系 S 中，测得某两事件发生在同一地点，时间间隔为 4s；在另一惯性系 S' 中，测得这两事件的时间间隔为 6s。试问在 S' 系中，它们的空间间隔是多少？

3. 某火箭相对地面的速度 $v=0.8c$，火箭的飞行方向平行于地面，在火箭上的观察者测得火箭的长度为 50m，则地面上的观察者测得该火箭多长？

4. 地球的平均半径为 6370km，它绕太阳公转的速度约为 $v=30$km/s，在一较短的时间内，地球相对于太阳可近似看做匀速直线运动。在太阳参考系看来，在运动方向上，地球的半径缩短了多少？

5. 一固有长度为 4.0m 的物体，若以速率 $0.60c$ 沿 x 轴相对某惯性系运动，试问从该惯性系来测量，此物体的长度为多少？

第15章　量　子　力　学

15.1　基　本　要　求

（1）了解热辐射及黑体的概念；了解黑体单色辐出度与波长的关系；了解普朗克公式，并理解其物理意义。

（2）理解光电效应和康普顿散射效应；理解光子的概念，会利用光子概念解释光电效应和康普顿效应。理解光的波粒二象性及联系波粒二性的基本公式。

（3）理解氢原子光谱的形成及玻尔半径经典氢原子理论。

（4）理解实物粒子的波粒二象性及联系波粒二性的基本公式，理解不确定关系及其物理定义。

（5）理解物质波波函数（概率波）的概念及其统计意义。

（6）了解波函数、薛定谔方程。理解一维无限深势阱中粒子的波函数及能量特征和粒子分布特征。

（7）理解描述原子中电子运动状态的四个量子数及其物理意义。

15.2　基　础　知　识　点

1. 黑体辐射实验

黑体是一种理想模型，是指能吸收一切外来电磁辐射的理想化物体，在黑体辐射规律问题上经典物理遇到困难，促使了量子论的诞生。

（1）斯忒藩-玻耳兹曼定律（黑体）

$$M(T) = \sigma T^4$$

式中 $\sigma = 5.67 \times 10^{-8} \text{W}/(\text{m}^2 \cdot \text{K}^4)$，为斯忒藩-玻耳兹曼常数。

（2）维恩位移定律

$$T\lambda_{\text{m}} = b$$

式中 $b = 2.897 \times 10^{-3} \text{m} \cdot \text{K}$，为维恩常数。

2. 普朗克公式

$$M_\lambda = \frac{2\pi hc^2}{\lambda^5} \frac{1}{\text{e}^{\frac{hc}{k\lambda T}} - 1}$$

式中 $h = 6.63 \times 10^{-34} \text{J} \cdot \text{s}$，为普朗克常量。

3. 光电效应和光的波粒二象性

光电效应方程

$$h\upsilon = A + \frac{1}{2}m\upsilon_{\text{m}}^2$$

式中：A 为逸出功。

红限

$$\upsilon_0 = \frac{A}{h}$$

遏止电压

$$E_{k,\max} = eU_0$$

光子的能量

$$E = h\upsilon$$

光子的动量

$$p = \frac{h}{\lambda}$$

4. 康普顿效应

康普顿散射公式

$$\Delta\lambda = \lambda - \lambda_0 = \frac{h}{m_0 c}(1 - \cos\theta) = \frac{2h}{m_0 c}\sin^2\frac{\theta}{2}$$

式中：$\dfrac{h}{m_0 c}$ 为康普顿波长。

5. 氢原子光谱规律

$$\frac{1}{\lambda} = R\left(\frac{1}{n_f^2} - \frac{1}{n_i^2}\right)$$

$$n_f = 1, 2, 3, \cdots; n_i = n_f + 1, n_f + 2, n_f + 3, \cdots$$

式中：R 为里德伯常数。这表明氢原子的光谱线是有规律的。

6. 氢原子的玻尔理论

（1）定态假设。电子可在原子中的一些特定的圆轨道上运动而不辐射光，这时原子处于稳定状态，并具有一定的能量。

（2）量子化假设。电子绕核运动时，只有电子的角动量 L 的数值等于 $\dfrac{h}{2\pi}$ 的整数倍，即 $L = n\dfrac{h}{2\pi}$，$n = 1$，2，3，$\cdots$。n 叫做主量子数，该式称为量子化条件。

（3）辐射假设。当电子从高能量 E_i 的轨道跃迁到低能量 E_f 的轨道上时，要发射能量为 $h\upsilon = E_i - E_f$ 的光子，叫做频率条件。

氢原子能级

$$E_n = -\frac{me^4}{8\varepsilon_0^2 h^2}\frac{1}{n^2} = \frac{E_1}{n^2}, n = 1, 2, 3, \cdots$$

7. 德布罗意波

粒子的能量

$$E = mc^2 = h\upsilon$$

粒子的动量

$$p = m\upsilon = \frac{h}{\lambda}$$

8. 不确定关系

微观粒子的波粒二象性的表现

$$\Delta x \Delta p_x \geqslant \frac{\hbar}{2}$$

9. 波函数、薛定谔方程

粒子在某一时刻，处于某体积元 dV 的概率为

$$dP = |\Psi|^2 dV$$

式中：$|\Psi|^2$ 为粒子出现在某点附近单位体积的概率，称为概率密度。归一化条件为 $\int_V |\Psi|^2 dV = 1$。

定态薛定谔方程

$$\nabla^2 \psi + \frac{8\pi^2 m}{h^2}(E - E_p)\psi = 0$$

10. 四个量子数

主量子数 n：$n = 1, 2, 3, \cdots$

角量子数 l：$l = 1, 2, 3, \cdots, n-1$

磁量子数 m_l：$m_l = 0, \pm 1, \pm 2, \cdots, \pm l$

自旋磁量子数 m_S：$m_S = \pm \frac{1}{2}$

15.3 例 题 分 析

例 1. 康普顿效应的主要特点是 （ ）

(A) 散射光的波长均比入射光的波长短，且随散射角增大而减小，但与散射体的性质无关

(B) 散射光的波长均与入射光的波长相同，与散射角、散射体性质无关

(C) 散射光中既有与入射光波长相同的，也有比入射光波长长的和比入射光波长短的，这与散射体性质有关

(D) 散射光中有些波长比入射光的波长长，且随散射角增大而增大，有些散射光与入射光波长相同，但这些都与散射体的性质无关

[答案]：(D)

[解析]：根据康普顿效应的实验规律可知 (D) 的描述是正确的。

例 2. 如果两种不同质量的粒子，其德布罗意波长相同，则这两种粒子的 （ ）

(A) 动量相同　　　　　　　(B) 能量相同

(C) 速度相同　　　　　　　(D) 动能相同

[答案]：(A)

[解析]：由德布罗意公式 $p = \frac{h}{\lambda}$，当德布罗意波长 λ 相等时，粒子动量相同，而由于质量不同，其能量 $E = mc^2$，速度 $v = \frac{p}{m}$，动能 $E_k = mc^2 - m_0 c^2$ 均不同。

例 3. 频率为 100MHz 的一个光子的能量是＿＿＿＿J，其动量的大小是＿＿＿＿kg·m/s。

[答案]：6.63×10^{-26}，2.21×10^{-34}

[解析]：由爱因斯坦光子理论得

$$E = h\upsilon = 6.63 \times 10^{-34} \times 100 \times 10^6 = 6.63 \times 10^{-26}\,\text{J}$$

$$p = \frac{h}{\lambda} = \frac{h\upsilon}{c} = \frac{6.63 \times 10^{-26}}{3 \times 10^8} = 2.21 \times 10^{-34}\,\text{kg} \cdot \text{m/s}$$

例 4. 波长为 400nm 的光照射在某金属表面，当波长变到 300nm 时，光电子的能量范围从 0 到 4.0×10^{-19} J。在做上述光电效应实验时遏止电压 $|U_0| = $ _____ V。

[答案]：2.5V

[解析]：根据遏止电压与光电最大初动能的关系

$$E_{k,\max} = eU_0$$

得到

$$U_0 = \frac{E_{k,\max}}{e} = \frac{4.0 \times 10^{-19}}{1.6 \times 10^{-19}} = 2.5\,\text{V}$$

例 5. 实物粒子的德布罗意波与电磁波有什么不同？解释描述实物粒子的波函数的物理意义。

[解]：（1）实物粒子的德布罗意波是反映实物粒子在空间各点分布的规律，电磁波是反映电场和磁场在空间各点分布的规律。

（2）实物粒子的波函数的模的平方表示该时刻该位置处粒子出现的几率密度。

例 6. 在加热黑体的过程中，其单色辐出度的最大值所对应的波长由 $0.69\mu\text{m}$ 变化到 $0.50\mu\text{m}$，其总辐出度增加了几倍？

[解]：由 $M = \sigma T^4$，$\lambda_m T = b$

得

$$\frac{M_2}{M_1} = \left(\frac{T_2}{T_1}\right)^4 = \left(\frac{\lambda_{m1}}{\lambda_{m2}}\right)^4 = 3.63$$

例 7. 证明：一个质量为 m 的粒子在边长为 a 的正立方盒子内运动时，它的最小可能能量（零点能）为 $E_{\min} = \dfrac{3\hbar^2}{8ma^2}$。

[证明]：取 $\Delta x = a$，则

$$\Delta p_x \geqslant \frac{\hbar}{2\Delta x} = \frac{\hbar}{2a}$$

取 $p_x \approx \Delta p_x$，则

$$p_y \geqslant \frac{\hbar}{2a},\ p_z \geqslant \frac{\hbar}{2a}$$

粒子的最小能量

$$E_{\min} = \frac{p_{\min}^2}{2m} = \frac{p_{x,\min}^2 + p_{y,\min}^2 + p_{z,\min}^2}{2m} = \frac{3\hbar^2}{8ma^2}$$

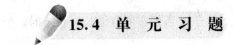

15.4 单 元 习 题

一、选择题

1. 下面各物体中属于绝对黑体的是 　　　　　　　　　　　　　　　　（　　）

（A）不辐射可见光的物体　　　　　　（B）不辐射任何光线的物体

（C）不能反射可见光的物体　　　　　（D）不能反射任何光线的物体

2. 按照玻尔理论，电子绕核做圆周运动时，电子的角动量 L 的可能值为　　　（　　）

(A) 任意值　　　　　　　　　　　　(B) nh，$n=1$，2，3，…

(C) $2\pi nh$，$n=1$，2，3，…　　　(D) $\dfrac{nh}{2\pi}$，$n=1$，2，3，…

3. 关于光电效应有下列说法

(1) 任何波长的可见光照射到任何金属表面都能产生光电效应

(2) 对同一金属，如有光电子产生，则入射光的频率不同，光电子的最大初动能也不同

(3) 对同一金属，由于入射光的波长不同，单位时间内产生的光电子的数目不同

(4) 对同一金属，若入射光频率不变而强度增加一倍，则饱和光电流也增加一倍

其中正确的是　　　　　　　　　　　　　　　　　　　　　　（　　）

(A) (1)，(2)，(3)　　　　　　　　(B) (2)，(3)，(4)

(C) (2)，(3)　　　　　　　　　　　(D) (2)，(4)

4. 不确定关系式 $\Delta x \Delta p_x \geqslant \dfrac{\hbar}{2}$ 表示在 x 方向上　　　　（　　）

(A) 粒子的位置不能确定

(B) 粒子的动量不能确定

(C) 粒子的位置和动量都不能确定

(D) 粒子的位置和动量不能同时确定

二、填空题

1. 设氢原子的动能等于氢原子处于温度为 T 的热平衡状态时的平均动能，氢原子的质量为 m，那么此氢原子的德布罗意波长 $\lambda=$ _____。

2. 静止质量不为零的微观粒子做高速运动，这时粒子物质波的波长 λ 与速度 v 的关系是_____。

3. 已知粒子在一维矩形无限深势阱中运动，其波函数为 $\varphi(x)=\dfrac{1}{\sqrt{a}}\cos\dfrac{3\pi x}{2a}(-a<x<a)$，则粒子在 $x=5a/6$ 处出现的概率密度为_____。

三、计算题

1. 一光子的波长与一电子的德布罗意波长皆为 0.5 nm，此光子的动量 p_0 与电子的动量 p_e 之比为多少？光子的动能 E_0 与电子的动能 E_e 之比为多少？

2. 铀核的线度为 7.2×10^{-15} m。求：

(1) 核中的 α 粒子（$m_a=6.7\times10^{-27}$ kg）的动量值和动能值各约是多少？

(2) 一个电子在核中的动能的最小值约是多少（单位：MeV）？

3. 一个细胞的线度为 10^{-5} m，其中一粒子质量为 10^{-14} g。按一维无限深方势阱计算，该粒子的 $n_1=100$ 和 $n_2=101$ 的能级和它们的差各是多大？

4. 在长度为 l 的一维势阱中，粒子的波函数为 $\psi(x)=\sqrt{\dfrac{2}{l}}\sin\dfrac{n\pi}{l}x$，求从势阱壁 $l=0$ 起到 $\dfrac{l}{3}$，$n=2$ 时，此概率是多大？

5. 一个粒子沿 x 方向运动，可以用下列波函数描述 $\psi(x)=C\dfrac{1}{1+ix}$，求：

（1）由归一化条件定出常数 C；

（2）概率密度函数；

（3）什么地方出现粒子的概率最大？

6. 计算氢原子光谱中莱曼系的最短和最长波长，并指出是否为可见光。

7. 求温度为 27℃时，对应于方均根速率的氧气分子的德布罗意波长。

大学物理（上）自测试卷

试卷（一）

一、填空题（共 30 分，每空格 2 分）

1. 设在地球表面附近有一个可视为质点的抛体。该抛体以初速度 v_0 在 Oxy 平面内沿与 Ox 轴正向成 α 角抛出，并略去空气对抛体的作用，取重力加速度为 g，则当 α 角为 ＿＿＿＿＿时，抛体的射程最大，最大射程为＿＿＿＿＿。

2. 质量为 m_1、m_2、m_3 的三个物体放在水平面上，其间用水平的细绳相连。物体与水平面之间的滑动摩擦因数为 μ。今有一水平恒力 F 作用在 m_1 上使物体运动起来，如图 1 所示，则 A、B 两段绳中的张力分别为＿＿＿＿＿、＿＿＿＿＿。

3. 如图 2 所示，一质点在水平面内做匀速率圆周运动，在自 A 点到 B 点的 1/6 圆周运动过程中，合力的冲量＿＿＿＿＿零，合力的功＿＿＿＿＿零。（填"等于"或"不等于"）

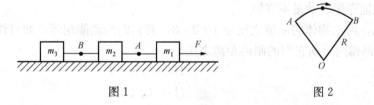

图 1　　　　　　　　　图 2

4. 质量为 m、长度为 l 的均匀细棒，转轴通过棒的一端与棒垂直，转动惯量 $I=$ ＿＿＿＿＿；质量为 m 的均匀圆盘，半径为 r，转轴通过盘心与盘面垂直，转动惯量 $I=$＿＿＿＿＿。

5. 已知两个同方向的简谐振动进行合成：$x_1=4\cos\left(10t+\dfrac{\pi}{3}\right)$ 和 $x_2=3\cos(10t+\varphi)$。当合振幅为最大时，φ 的最小正数值为＿＿＿＿＿；当合振幅为最小时，φ 的最小正数值为＿＿＿＿＿。

6. 如图 3 所示，两条 $f(v)$-v 曲线分别表示氢气和氧气在同一温度下的麦克斯韦速率分布曲线，其中表示氧气的曲线是＿＿＿＿＿。

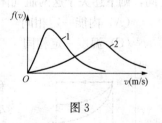

图 3

7. 如果理想气体的温度保持不变，当压强降为原值的一半时，分子的平均碰撞频率变为原来的＿＿＿＿＿倍，平均自由程变为原来的＿＿＿＿＿倍。

8. 系统在始末两平衡态之间所经历的中间状态都无限接近于平衡态的状态变化过程，称为＿＿＿＿＿过程。一切自发进行的热力学过程都是＿＿＿＿＿过程。

二、选择题（共 20 分，每小题 2 分）

1. 一质点在平面上运动，已知质点位置矢量的表达式为 $\vec{r} = at\,\vec{i} + bt\,\vec{j}$（其中 a、b 为常量），则该质点做什么运动？　　　　　　　　　　　　　　　　　　　　（　　）

(A) 匀速直线运动　　　　　　　　　　(B) 匀变速直线运动

(C) 匀速圆周运动　　　　　　　　　　(D) 一般曲线运动

2. 一质点从静止出发沿半径 $r = 3\text{m}$ 的圆周运动，切向加速度 $a_t = 3\ \text{m/s}^2$，则经历多长时间后，切向加速度和法向加速度相等？　　　　　　　　　　（　　）

(A) 0.5s　　　　　(B) 1s　　　　　(C) 2s　　　　　(D) 3s

3. 下列有关作用力与反作用力的说法中错误的是　　　　　　　　　（　　）

(A) 两者同时产生，同时消失

(B) 两者可以是不同性质的力

(C) 两者大小相等

(D) 两者分别作用在不同的物体上

4. 一小球在竖直平面内做匀速圆周运动，则小球在运动过程中　　　（　　）

(A) 机械能和动量均不守恒

(B) 机械能不守恒、动量守恒

(C) 机械能和动量均守恒

(D) 机械能守恒、动量不守恒　　　　'

5. 甲、乙、丙三物体的质量之比是 $1:2:3$，若它们的动能相等，并且作用于每一个物体上的制动力都相同，则它们的制动距离之比是　　　　　　　　　（　　）

(A) $1:2:3$　　　　　　　　　　　　(B) $1:4:9$

(C) $1:1:1$　　　　　　　　　　　　(D) $3:2:1$

6. 一质点做简谐振动，周期为 T，当它由平衡位置向 x 轴正方向运动时，从 1/2 最大位移处到正向最大位移处所需要的最短时间为　　　　　　　　　（　　）

(A) $T/2$　　　　(B) $T/3$　　　　(C) $T/6$　　　　(D) $T/12$

7. 一弹簧振子在水平桌面上做简谐振动，当其偏离平衡位置的位移大小为振幅的一半时，其动能与弹性势能之比为　　　　　　　　　　　　　　　　　（　　）

(A) $1:2$　　　　(B) $1:1$　　　　(C) $2:1$　　　　(D) $3:1$

8. 两瓶不同种类的理想气体，它们分子的平均平动动能相同，但单位体积的分子数不同，则下述关于这两瓶气体的说法中正确的是　　　　　　　　　　　（　　）

(A) 内能一定相同　　　　　　　　　　(B) 压强一定相同

(C) 温度一定相同　　　　　　　　　　(D) 分子的平均动能一定相同

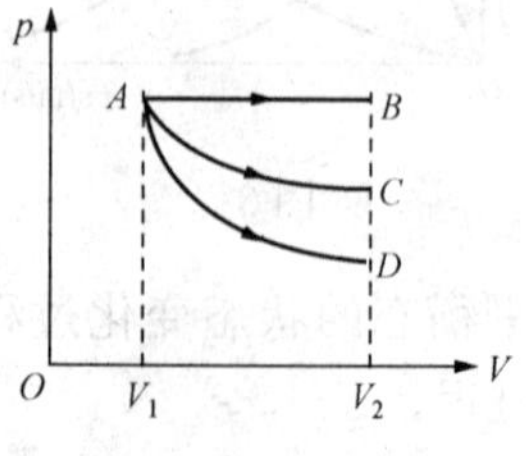

9. 质量一定的理想气体，从相同状态出发，分别经历等温过程、等压过程和绝热过程，使其体积由 V_1 膨胀到 V_2，如图 4 所示，下述描述中正确的是　　　　　　　　　　　　（　　）

(A) $A \rightarrow B$ 吸热最多，内能不变

(B) $A \rightarrow C$ 吸热最多，内能增加

(C) $A \rightarrow D$ 内能增加，做功最少

(D) $A \rightarrow C$ 对外做功，内能不变

图 4

10. 图 5 上有两条曲线 abc 和 adc，由图可以得出的结论是

( )

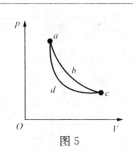

图 5

(A) 其中一条是绝热线，另一条是等温线

(B) 两个过程中系统的内能变化相同

(C) 两个过程中系统对外做的功相等

(D) 两个过程吸收的热量相同

三、计算题（共 50 分）

1. 质点做圆周运动的轨道半径 $R=0.5m$，以角量表示的运动方程为 $\theta=\pi t^2+10\pi t$，式中 t 的单位为 s，θ 的单位为 rad。试求：

（1）第 8s 末的角速度和角加速度的大小；

（2）第 8s 末的切向加速度和法向加速度的大小。（8 分）

2. 质量 $m=2kg$ 的物体沿 x 轴无摩擦运动，设 $t=0$ 时物体位于原点，速度为零（即 $x_0=0$，$v_0=0$）。$F=8x+6$，式中 x 的单位为 m，F 的单位为 N。试求：物体在该力作用下运动到 5m 处的加速度及速度的大小。（8 分）

3. 如图 6 所示，把单摆和一等长的匀质直杆悬挂在同一点，杆与单摆的摆锤质量均为 m，忽略绳子的质量。开始时直杆自然下垂，将单摆摆锤拉到高度 h_0，令其自静止状态下摆，于垂直位置和直杆作完全弹性碰撞。求：碰后直杆下端达到的高度 h。（9 分）

4. 波源做简谐运动，周期为 0.01s，振幅为 0.1m，以它经过平衡位置向正方向运动时为时间起点，若此振动以 $u=400m/s$ 的速度沿 x 轴正方向传播。则：

（1）写出波源的运动学方程；

（2）写出波函数；

（3）写出距波源 4.0m 处的质点的运动学方程；

（4）求距波源为 3.0m 和 5.0m 处两点的相位差。（10 分）

5. 在容积为 $2.0\times10^{-3}m^3$ 的容器中，有内能为 6.75×10^2J 的刚性双原子分子理想气体。求：

（1）气体的压强；

（2）设分子总数为 5.4×10^{22} 个，求分子的平均平动动能及气体的温度。（5 分）

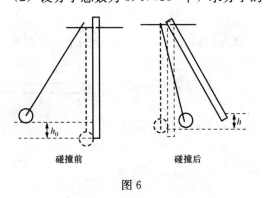

碰撞前　　　碰撞后

图 6

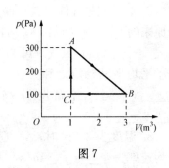

图 7

6. 一定量的 SO_2 理想气体进行如图 7 所示的循环过程，将计算结果填入下表。（10 分）

过程	$W(\mathrm{J})$	$\Delta E(\mathrm{J})$	$Q(\mathrm{J})$
$A \rightarrow B$			
$B \rightarrow C$			
$C \rightarrow A$			
$\eta(\%)$			

试卷（二）

一、填空题（共 26 分，每空格 1 分）

1. 一个旋转的盘，其角坐标由下式给出：$\theta = \dfrac{\pi}{3} + 2t + 3t^2$（SI 制），则任意时刻的角速度为＿＿＿＿＿ rad/s，任意时刻的角加速度为＿＿＿＿＿ rad/s^2，盘上距盘中心 0.5m 处一点任意时刻的速率为＿＿＿＿＿ m/s。

2. 一质点的直线运动方程为 $x = 8t - t^2$（SI 制），则在 $t = 0$ 到 $t = 5$s 的时间间隔内，质点的位移为＿＿＿＿＿ m，这段时间间隔内质点走过的路程为＿＿＿＿＿ m。

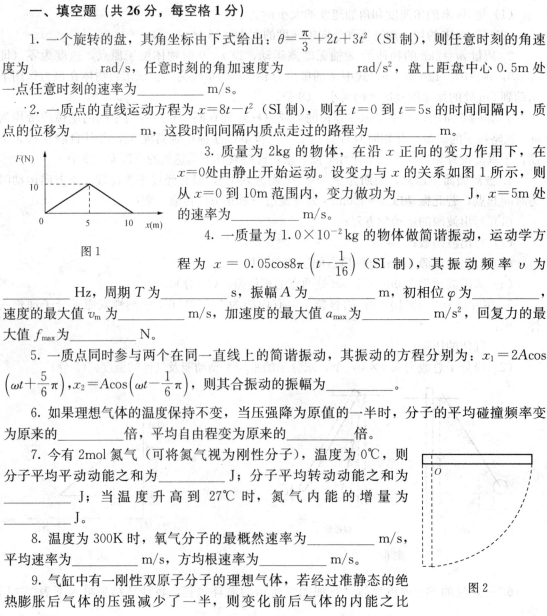

图 1

3. 质量为 2kg 的物体，在沿 x 正向的变力作用下，在 $x = 0$ 处由静止开始运动。设变力与 x 的关系如图 1 所示，则从 $x = 0$ 到 10m 范围内，变力做功为＿＿＿＿＿ J，$x = 5$m 处的速率为＿＿＿＿＿ m/s。

4. 一质量为 1.0×10^{-2} kg 的物体做简谐振动，运动学方程为 $x = 0.05\cos 8\pi \left(t - \dfrac{1}{16}\right)$（SI 制），其振动频率 υ 为＿＿＿＿＿ Hz，周期 T 为＿＿＿＿＿ s，振幅 A 为＿＿＿＿＿ m，初相位 φ 为＿＿＿＿＿，速度的最大值 v_m 为＿＿＿＿＿ m/s，加速度的最大值 a_{max} 为＿＿＿＿＿ m/s^2，回复力的最大值 f_{max} 为＿＿＿＿＿ N。

5. 一质点同时参与两个在同一直线上的简谐振动，其振动的方程分别为：$x_1 = 2A\cos\left(\omega t + \dfrac{5}{6}\pi\right)$，$x_2 = A\cos\left(\omega t - \dfrac{1}{6}\pi\right)$，则其合振动的振幅为＿＿＿＿＿。

6. 如果理想气体的温度保持不变，当压强降为原值的一半时，分子的平均碰撞频率变为原来的＿＿＿＿＿倍，平均自由程变为原来的＿＿＿＿＿倍。

7. 今有 2mol 氮气（可将氮气视为刚性分子），温度为 0℃，则分子平均平动动能之和为＿＿＿＿＿ J；分子平均转动动能之和为＿＿＿＿＿ J；当温度升高到 27℃ 时，氮气内能的增量为＿＿＿＿＿ J。

8. 温度为 300K 时，氧气分子的最概然速率为＿＿＿＿＿ m/s，平均速率为＿＿＿＿＿ m/s，方均根速率为＿＿＿＿＿ m/s。

9. 气缸中有一刚性双原子分子的理想气体，若经过准静态的绝热膨胀后气体的压强减少了一半，则变化前后气体的内能之比

图 2

为_____。

10. 如图 2 所示，一根长为 l、质量为 m 的细杆可绕一端 O 定轴转动，则杆在水平位置由静止开始下摆时的角加速度为_____，杆经过竖直位置时的角速度为_____。

二、选择题（共 20 分，每小题 2 分）

1. 质点做曲线运动，位置矢量为 $\vec{r}$，路程为 s，a_t 为切向加速度的大小，$\vec{a}$ 为加速度，$\vec{v}$ 为速度，v 为速率，则下列选项中错误的是 （ ）

(A) $\vec{a}=\dfrac{\mathrm{d}\vec{v}}{\mathrm{d}t}$ (B) $\vec{v}=\dfrac{\mathrm{d}\vec{r}}{\mathrm{d}t}$ (C) $a_t=\left|\dfrac{\mathrm{d}\vec{v}}{\mathrm{d}t}\right|$ (D) $v=\dfrac{\mathrm{d}s}{\mathrm{d}t}$

2. 如图 3 所示，两物体 A 和 B 的质量分别为 m_1 和 m_2，相互接触放在光滑水平面上，物体受到水平推力 F 的作用，则物体 A 对 B 的作用力大小等于 （ ）

(A) $\dfrac{m_1}{m_1+m_2}F$ (B) F (C) $\dfrac{m_2}{m_1+m_2}F$ (D) $\dfrac{m_2}{m_1}F$

3. 如图 4 所示，一质点在与时间有关的外力作用下，从 0 到 2s 时间内，力的冲量大小为 （ ）

(A) 10N·s (B) 20N·s (C) 40N·s (D) 80N·s

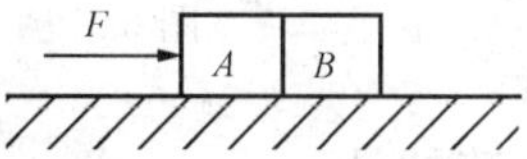

图 3

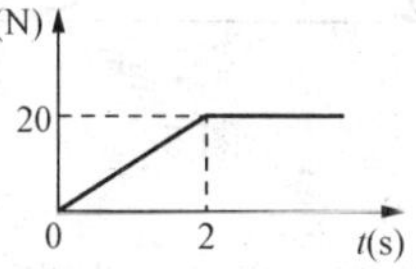

图 4

4. 对功的概念有以下几种说法 （ ）

(1) 保守力做正功时，系统内相应的势能增加。

(2) 质点运动经一闭合路径，保守力对质点做的功为零。

(3) 作用力和反作用力大小相等、方向相反，所以两者所做功的代数和必为零。

(A) (1)、(2) 正确 (B) (2)、(3) 正确

(C) 只有 (2) 正确 (D) 只有 (3) 正确

5. 假设卫星环绕地球中心做椭圆运动，则在运动过程中，卫星对地球中心的 （ ）

(A) 角动量守恒，动能守恒

(B) 角动量守恒，机械能守恒

(C) 角动量不守恒，机械能守恒

(D) 角动量不守恒，动量也不守恒

6. 一弹簧振子做简谐运动，总能量为 E，若振幅增加为原来的 2 倍，振子的质量增加为原来的 4 倍，则它的总能量为 （ ）

(A) $2E$ (B) $4E$ (C) $8E$ (D) $16E$

7. 波的能量随平面简谐波传播，下列几种说法中正确的是 （ ）

(A) 因简谐波传播到的各介质质元都做简谐运动，故其能量守恒

(B) 各介质质元在平衡位置处的动能和势能都最大，总能量也最大

(C) 各介质质元在平衡位置处的动能最大，势能最小

(D) 各介质质元在最大位移处的势能最大，动能为零

8. 图 5 为同一种理想气体的分子速率分布曲线，下列说法中正确的是 （　）

(A) 曲线 a 对应的分子平均速率较小

(B) 曲线 a 对应的温度较高

(C) 曲线 b 对应的最概然速率较大

(D) 曲线 b 对应的方均根速率较大

9. 如图 6 所示的两个卡诺循环过程，第一个沿 $ABCDA$ 进行，第二个沿 $ABC'D'A$ 进行，这两个循环的效率 η_1 和 η_2 的关系及这两个循环所做的净功 A_1 和 A_2 的关系是 （　）

(A) $\eta_1=\eta_2$，$A_1=A_2$　　　　　(B) $\eta_1>\eta_2$，$A_1=A_2$

(C) $\eta_1=\eta_2$，$A_1>A_2$　　　　　(D) $\eta_1=\eta_2$，$A_1<A_2$

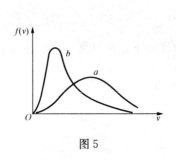

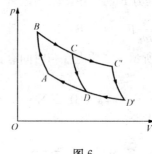

图 5　　　　　　　　　　　　　　　图 6

10. 根据热力学第二定律，判断下列说法中正确的是 （　）

(A) 热量能自动地从高温物体传到低温物体，但不能从低温物体传到高温物体

(B) 功可以全部变为热，但热不能全部变为功

(C) 一切自然过程总是朝着分子热运动更加有序的方向进行

(D) 一切自发过程都是不可逆的

三、计算题（共 54 分）

1. 一质点的运动学方程 $x=t^2$，$y=(t-1)^2$（SI 制）。求：

(1) 质点的轨迹方程；

(2) 在 $t=2$s 时，质点的速度和加速度；

(3) t 时刻质点的切向和法向加速度的大小。（12 分）

2. 如图 7 所示，一质量 $M=10$kg 的物体放在光滑的水平桌面上，并与一水平轻弹簧相连，弹簧的劲度系数 $k=1000$N/m。今有一质量 $m=1$kg 的小球以水平速度 $v=4$m/s 飞来，与物体 M 相撞后以 $v'=2$m/s 的速度弹回。求：

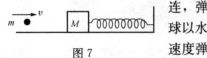

图 7

(1) 弹簧被压缩的长度为多少？

(2) 若小球上涂有黏性物质，相撞后可与物体粘在一起，则弹簧被压缩的长度为多少？（10 分）

3. 如图 8 所示，有一半径为 R、质量为 M 的匀质圆盘可绕通过盘心 O 垂直于盘面的水平轴转动。转轴与圆盘之间的摩擦略去不计。圆盘上绕有轻而细的绳索，绳的一端固定在圆盘上，另一端系质量为 m 的物体。求：物体下落时的加速度、绳中的张力和圆盘的角加速度。（8 分）

4. 平面简谐波沿 x 轴负方向传播，其频率为 $0.25\,\mathrm{Hz}$，$t=0\mathrm{s}$ 时刻的波形如图 9 所示。求：

(1) 坐标原点处质点的振动方程；

(2) 该波的波动方程；

(3) 在波传播方向上相距为 1m 的两质点间的相位差。（10 分）

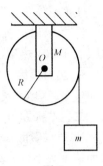

图 8

5. 2mol 氮气进行如图 10 所示的 $abca$ 的循环过程，其中 ca 为等温线。求：

(1) 气体在各过程中所做的功；

(2) 各过程中传递的热量；

(3) 该循环的效率。（14 分）

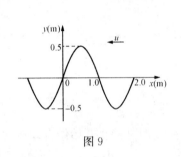

图 9

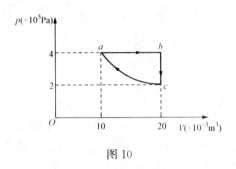

图 10

试卷（三）

一、填空题（共 26 分，每空格 2 分）

1. 一质点沿 x 轴做直线运动，其运动方程为 $x=6t^2-2t^3$（SI 制），则质点在从 $t=0$ 到 $t=3\mathrm{s}$ 时间间隔内位移的大小为＿＿＿＿＿ m，在该时间内所通过的路程为＿＿＿＿＿ m。

2. 质点沿半径为 R 的圆周运动，运动方程 $\theta=1+t^2$（SI 制），则 t 时刻质点的法向加速度大小为＿＿＿＿＿ $\mathrm{m/s}^2$，角加速度为＿＿＿＿＿ $\mathrm{rad/s}^2$。

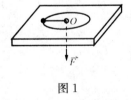

图 1

3. 一质点受力 $\vec{F}=(1+3x^2)\vec{i}$（SI 制）作用，沿 x 轴正方向运动。从 $x=0$ 到 $x=2\mathrm{m}$ 的过程中，力 $\vec{F}$ 做功为＿＿＿＿＿ J。

4. 如图 1 所示，用轻绳系一质量为 m 的小球使之在光滑水平面上做圆周运动，圆的半径为 r，小球速率为 v。今缓慢地拉下轻绳的另一端，使圆的半径逐渐减小，当半径缩短至 $\dfrac{r}{2}$ 时，小球的速率为＿＿＿＿＿，拉力做功为＿＿＿＿＿。

5. 一弹簧振子在水平桌面上做简谐振动，当其偏离平衡位置的位移大小为振幅的 1/3 时，其动能与弹性势能之比为＿＿＿＿＿。

6. 为了保持波源的振动不变，需要消耗 $4\pi\mathrm{W}$ 的功率。若波源发出的是球面波（设介质不吸收波的能量），则距离波源 1m 处的平均能流密度为＿＿＿＿＿ $\mathrm{W/m}^2$。

7. 1mol 氢气储于一氢气瓶中，压强为 $1.38\times10^5\,\mathrm{Pa}$，温度为 250K，这瓶氢气的分子数密度为＿＿＿＿＿ m^{-3}，分子的平均平动动能为＿＿＿＿＿ J。（玻耳兹曼常数 $k=1.38\times$

10^{-23}J/K）

8. 一卡诺热机从 400K 的高温热源吸热，向 300K 的低温热源放热。若该热机从高温热源吸收 1000J 热量，则该热机所做的功为＿＿＿＿＿ J。

9. 热力学第二定律的微观含义：一切自然过程总是朝着分子热运动更加＿＿＿＿＿的方向进行。（填"无序"或"有序"）

二、选择题（共20分，每小题2分）

1. 质点做曲线运动，若 $\vec{r}$ 表示位矢，S 表示路程，$\vec{v}$ 表示速度，v 表示速率，a_t 表示切向加速度大小，a 表示加速度大小，则下列四组表达式中正确的是　　　　（　　）

(A) $\dfrac{\mathrm{d}v}{\mathrm{d}t}=a$，$\dfrac{\mathrm{d}|\vec{r}|}{\mathrm{d}t}=v$　　　　　(B) $\dfrac{\mathrm{d}|\vec{v}|}{\mathrm{d}t}=a_t$，$\left|\dfrac{\mathrm{d}\vec{r}}{\mathrm{d}t}\right|=v$

(C) $\dfrac{\mathrm{d}S}{\mathrm{d}t}=v$，$\left|\dfrac{\mathrm{d}\vec{v}}{\mathrm{d}t}\right|=a_t$　　　　(D) $\dfrac{\mathrm{d}r}{\mathrm{d}t}=v$，$\dfrac{\mathrm{d}|\vec{v}|}{\mathrm{d}t}=a$

2. 下列说法中错误的是　　　　　　　　　　　　　　　　　　　　（　　）

(A) 作用力与反作用力是属于同种性质的力

(B) 作用力和反作用力是一对平衡力

(C) 作用力和反作用分别作用在不同的物体上

(D) 作用力和反作用力同时产生，同时消失

3. 一质点在力 $F=5m(5-2t)$（SI 制）的作用下，$t=0$ 时从静止开始做直线运动，式中 m 为质点质量，t 为时间，则当 $t=1$s 时，质点的速率为　　　　　　　（　　）

(A) -10m/s　　　(B) 15m/s　　　(C) 20m/s　　　(D) 10m/s

4. 两个物体组成的系统不受外力作用而发生非弹性碰撞的过程中，系统的　　（　　）

(A) 机械能守恒，动量不守恒　　　　(B) 机械能和动量都不守恒

(C) 机械能不守恒，动量守恒　　　　(D) 机械能和动量都守恒

5. 两个同方向、同频率的简谐振动，其振动表达式分别为 $x_1=4\times10^{-2}\cos(2\pi t+\pi)$（SI 制），$x_2=3\times10^{-2}\cos\left(2\pi t+\dfrac{\pi}{2}\right)$（SI 制），则它们的合振动的振幅为　（　　）

(A) 1×10^{-2}m　　(B) 3.5×10^{-2}m　　(C) 5×10^{-2}m　　(D) 7×10^{-2}m

6. 波的能量随平面简谐波传播，下列几种说法中正确的是　　　　　　　（　　）

(A) 各介质质元在平衡位置处的动能最大，势能最大

(B) 各介质质元在平衡位置处的动能最小，势能最大

(C) 各介质质元在平衡位置处的动能最大，势能最小

(D) 各介质质元在平衡位置处的动能最小，势能最小

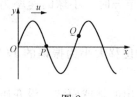

图 2

7. 一平面简谐横波沿 x 轴正向传播，t 时刻的波形曲线如图 2 所示，则图中 P、Q 两质点在该时刻的运动方向为　　　（　　）

(A) P、Q 均向上运动

(B) P、Q 均向下运动

(C) P 向上运动，Q 向下运动

(D) P 向下运动，Q 向上运动

8. 假定将氧气的热力学温度提高 1 倍，使氧分子全部离解为氧原子，则氧原子的平均速率是氧分子平均速率的几倍　　　　　　　　　　　　　　　　　　（　　）

(A) $\frac{1}{2}$　　　　　(B) 1　　　　　(C) 2　　　　　(D) 4

9. 如果理想气体的温度保持不变，当压强变为原值的 2 倍时，分子的平均碰撞频率和平均自由程分别变为原来的几倍 （　　）

(A) 2，$\frac{1}{2}$　　　　(B) $\frac{1}{2}$，2　　　　(C) 4，$\frac{1}{4}$　　　　(D) $\frac{1}{4}$，4

10. 图 3（a）、（b）各表示连接在一起的两个循环过程，那么 （　　）

(A) 图 3（a）总净功为负，图 3（b）总净功为负
(B) 图 3（a）总净功为正，图 3（b）总净功为正
(C) 图 3（a）总净功为负，图 3（b）总净功为正
(D) 图 3（a）总净功为正，图 3（b）总净功为负

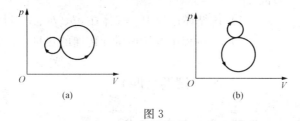

(a)　　　　　　　　　　　(b)

图 3

三、计算题（共 54 分）

1. 已知一质点的质量 $m=5$kg，运动方程为 $x=2t$，$y=t^2$（SI 制）。求：
（1）任意时刻的速度和加速度；
（2）质点运动的轨迹方程；
（3）质点在 $t=1$s 到 $t=2$s 时间间隔内受到的冲量大小。（10 分）

2. 一质量为 m 的弹丸，穿过如图 4 所示的摆锤后，速率由 v 减小到 $v/3$。已知摆锤的质量为 M，摆线长度为 l，如果摆锤能在竖直平面内完成一个完全的圆周运动，求：弹丸速度的最小值。（8 分）

3. 如图 5 所示，一长为 L、质量为 m 的匀质细杆竖直放置，其下端与一固定光滑铰链 O 相连，并可绕其转动。当其受到微小扰动时，细杆将在重力的作用下由静止开始绕铰链 O 转动。求：细杆转到水平位置时的角加速度和角速度。（10 分）

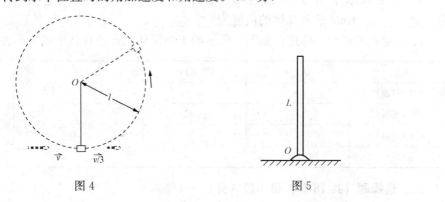

图 4　　　　　　　　　　　图 5

4. 若简谐振动的运动学方程为 $x=0.1\cos\left(20\pi t+\frac{\pi}{4}\right)$（SI 制），求：振幅、周期、速度

最大值、加速度最大值。（6分）

5. 波源做简谐振动，频率为 50Hz，振幅为 0.5m，并以它经平衡位置向负方向运动时为时间起点，形成的简谐波沿直线以 200m/s 的速度沿 x 轴正方向传播。求：

（1）波动方程；

（2）$x=2m$ 处点 P 的振动方程；

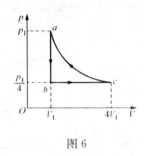

图 6

（3）距波源分别为 1m 和 2m 的两质点间的相位差的大小。（10分）

6. 如图 6 所示，有一定量的氢气，从初状态 $a(p_1, V_1)$ 开始，经过一个等容过程达到压强为 $p_1/4$ 的 b 态，再经过一个等压过程达到体积为 $4V_1$ 的 c 态，最后经等温过程而完成一个循环。求：

（1）该循环过程中，气体在 ab、bc、ca 过程中分别做的功；

（2）bc 过程中内能增量和传递的热量。（10分）

试卷（四）

一、填空题（共 32 分，除第 5 题外每空格 2 分）

1. 一个旋转的盘，其角位置由下式给出：$\theta = \dfrac{\pi}{3} + 2t + 3t^2 - t^3$（SI 制），则（1）任意时刻的角速度为_____；（2）任意时刻的角加速度为_____；（3）盘上距盘中心 0.5m 处一点的速率公式为_____。

2. 一个质量为 m 的小球，系在长为 l 的绳索上，绳索的另一端系在天花板上。把小球移开，使绳索与铅直方向成 30°角，然后从静止放开，则：（1）在绳索从 30°角摆到 0°角的过程中，重力所做的功为_____，张力所做的功为_____；（2）在最低位置时物体的动能为_____，绳子的张力为_____。

3. 在波线上的 A、B 两点，B 点的相位比 A 点落后 $\pi/6$。已知 A、B 两点间的距离为 2.0cm，波的周期为 2s，则波长为_____，此波的波速为_____。

4. 刚性双原子分子理想气体，分子的平均平动动能为_____，平均动能为_____，1mol 这种气体的内能为_____。

5. 一定量的理想气体进行如图 1 所示的工作循环，将计算结果填入下表。（8分）

过程	Q (J)	W (J)	ΔE (J)
AB（等温）	100		
BC（等压）		−42	−84
CA（等容）			
$\eta(\%)$			

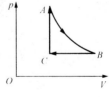

图 1

二、选择题（共 18 分，每小题 3 分）

1. 一运动质点在某瞬时位于位置矢量 $\vec{r}(x, y)$ 的端点处，其速度大小为　　　　（　　）

(A) $\dfrac{\mathrm{d}r}{\mathrm{d}t}$ (B) $\dfrac{\mathrm{d}\vec{r}}{\mathrm{d}t}$

(C) $\dfrac{\mathrm{d}|\vec{r}|}{\mathrm{d}t}$ (D) $\sqrt{\left(\dfrac{\mathrm{d}x}{\mathrm{d}t}\right)^2+\left(\dfrac{\mathrm{d}y}{\mathrm{d}t}\right)^2}$

2. 质量 $m=1\text{kg}$ 的质点在平面内运动，其运动方程为 $x=3t$，$y=2t-t^2$（SI 制），则在 $t=1\text{s}$ 时，该质点的动量为   （   ）

(A) 0   (B) $3\vec{i}\,\text{kg}\cdot\text{m/s}$

(C) $3\vec{j}\,\text{kg}\cdot\text{m/s}$ (D) $3\vec{i}+\vec{j}\,\text{kg}\cdot\text{m/s}$

3. 一质点做简谐振动，振幅为 A，在起始时刻质点的位移为 $-\dfrac{A}{2}$，且向 x 轴的负方向运动，则代表该简谐振动的旋转矢量图为   （   ）

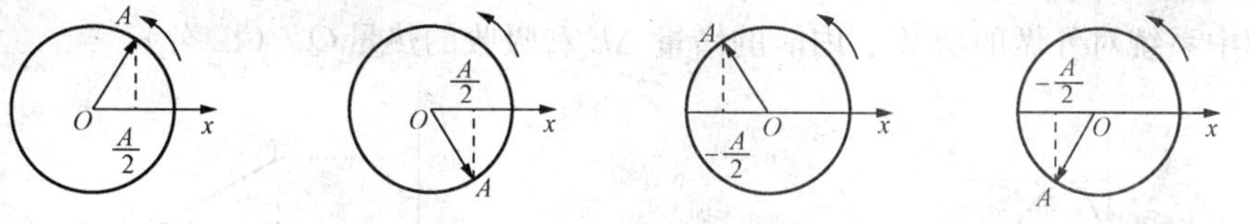

(A)   (B)   (C)   (D)

4. 如图 2 所示，两列波长为 λ 的相干波在点 P 相遇。波在点 S_1 振动的初相为 φ_1，点 S_1 到点 P 的距离为 r_1。波在点 S_2 的初相为 φ_2，点 S_2 到点 P 的距离为 r_2，以 k 代表零或正负整数，则点 P 为干涉减弱的条件是   （   ）

(A) $r_2-r_1=(2k+1)\dfrac{\lambda}{2}$

(B) $\varphi_2-\varphi_1=2k\pi$

(C) $\varphi_2-\varphi_1+2\pi(r_2-r_1)/\lambda=(2k+1)\pi$

(D) $\varphi_2-\varphi_1+2\pi(r_1-r_2)/\lambda=(2k+1)\pi$

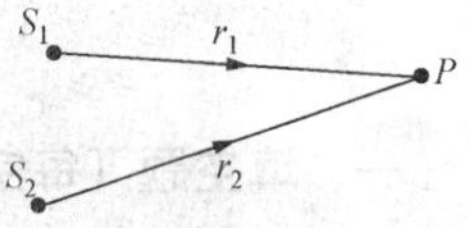

图 2

5. 处于平衡状态的一瓶氦气和一瓶氮气的分子数密度相同，分子的平均平动动能也相同，则它们   （   ）

(A) 温度、压强都相同

(B) 温度相同，但氦气的压强小于氮气的压强

(C) 温度、压强均不相同

(D) 温度相同，但氦气的压强大于氮气的压强

6. 对理想气体来说，满足 Q、ΔE、W 均为负值的过程是   （   ）

(A) 等容降压过程   (B) 等温膨胀过程

(C) 等压压缩过程   (D) 绝热压缩过程

三、计算题（共 50 分）

1. 已知质点的运动方程为 $x=2t$，$y=4-t^2$，式中时间以 s 计，距离以 m 计。试求：

（1）任意时刻质点运动的速度和加速度；

（2）任意时刻质点运动速度的大小；

（3）任意时刻质点运动的切向加速度。（8 分）

2. 质量为 5g 的子弹，水平射入一静止在水平面上、质量为 1.995kg 的木块内，木块和

平面间的摩擦系数为 0.2，当子弹射入木块后，木块向前移动了 50cm，求子弹的初速度。（$g=9.8\text{m/s}^2$）（8 分）

3. 一简谐振动曲线如图 3 所示。试求：

(1) 该简谐振动的角频率 ω、初相位 φ_0；

(2) 该简谐振动的振动方程、振动速度 v 和振动加速度 a 的表达式。（10 分）

4. 已知波源在原点（$x=0$）的平面简谐波函数 $Y=A\cos(Bt-Cx)$，式中 A、B、C 为正值恒量。求：

(1) 该波的振幅、波速、周期、波长；

(2) 在波传播方向上距离波源 L 处一点的振动方程；

(3) 任何时刻，在波传播方向上相距为 D 的两点间的相位差。（12 分）

5. 一定量的理想气体从状态 $A(2p_1, V_1)$ 沿直线到达状态 $B(p_1, 2V_1)$，如图 4 所示。求此过程中系统对外做的功 W、内能的增量 ΔE 和吸收的热量 Q。（12 分）

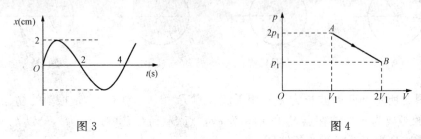

图 3   图 4

试卷（五）

一、填空题（每空格 1 分，共 25 分）

1. 已知质点的运动方程为 $x=5-3t^3$，$y=3t^2+2t-8(\text{SI})$，则：（1）任意时刻质点的速度为_____，加速度为_____；（2）质点在第二秒内的位移为_____，平均速度为_____。

2. 在如图 1 所示装置中，若滑轮与绳子的质量以及滑轮与其轴之间的摩擦都忽略不计，绳子不可伸长，则在外力 F 的作用下，物体 m_1 和 m_2 的加速度 $a=$_____，m_1 和 m_2 间绳子的张力 $T=$_____。

3. 设作用在质量为 2.0kg 的物体上的力 $F=6t+3$（SI）。如果物体在这一力的作用下，由静止开始沿直线运动，在 0～2.0s 的时间间隔内，这个力作用在物体上的冲量大小 =_____。

4. 一个质量为 m 的静止玻璃容器，突然炸裂成三块 A、B、C，它们的质量之比为 $m_A : m_B : m_C = 1 : 2 : 3$，其中两块的速度大小分别为 $v_A=24\text{m/s}$、$v_B=9\text{m/s}$，方向如图 2 所示，则第三块碎片的速度大小 $v_C=$_____，方向与 x 轴的夹角为_____。

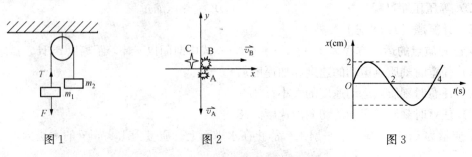

图 1   图 2   图 3

5. 如图 3 所示，有一条简谐振动曲线，则振幅 $A=$ _____ cm，周期 $T=$ _____ s，圆频率 $\omega=$ _____，初相位 $\varphi_0=$ _____，振动表达式 $x=$ _____ cm，$t=3$s 的相位 _____。

6. 平面简谐波的表达式为 $y=A\cos(Bt-Cx)$，式中 A、B、C 为正值常量，则波的周期为 _____，波速为 _____。

7. 两个同方向、同频率的简谐振动，其振动表达式分别为 $x_1=6\times10^{-2}\cos(5t+\pi/2)$（SI），$x_2=2\times10^{-2}\cos\left(5t-\dfrac{\pi}{2}\right)$（SI），则它们的合振动的振幅为 _____，初相位为 _____。

8. 一平面简谐波在媒质中以速度 $u=20$m/s 沿 x 轴负向传播，已知 A 点的振动方程为 $y=3\cos4\pi t$（SI），则：（1）以 A 点为坐标原点，波动方程为 _____；（2）距 A 点负向 5m 处的 B 点的振动方程为 _____。

9. 如图 4 所示，两相干波源处在 P、Q 两点，间距为 $\dfrac{3}{4}\lambda$，波长为 λ，初相相同，振幅相同且均为 A。R 是 PQ 连线上的一点，则两列波在 R 处的位相差为 _____，两列波在 R 处干涉时的合振幅为 _____。

图 4

10. 1 大气压、27℃时，1m^3 体积中理想气体的分子数 $n=$ _____，分子热运动的平均平动动能 $\varepsilon_k=$ _____。（1 大气压 $=1.013\times10^5$Pa，$k=1.38\times10^{-23}$J/K）

二、选择题（每小题 3 分，共 21 分）

1. 质量 $m=1$kg 的质点在平面内运动，其运动方程为 $x=15-t^3$，$y=3t$（SI 制），则在 $t=0$ 时，该质点的动量为　　　　　（　　）

(A) $7\vec{j}$　　　　　　　　　　(B) $3\vec{j}$

(C) $-6\vec{j}$　　　　　　　　　(D) $15\vec{i}+3\vec{j}$

2. 一质点受力 $\vec{F}=3x^2\vec{i}$（SI）作用沿 x 轴正方向运动，则从 $x=0$ 到 $x=2$m 的过程中力 $\vec{F}$ 做功为　　　　　（　　）

(A) 8J　　　　　　　　　　　(B) 12J

(C) 16J　　　　　　　　　　(D) 24J

3. 一个质点做简谐振动，振幅为 A，在起始时刻质点的位移为 $\dfrac{A}{2}$，且向 x 轴的正方向运动，则代表这个简谐振动的旋转矢量图为　　　（　　）

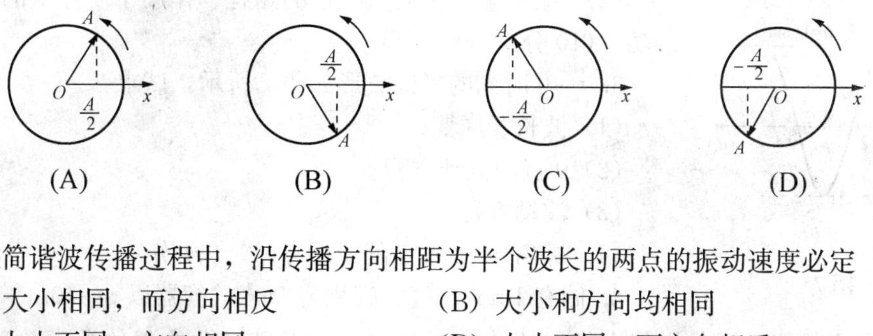

(A)　　　　　　(B)　　　　　　(C)　　　　　　(D)

4. 在简谐波传播过程中，沿传播方向相距为半个波长的两点的振动速度必定　（　　）

(A) 大小相同，而方向相反　　　　(B) 大小和方向均相同

(C) 大小不同，方向相同　　　　　(D) 大小不同，而方向相反

5. 关于温度的意义有下列几种说法：

（1）气体的温度是分子平均平动动能的量度

（2）气体的温度是大量气体分子热运动的集体表现，具有统计意义

（3）温度的高低反映物质内部分子运动剧烈程度的不同

（4）从微观上看，气体的温度表示每个气体分子的冷热程度

以上正确的是　　　　　　　　　　　　　　　　　　　　　　（　　）

(A) （1）、（2）、（4）

(B) （1）、（2）、（3）

(C) （2）、（3）、（4）

(D) （1）、（3）、（4）

6. 质量一定的理想气体，从相同状态出发，分别经历等温过程、等压过程和绝热过程，其体积由 V_1 膨胀至 V_2，如图 5 所示。下述说法中正确的是　（　　）

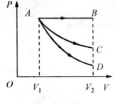

(A) $A \rightarrow C$ 吸热最多，内能增加

(B) $A \rightarrow D$ 内能增加，做功最少

(C) $A \rightarrow B$ 吸热最多，内能不变

(D) $A \rightarrow C$ 对外做功，内能不变

图 5

7. 一台工作于温度分别为 327℃ 和 27℃ 的高温热源和低温热源之间的卡诺热机，每经历一个循环吸热 2000J，则对外做功　　　（　　）

(A) 2000J　　　　　　　　　　　　(B) 1000J

(C) 4000J　　　　　　　　　　　　(D) 500J

三、计算题（共 54 分）

1. 如图 6 所示，一轻质弹簧的劲度系数为 k，一端固定，另一端连接一质量为 M 的物体，静止于光滑水平面上。另一质量为 m 的泥浆球以速度 v 水平飞向物体，并粘于物体一起运动。试求：

图 6

（1）泥浆与物体开始运动的速度；

（2）弹簧的最大压缩量。（10 分）

2. $m = 2\mathrm{kg}$ 的质点，$t = 0$ 时从 A 点出发，沿半径为 3m 的圆周做逆时针转动，角位置的表达式为 $\theta = 0.5\pi t^2$ (SI)。求：

（1）任意时刻质点的速率、切向加速度、法向加速度；

（2）从开始到 1s 质点经过的路程、作用于质点上的合力所做的功。（10 分）

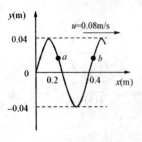

图 7

3. $t = 0$ 时刻的简谐波形如图 7 所示，试求：

（1）波长、周期；

（2）0 点的振动方程；

（3）波动方程；

（4）标出 a、b 两点的运动方向。（14 分）

4. 储有 1mol 氧气、容积为 1m³ 的容器以 $v = 10\mathrm{m/s}$ 的速度运动，设容器突然停止运动，其中氧气的 80% 的机械运动动能转化为气体分子热运动动能。

试求气体的温度及压强各升高了多少？（10 分）

5. 一定量的 H_2（理想气体）进行如图 8 所示的循环过程，将计算结果填入下表。（10 分）

过程	W (J)	ΔE (J)	Q (J)
$A \rightarrow B$			
$B \rightarrow C$			
$C \rightarrow A$			
$\eta(\%)$			

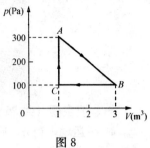

图 8

大学物理（下）自测试卷

试卷（六）

一、填空题（共 26 分，每空格 1 分）

1. 一运动电荷 q，质量为 m，以速度 $\vec{v}$ 射入磁感应强度为 $\vec{B}$ 的匀强磁场中，若 $\vec{v}$ 与 $\vec{B}$ 垂直，运动电荷做_____运动，半径为_____；若 $\vec{v}$ 与 $\vec{B}$ 的夹角为 θ，运动电荷做_____运动。

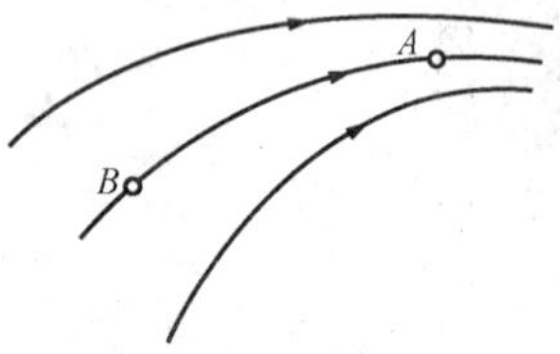

2. 图 1 所示为静电场中的一簇电力线，则 A、B 两点的电场强度大小 E_A _____ E_B，电位 V_A _____ V_B（填">""="或"<"）。

3. 任意形状的导体，处于静电平衡时，其电荷面密度分布为 $\sigma(x, y, z)$，导体表面外附近任意点处的电场强度大小 $E(x, y, z) =$ _____，其方向_____；导体内部任意点处的电场强度大小为_____。

图 1

4. 对下列问题选取"增大""减小""不变"作答：（1）平行板电容器保持板上电量不变（即充电后切断电源）。现在使两板的距离增大，则场强_____，电容_____。（2）如果保持两板间电压不变（即充电后与电源连接着），则两板间距离减小时，两板间的场强_____，电容_____。

5. 一 1/4 圆周回路 $abca$，通有电流 I，圆弧部分的半径为 R，置于磁感应强度为 $\vec{B}$ 的均匀磁场中，磁感线与回路平面平行，如图 2 所示，则 ca 段导线所受的安培力大小为_____，方向为_____；回路所受的磁力矩大小为_____，方向为_____。

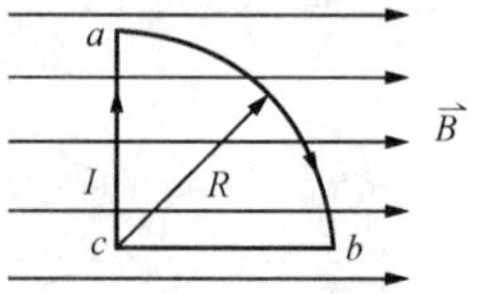

图 2

6. 电阻 $R = 2\ \Omega$ 的闭合导体回路置于变化磁场中，通过回路包围面的磁通量与时间的关系为 $\Phi = (5t^2 + 8t - 2) \times 10^{-3}\ \mathrm{Wb}$，则 $t = 0\mathrm{s}$ 时，回路中的感应电流的大小为_____；在 $t = 2\mathrm{s}$ 至 $t = 3\mathrm{s}$ 的时间间隔内，流过回路导体横截面的感应电荷的大小为_____。

7. 一自感系数为 L_0 的细长密绕螺线管：（1）若螺线管的半径加倍，则自感系数变为 $L =$ _____；（2）若螺线管长度加倍，则自感系数变为 $L =$ _____。

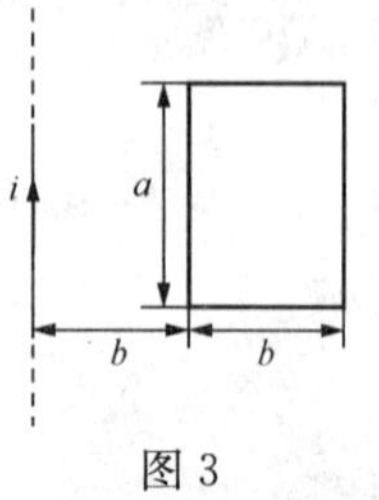

8. 如图 3 所示，矩形线圈由 N 匝导线绕成，长直导线通有电流 i，$i = I_0 \sin \omega t$，则它们之间的互感系数为_____。

9. 在双缝干涉实验中，若使两缝之间的距离增大，则屏上干涉条纹的间距_____；若使单色光波长减小，则干涉条纹的间距_____。（填"变大"或"变小"）

图 3

10. 白光照射在折射率为 1.4 的薄膜上，若 $\lambda = 400\mathrm{nm}$ 的紫光在反

中消失，则薄膜的最小厚度为_____。（薄膜上、下表面外均为空气）

11. 当用波长 $\lambda=500$ nm 的单色光垂直照射，利用反射光观察牛顿环时，测得第 25 和第 9 暗环的距离 $\Delta r=2\times10^{-3}$ m，则平凸透镜凸面的曲率半径为_____。

12. 一束自然光和线偏振光的混合光垂直照射在一偏振片上，其透射光强随偏振片的取向变化。若入射光中自然光与线偏振光的光强之比为 $1:2$，则透射光最强与最弱的光强之比为_____。

二、选择题（共 20 分，每小题 2 分）

1. 两个带有电量为 $2q$ 的等量异号电荷、形状相同的金属小球 A 和 B 的相互作用力为 f，它们之间的距离 R 远大于小球本身的直径，现在用一个带有绝缘柄的原来不带电的相同的金属小球 C 去和小球 A 接触，再和 B 接触，然后移去，则球 A 和球 B 之间的作用力变为 （　　）

(A) $\dfrac{f}{8}$ (B) $\dfrac{f}{4}$ (C) $\dfrac{3}{8}f$ (D) $\dfrac{f}{16}$

2. 如图 4 所示，在一场强为 $\vec{E}$ 的匀强电场中，$\vec{E}$ 的方向与 x 轴正向平行，则通过图中一半径为 R 的半球面的电场强度通量为 （　　）

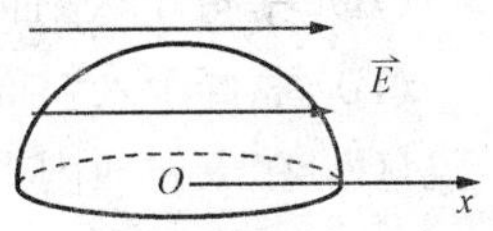

(A) 0   (B) $\dfrac{1}{2}\pi R^2 E$

(C) $\pi R^2 E$ (D) $2\pi R^2 E$

图 4

3. 真空中两块互相平行的无限大均匀带电平板，两板间的距离为 d，其中一块的电荷面密度为 $+\sigma$，另一块的电荷面密度为 $+2\sigma$，则两板间的电位差大小为 （　　）

(A) $\dfrac{\sigma}{\varepsilon_0}$ (B) $\dfrac{\sigma}{2\varepsilon_0}$ (C) $\dfrac{\sigma}{\varepsilon_0}d$ (D) $\dfrac{\sigma}{2\varepsilon_0}d$

4. 若干个电容器串联或并联时，若其中一个电容器电容增大，则下列说法中正确的是 （　　）

(A) 串联情形下总电容增大，并联情形下总电容减小

(B) 串联情形下总电容减小，并联情形下总电容增大

(C) 串联和并联情形下总电容都增大

(D) 串联和并联情形下总电容都减小

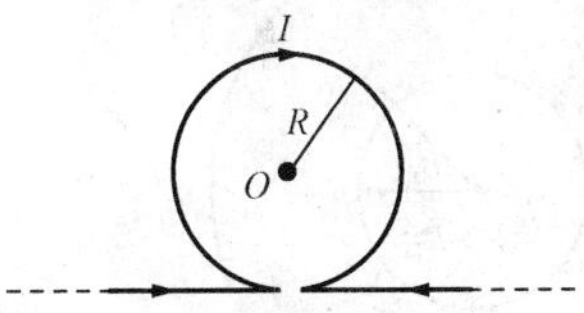

图 5

5. 如图 5 所示，无限长直导线弯成半径为 R 的圆，当通以电流 I 时，圆心 O 点的磁感应强度大小等于 （　　）

(A) $\dfrac{\mu_0 I}{2\pi R}$ (B) $\dfrac{\mu_0 I}{4R}$

(C) $\dfrac{\mu_0 I}{2R}\left(1-\dfrac{1}{\pi}\right)$ (D) $\dfrac{\mu_0 I}{4R}\left(1+\dfrac{1}{\pi}\right)$

6. 用细导线均匀密绕成长为 l、半径为 $a(l\gg a)$、总匝数为 N 的螺线管，管内充满相对磁导率为 μ_r 的均匀磁介质，若线圈中载有恒定电流 I，则管中任意一点 （　　）

(A) 磁场强度大小为 $H=NI$，磁感应强度大小为 $B=\mu_0\mu_r NI$

(B) 磁场强度大小为 $H=NI/l$，磁感应强度大小为 $B=\mu_0\mu_r NI/l$

(C) 磁场强度大小为 $H=NI/l$，磁感应强度大小为 $B=\mu_0 NI/l$

(D) 磁场强度大小为 $H=\mu_0 NI/l$，磁感应强度大小为 $B=\mu_0\mu_r NI/l$

7. 一根无限长直导线载有电流 I，一矩形线圈位于导线平面内沿垂直于载流导线的方向以恒定速率运动，如图 6 所示，则　　　　　（　　）

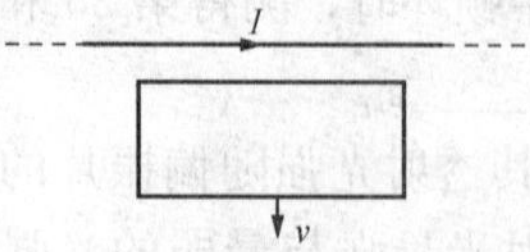

(A) 线圈中无感应电流

(B) 线圈中感应电流为顺时针方向

(C) 线圈中感应电流为逆时针方向

图 6

(D) 线圈中感应电流的方向无法确定

8. 下列概念中正确的是　　　　　　　　　　　　　　　　　　　（　　）

(A) 感生电场的电场线是闭合曲线　　　(B) 感生电场是保守场

(C) 静电场是非保守场　　　　　　　　(D) 静电场的电场线是闭合曲线

9. 在单缝夫琅禾费衍射实验中，波长为 λ 的单色光垂直入射到单缝上，对应于衍射角为 $30°$ 的方向上，若单缝处波面可分成 3 个半波带，则单缝宽度 a 等于　　　（　　）

(A) λ　　　　　(B) 1.5λ　　　　　(C) 2λ　　　　　(D) 3λ

10. 自然光以布儒斯特角由空气入射到一玻璃表面上，反射光是　　　（　　）

(A) 平行于入射面的振动占优势的部分偏振光

(B) 垂直于入射面的振动占优势的部分偏振光

(C) 在入射面内振动的完全偏振光

(D) 垂直于入射面振动的完全偏振光

三、计算题（共 54 分）

1. 四个点电荷到坐标原点的距离均为 d，如图 7 所示，求：坐标原点处的电场强度和电位。（10 分）

2. 如图 8 所示，球形电容器由内、外半径分别为 R_1 和 R_2 的同心金属球壳组成，设内、外金属球壳所带电荷分别为 $+Q$、$-Q$。若在两球壳间充以电容率为 ε 的电介质，求：

(1) 两球壳间的电场强度的大小；

(2) 此电容器的电容；

(3) 电容器存储的电场能量。（12 分）

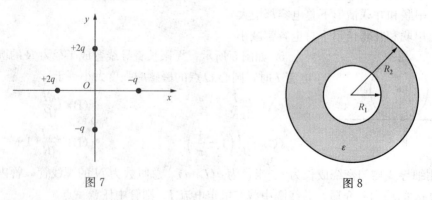

图 7　　　　　　　　　　　　　　　　　　　　图 8

3. 有一长直电缆，由一个圆柱形导体和一个与其同轴的导体圆筒组成，圆柱形导体的半径为 R_1，导体圆筒的内、外半径分别为 R_2 和 R_3，如图 9 所示。设电流从圆柱形导体流入，并从导体圆筒流出，而且电流都是均匀分布在导体的横截面上。不考虑导体的磁性。求：

（1）$r<R_1$、$R_1<r<R_2$、$R_2<r<R_3$、$r>R_3$ 处的磁感应强度大小；

（2）通过长度为 l 的一段截面（图中阴影区域）的磁通量。（12分）

4. 金属杆 ab 与无限长直导线共面且垂直，金属杆 ab 以速度 $\vec{v}$ 匀速斜向上运动，运动过程中 $\vec{v}$ 与 ab 间的夹角 θ 保持不变，如图10所示。设无限长直导线中的电流强度为 I，金属杆 ab 长为 L，a 端到无限长直导线的距离为 d，求：金属杆 ab 中的动生电动势，并判断哪端电位高。（10分）

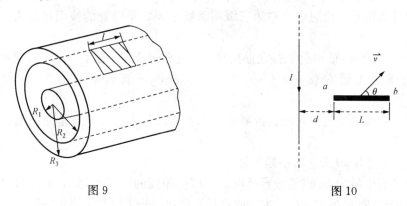

图9   图10

5. 某单色光垂直入射到光栅常数为 6.67×10^{-6} m 的光栅上，如果第一级明纹出现在衍射角为 $6°$ 的位置上，求：

（1）入射光的波长；

（2）如果在第四级出现缺级，则光栅上狭缝的最小宽度为多少；

（3）屏幕上总共可以观察到多少条明纹？（10分）

试卷（七）

一、填空题（共26分，每空格2分）

1. 如图1所示，在相距为 $2R$ 的两点电荷 $+Q$、$-Q$ 的电场中，则 O 点的电场强度大小为_____，D 点的电位为_____。

2. 处于静电平衡中的导体必须满足的两个条件是：（1）导体内部任意一点的电场强度为_____；（2）导体表面外侧的电场强度必定和导体表面_____。

3. 如图2所示，在点 A 和点 B 之间有五个电容器，则 AB 之间的等效电容为_____ μF。

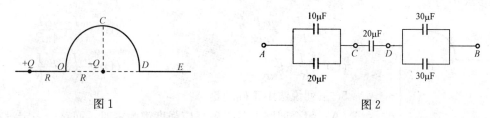

图1   图2

4. 一带电粒子以速度 $\vec{v}$ 垂直于匀强磁场 $\vec{B}$ 射入，在磁场中的运动轨迹是半径为 R 的圆，若要使运动半径变为 $R/2$，则 $\vec{B}$ 的大小应变为原来的_____倍。

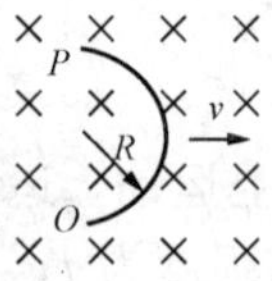

5. 如图 3 所示，把一半径为 R 的半圆形导线 OP 置于磁感强度大小为 B 的匀强磁场中，当导线 OP 以匀速率 v 向右移动时，导线中感应电动势的大小为_____。

图 3

6. 一自感系数为 0.25H 的线圈，当线圈中的电流在 0.01s 内由 2A 均匀地减小到零时，线圈中的自感电动势的大小为_____ V。电流为 2A 时，线圈中所储存的能量为_____ J。

7. 在单缝夫琅禾费衍射中，对第三级明条纹来说，单缝处的波面可分为_____个半波带。

8. 用 $\lambda = 632.8\text{nm}$ 的单色平行光垂直照射在一平面透射光栅上，第一级明纹的衍射角为 38°，则该光栅的光栅常数 $a + b =$ _____ m，可能观察到的光谱线的最大级次为_____。

9. 一束自然光从空气中入射到折射率为 1.4 的液体上，反射光是完全偏振光，则此光束的入射角等于_____。

二、选择题（共 20 分，每小题 2 分）

1. 两个带有电量为 $2q$ 的等量异号电荷、形状相同的金属小球 A 和 B 的相互作用力为 f，它们之间的距离 R 远大于小球本身的直径，现在用一个带有绝缘柄的原来不带电的相同的金属小球 C 去和小球 A 接触，再和 B 接触，然后移去，则球 A 和球 B 之间的作用力变为　　　（　）

(A) $\dfrac{f}{4}$　　　　(B) $\dfrac{f}{8}$　　　　(C) $\dfrac{3}{8}f$　　　　(D) $\dfrac{f}{16}$

2. 如图 4 所示，在一场强为 $\vec{E}$ 的匀强电场中，$\vec{E}$ 的方向与 x 轴正向平行，则通过图中一半径为 R 的半球面的电场强度的通量为　（　）

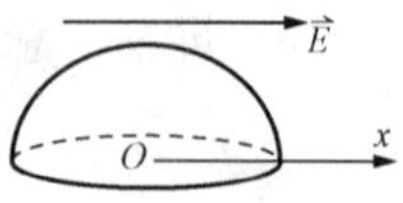

(A) $\pi R^2 E$

(B) $\dfrac{1}{2}\pi R^2 E$

(C) $2\pi R^2 E$

(D) 0

图 4

3. 当一个带电实心导体达到静电平衡时　　　　　　　　　（　）
(A) 表面曲率半径较小处电场较弱
(B) 表面曲率半径较小处电场较强
(C) 表面曲率半径较大处电位较低
(D) 表面曲率半径较大处电位较高

4. 无限长的导线弯成如图 5 所示形状，通电流为 I，半圆 BC 半径为 R，则 O 点的磁感应强度大小为　　　　　　　　　　　　　　　　　（　）

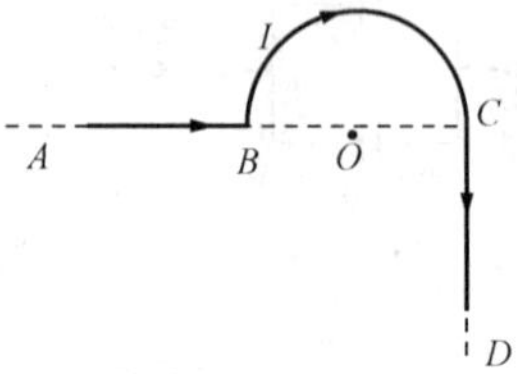

(A) $\dfrac{\mu_0 I}{2R} + \dfrac{\mu_0 I}{4\pi R}$

(B) $\dfrac{\mu_0 I}{4R} + \dfrac{\mu_0 I}{4\pi R}$

(C) $\dfrac{\mu_0 I}{4R} + \dfrac{\mu_0 I}{2\pi R}$

(D) $\dfrac{\mu_0 I}{4R} - \dfrac{\mu_0 I}{4\pi R}$

图 5

5. 下列说法中正确的是　　　　　　　　　　　　　　　　（　）
(A) 闭合回路上各点磁感应强度都为零时，回路内一定没有电流穿过
(B) 闭合回路上各点磁感应强度都为零时，回路内穿过电流的

代数和必为零

(C) 磁感强度沿闭合回路的积分为零时，回路上各点的磁感应强度必为零

(D) 磁感强度沿闭合回路积分不为零时，回路上任一点的磁感应强度都不可能为零

6. 如图 6 所示，一根载流导线被弯成半径为 R 的 1/4 圆弧，放在磁感应强度为 $\vec{B}$ 的均匀磁场中，则载流导线所受的安培力为　　　　（　　）

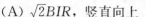

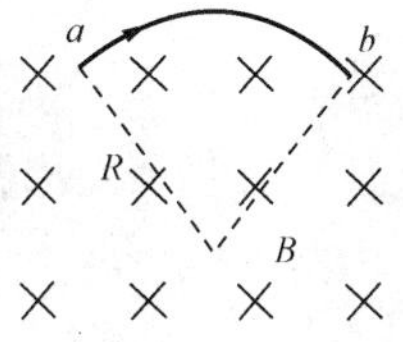

(A) $\sqrt{2}BIR$，竖直向上

(B) BIR，竖直向上

(C) $\sqrt{2}BIR$，竖直向下

(D) BIR，竖直向下

图 6

7. 下列概念中正确的是　　　　　　　　　　　　　　　　（　　）

(A) 感生电场也是保守场

(B) 感生电场的电场线是一组闭合曲线

(C) $\Phi=LI$，因而线圈的自感系数与回路的电流成反比

(D) $\Phi=LI$，回路的磁通量越大，回路的自感系数也一定大

8. 两个通有电流的平面圆线圈相距不远，如果要使其互感系数近似为零，则应调整线圈的取向，使　　　　　　　　　　　　　　（　　）

(A) 两线圈平面都平行于两圆心的连线

(B) 两线圈平面都垂直于两圆心的连线

(C) 两线圈中电流方向相反

(D) 一个线圈平面平行于两圆心的连线，另一个线圈平面垂直于两圆心的连线

9. 如图 7 所示，波长为 λ 的单色平行光垂直入射到折射率为 n_2、厚度为 e 的透明介质薄膜上，薄膜上、下两边透明介质的折射率分别为 n_1 和 n_3。已知 $n_1<n_2$，且 $n_2>n_3$，则从薄膜上、下两表面反射的两束光的光程差是（　　）

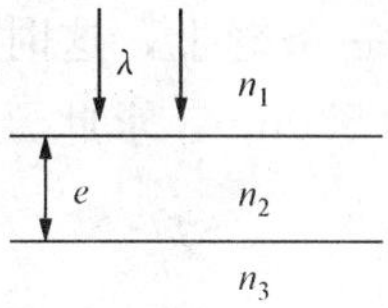

(A) $2en_2$ 　　　　(B) $2en_2+\dfrac{\lambda}{2}$

图 7 　　(C) $2en_2-\lambda$ 　　(D) $2en_2+\dfrac{\lambda}{2n_2}$

10. 两偏振片堆叠在一起，一束自然光垂直入射时没有光线通过。当其中一偏振片慢慢转动 180° 时，透射光强度发生的变化为　　　　　　　（　　）

(A) 光强单调增加

(B) 光强先增加，然后减小，再增加，再减小至零

(C) 光强先增加，后又减小至零

(D) 光强先增加，后减小，再增加

三、计算题（共 54 分）

1. 两个同心球面的半径为 R_1 和 R_2，各自带有电荷 Q_1 和 Q_2，如图 8 所示。求：

(1) 空间电场强度分布；

(2) 空间电位分布。（12 分）

2. 如图 9 所示，有两平行的金属极板，每板的面积为 S，两板的内表面之间相距为 d，

并使板面的线度远大于两板内表面的间距。求：此平行板电容器的电容。（8分）

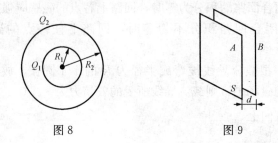

图 8   图 9

3. 如图 10 所示，有两个半径分别为 R_1 和 R_2 的无限长同轴圆柱面导体，两圆柱面之间为真空，导体的磁性可不考虑，当两圆柱面导体通以相反方向的电流 I 时，求以下各范围的磁感应强度大小：

（1）$r<R_1$；

（2）$R_1<r<R_2$；

（3）$r>R_2$。（9分）

4. 如图 11 所示，在无限长通电流 I 的直导线旁放置一个刚性的正方形线圈，线圈一边与直导线平行，尺寸见图示。求：

（1）穿过线圈的磁通量；

（2）若直导线中电流随时间变化的规律为 $I=I_0\sin\omega t$，在 $\omega t=\dfrac{2}{3}\pi$ 时，线圈中感应电动势的大小和方向。（9分）

5. 用波长为 589.3nm 的钠黄光观察牛顿环，测得某一明环的半径为 1.0×10^{-3}m，而其外第四个明环的半径为 3.0×10^{-3}m，求平凸透镜凸面的曲率半径。（6分）

6. 如图 12 所示，用很薄的云母片（$n=1.58$）覆盖在双缝实验中的一条缝上，这时屏幕上的零级明条纹移到原来的第九级明条纹的位置上。如果入射光波长为 550nm，求此云母片的厚度。（10分）

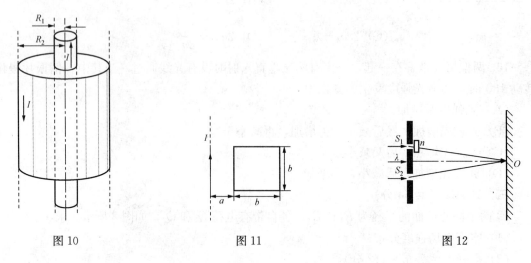

图 10   图 11   图 12

试卷（八）

一、填空题（共 26 分，每空格 2 分）

1. 如图 1 所示，一长直导线通以电流 I，在离导线 a 处有一正电荷，电量为 q，以速度 $\vec{v}$ 垂直于导线水平向右运动，则作用在电荷上的洛仑兹力的大小为 _____，方向为 _____。

2. 电荷只能取 _____ 量值的性质，（填"离散的"或"连续的"），叫电荷的量子化。

3. 静电场的环路定理表明：电场强度沿任意闭合路径的线积分 _____ 零。磁场的高斯定理表明：通过任意闭合曲面的磁通量 _____ 零。（填"等于"或"不等于"）

4. 两个相同的电容器，单个电容器的电容是 $5\mu F$，若将这两个电容器并联，则这两个电容器的等效电容为 _____ μF；若将这两个电容器串联，则这两个电容器的等效电容为 _____ μF。

5. 如图 2 所示，半径为 R 的半圆形闭合线圈，通电流为 I，处在磁感应强度为 $\vec{B}$ 的匀强磁场中，磁感应线与线圈平面垂直，则通过线圈平面的磁通量大小为 _____，直导线 AD 所受的安培力大小为 _____。

6. 一铁芯上绕有线圈 100 匝，已知铁芯中磁通量与时间的关系为 $\Phi_m = 1.0 \times 10^{-4} \sin 100\pi t$，在 $t = 1.0 \times 10^{-2}$ s 时，线圈中的感应电动势的大小为 _____ V。

7. 无限长的导线弯成如图 3 所示形状，通有电流 I，上半部分为半径 R 的半圆，则圆心 O 点的磁感应强度大小为 _____。

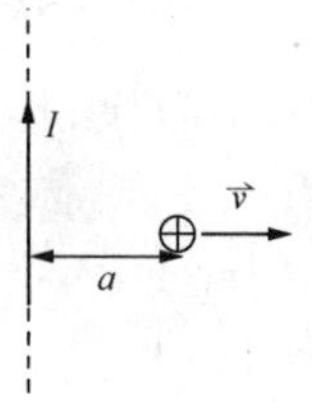

图 1 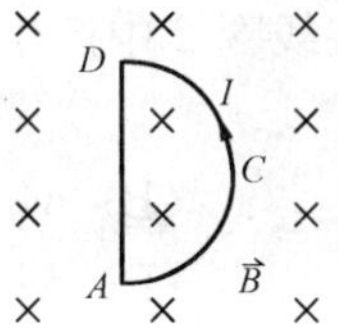　　　　　　图 2 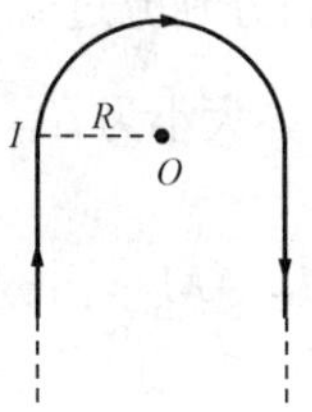　　　　　　图 3

8. 在一个自感系数为 L 的线圈中通有电流 I，线圈中所储存的能量是 _____。

9. 空气劈尖干涉实验中，当劈尖角逐渐增大时，干涉条纹将 _____（填"向着"或"背离"）劈尖棱边方向移动。

二、选择题（共 20 分，每小题 2 分）

1. 如图 4 所示，在匀强电场 $\vec{E}$ 中，有一个半径为 R 的半球面 S，S 边线所在平面的单位法线矢量 $\vec{e}_n$ 与电场强度 $\vec{E}$ 的夹角为 α，则通过该半球面的电场强度通量的大小为　　　（　　）

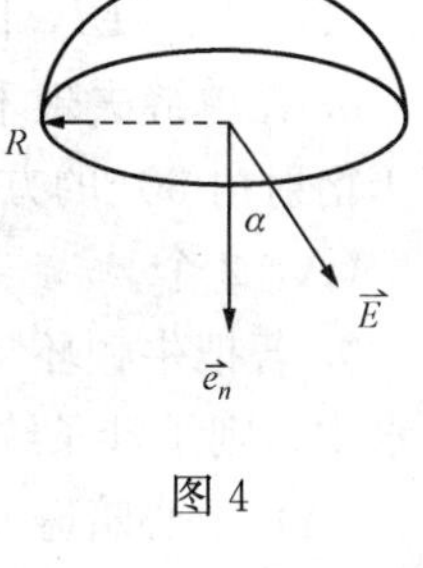

(A) $\pi R^2 E$　　　　　　　　(B) $2\pi R^2 E$

(C) $\pi R^2 E \cos\alpha$　　　　　　(D) $\pi R^2 E \sin\alpha$

图 4

2. 真空中两块互相平行的无限大均匀带电平板，两板间的距离为 d，其中一块的电荷

面密度为$+\sigma$，另一块的电荷面密度为$+3\sigma$，则两板间的电位差大小为 （　）

(A) $\dfrac{\sigma}{\varepsilon_0}$　　(B) $\dfrac{\sigma}{2\varepsilon_0}$　　(C) $\dfrac{\sigma}{\varepsilon_0}d$　　(D) $\dfrac{\sigma}{2\varepsilon_0}d$

3. 当一个带电导体达到静电平衡时 （　）
(A) 表面上电荷面密度较大处电位较高
(B) 表面曲率较大处电位较高
(C) 导体内部的电位比导体表面的电位高
(D) 导体内任一点与其表面上任一点的电位差等于零

4. 如图5所示，波长为λ的平行单色光垂直入射在折射率为n_2的薄膜上，经上、下两个表面反射的两束光发生干涉。若薄膜厚度为d，且$n_1<n_2<n_3$，则两束反射光在相遇点的光程差为 （　）

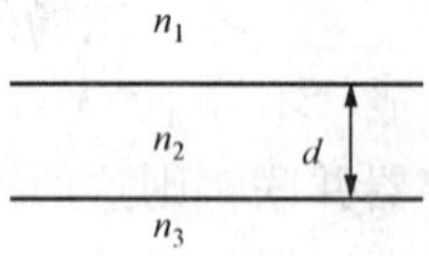

图5

(A) n_2d　　　　　　(B) $2n_2d$
(C) $2n_2d+\dfrac{\lambda}{2}$　　(D) $n_2d+\dfrac{\lambda}{2}$

5. 如图6所示，一载流螺线管的旁边有一圆形线圈，欲使线圈产生图示方向的感应电流i，下列哪种情况可以做到 （　）
(A) 载流螺线管向线圈靠近
(B) 线圈向载流螺线管靠近
(C) 载流螺线管中电流增大
(D) 载流螺线管离开线圈

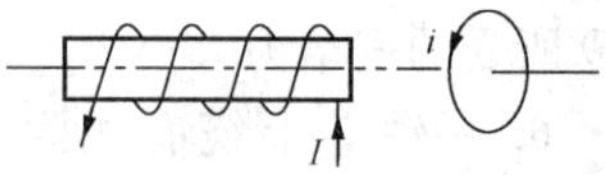

图6

6. 有两个线圈，线圈1对线圈2的互感系数为M_{21}，而线圈2对线圈1的互感系数为M_{12}。若它们分别流过i_1和i_2的变化电流且$\left|\dfrac{di_1}{dt}\right|<\left|\dfrac{di_2}{dt}\right|$，并设由$i_2$变化在线圈1中产生的互感电动势大小为$|\varepsilon_{12}|$，由$i_1$变化在线圈2中产生的互感电动势大小为$|\varepsilon_{21}|$，则论断正确的是 （　）
(A) $M_{12}=M_{21}$，$|\varepsilon_{21}|=|\varepsilon_{12}|$　　(B) $M_{12}\neq M_{21}$，$|\varepsilon_{21}|\neq|\varepsilon_{12}|$
(C) $M_{12}<M_{21}$，$|\varepsilon_{21}|<|\varepsilon_{12}|$　　(D) $M_{12}=M_{21}$，$|\varepsilon_{21}|<|\varepsilon_{12}|$

7. 下列概念正确的是 （　）
(A) 感生电场的电场线是一组闭合曲线
(B) 感生电场是保守场
(C) $\Phi_m=LI$，回路的磁通量越大，回路的自感系数也一定大
(D) $\Phi_m=LI$，因而线圈的自感系数与回路的电流成反比

8. 在单缝夫琅禾费衍射实验中，波长为λ的单色光垂直入射到宽度$a=4\lambda$的单缝上，对应于衍射角30°的方向，单缝处波阵面可分成的半波带数目为 （　）
(A) 2个　　(B) 4个　　(C) 6个　　(D) 8个

9. 若把牛顿环装置（都是用折射率为1.52的玻璃制成的）由空气射入折射率为1.33的水中，则干涉条纹 （　）
(A) 中心暗斑变成亮斑　　(B) 变疏
(C) 变密　　(D) 间距不变

10. 波长$\lambda=550$nm的单色光垂直入射于光栅常数$a+b=2\times10^{-4}$cm的平面衍射光栅

上，可能观察到光谱线的最高级次为 　　　　　　　　　　　　　　　（　　）

(A) 第 1 级　　　　(B) 第 2 级　　　　(C) 第 3 级　　　　(D) 第 4 级

三、计算题（共 54 分）

1. 如图 7 所示，AO 相距 $2R$，弧 BCD 是以 O 为圆心、R 为半径的半圆。A 点有电荷 $+q$，O 点有电荷 $-3q$。求：

(1) B 点和 D 点的电位；

(2) 将电荷 $+Q$ 从 B 点沿弧 BCD 移到 D 点，电场力做的功；

(3) 将电荷 $-Q$ 从 D 点沿直线 $\overline{DE}$ 移到无限远处去，电场力做的功。（8 分）

2. 如图 8 所示，有一外半径 R_3 为 10cm、内半径 R_2 为 7cm 的金属球壳，在球壳中放一半径 R_1 为 5cm 的同心金属球。若使球壳和球均带有 $q=10^{-3}$C 的正电荷，求：

(1) 空间电场强度分布；

(2) 金属球和金属球壳的电位差。（10 分）

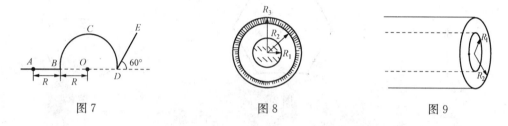

图 7　　　　　　　　　　图 8　　　　　　　　　　图 9

3. 如图 9 所示，有两个半径分别为 R_1 和 R_2 的无限长同轴圆柱面导体，其间为真空，导体的磁性可不考虑。求：

(1) 当两圆柱面导体通以相反方向的电流 I 时，$r<R_1$、$R_1<r<R_2$ 和 $r>R_2$ 三个范围内的磁感应强度。

(2) 当两圆柱面导体通以相同方向的电流 I 时，$r>R_2$ 范围内的磁感应强度。（12 分）

4. AB 段导线，长为 10cm，与水平方向成 $30°$ 角，若使该导线在匀强磁场中以速度大小 $v=1.5$m/s 运动，方向如图 10 所示，磁场方向垂直于纸面向里，磁感应强度大小 $B=2.5\times10^{-2}$T。求：导线上的动生电动势的大小、方向，A、B 两端哪端电位高？（8 分）

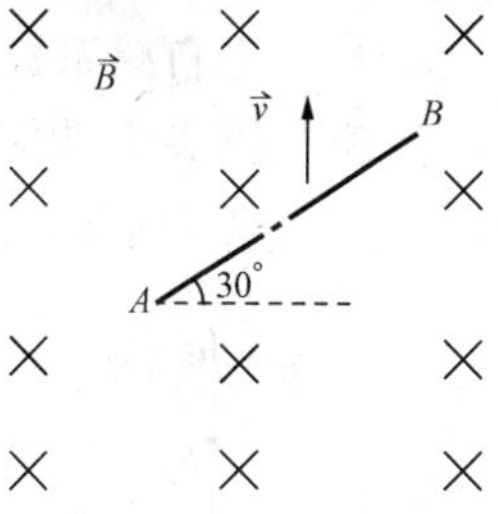

5. 以单色光垂直照射到相距 0.2mm 的双缝上，双缝与屏幕的垂直距离为 1m。求：

(1) 若第一级明条纹到同侧的第四级明条纹的距离为 7.5mm，单色光的波长；

图 10

(2) 若入射光的波长为 600nm，相邻明条纹间的距离。（8 分）

6. 使一束部分偏振光垂直射向一偏振片，在保持偏振片平面方向不变而转动偏振片 $360°$ 的过程中，发现透过偏振片的光的最大强度是最小强度的 3 倍。求：在入射光束中，线偏振光的强度是总强度的几分之几？（8 分）

试卷（九）

一、填空题（共 20 分，每空格 1 分）

1. 如图 1 所示，真空中两块平行无限大的均匀带电平面，其电荷面密度分别为 $+\sigma$ 和 -2σ，则 A 区域的电场强度 $E_A =$ _____（设方向向右为正）。

2. 如图 2 所示，边长为 a 的正六边形的每个顶点处有一个点电荷，取无限远处作为参考点，则 O 点的电位为_____，O 点的电场强度大小为_____。

3. 点电荷 q_1、q_2、q_3、q_4 在真空中的分布如图 3 所示。图中 S 为闭合曲面，则通过该闭合曲面的电场强度通量 $\oint_S \vec{E} \cdot d\vec{S} =$ _____。

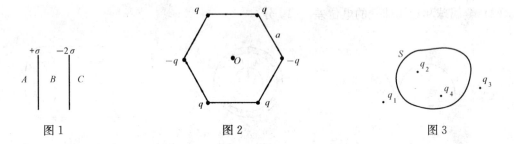

图 1　　　　　　　　　图 2　　　　　　　　　图 3

4. 一条无限长的载流导线折成图 4 所示形状，导线上通有电流 I，P 点在 cd 的延长线上，它到折点的距离为 a，则 P 点的磁感应强度大小为_____，方向为_____。

5. 如图 5 所示，A 和 B 是两根固定的直导线，通以同方向的电流 I_1 和 I_2，且 $I_1 > I_2$；C 是一根放置在 A、B 中间可以左右移动的直导线（三者在同一平面内），若它通以反方向的电流 I，导线 C 将_____（向 A 移动、向 B 移动、保持静止）。

6. 感生电场是由_____产生的，它的电场线是否闭合？_____

7. 在一个自感系数为 L 的线圈中通有电流 I，线圈中所储存的能量是_____。

8. 空气劈尖干涉实验中，当劈尖角逐渐增大时，干涉条纹将变_____（疏、密），并_____（向着、背离）劈尖棱边方向移动。

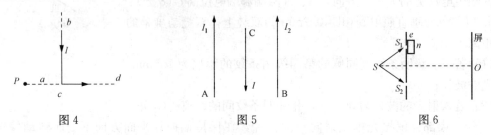

图 4　　　　　　　　　图 5　　　　　　　　　图 6

9. 如图 6 所示，在双缝干涉实验中若把一厚度为 e、折射率为 n 的薄云母片覆盖在 S_1 缝上，中央明纹将向_____（上、下）移动。覆盖云母片后，两束相干光至原中央明纹 O 处的光程差为_____。

10. 在单缝夫琅禾费衍射实验中，观察屏上第二级暗纹对应的单缝处波面可划分为_____个半波带；若将缝宽缩小一半，原来第三级暗纹处将是第_____级

_____（亮、暗）纹。

11. 波长 $\lambda = 550\text{nm}$ 的单色光垂直入射于光栅常数 $d = 2 \times 10^{-4}\text{cm}$ 的平面衍射光栅上，可能观察到光谱线的最高级次为第_____级。

12. 当一束自然光以布儒斯特角入射到两种媒质的分界面上时，就偏振状态来说反射光为_____光，透射光为_____光。

二、选择题（共 20 分，每小题 2 分）

1. 关于高斯定理的理解有下面几种说法，其中正确的是　　　　　　　（　　）

（A）如果高斯面上 $\vec{E}$ 处处为零，则该面内必无电荷

（B）如果高斯面内无电荷，则高斯面上 $\vec{E}$ 处处为零

（C）如果高斯面上 $\vec{E}$ 处处不为零，则高斯面内必有电荷

（D）如果高斯面内有净电荷，则通过高斯面的电通量必不为零

2. 当一个带电导体达到静电平衡时　　　　　　　　　　　　　　　（　　）

（A）表面上电荷密度较大处电位较高

（B）表面曲率较大处电位较高

（C）导体内部的电位比导体表面的电位高

（D）导体内任一点与其表面上任一点的电位差等于零

3. 四条皆垂直于纸面的载流细长直导线，每条中的电流均为 I。这四条导线被纸面截得的断面如图 7 所示，它们组成了边长为 $2a$ 的正方形的四个角顶，每条导线中的电流流向亦如图所示，则图中正方形中心点 O 的磁感应强度的大小为　　　　　　　（　　）

（A）$\dfrac{2\mu_0}{\pi a}I$ 　　　　　　　　　　（B）$\dfrac{\sqrt{2}\mu_0}{2\pi a}I$

（C）0 　　　　　　　　　　　　　　（D）$B = \dfrac{\mu_0}{\pi a}I$

4. 如图 8 所示，在均匀磁场 B 中，有一个半径为 R 的半球面 S，S 边线所在平面的正法向 n 与磁感应强度 B 的夹角为 α，则通过该半球面的磁通量为　　　　（　　）

（A）$\pi R^2 B$ 　　　　　　　　　　（B）$2\pi R^2 B$

（C）$\pi R^2 B\cos\alpha$ 　　　　　　　（D）$\pi R^2 B\sin\alpha$

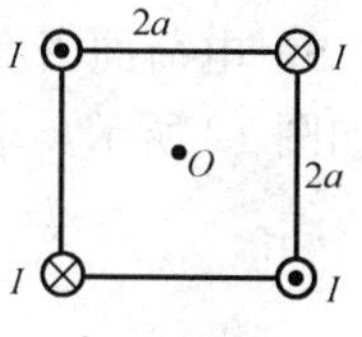

图 7 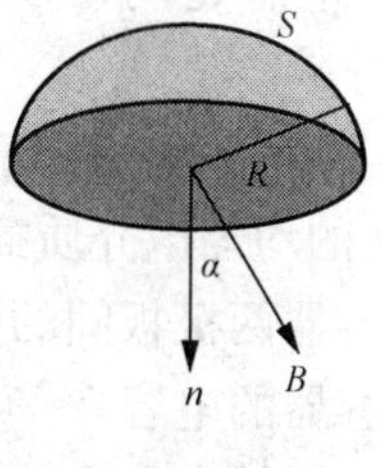　　　　　　　　　　　　　　图 8

5. 一运动电荷 q，质量为 m，垂直进入均匀磁场中，则　　　　　　（　　）

（A）其动能改变，动量不变

（B）其动能不变，动量改变

（C）其动能和动量都改变

（D）其动能和动量都不变

6. 在下列各图中，哪些情况下导线能产生感应电动势？　　　　　　　（　　）

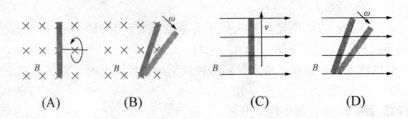

（A）　　　　　　　（B）　　　　　　　（C）　　　　　　　（D）

7. 如图 9 所示，导体 abc 在均匀磁场中以速度 v 向右运动，$ab=bc=l$，则 ca 的感应电动势为　　　　　　　　　　　　　　　　　　　　　　　　　　　　（　　）

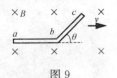

图 9

（A）Bvl　　　　　　　　　　（B）$Bvl(1+\sin\theta)$

（C）$Bvl\cos\theta$　　　　　　　（D）$Bvl\sin\theta$

8. 在双缝干涉实验中，若使两缝的间距减小，屏上呈现的干涉条纹间距如何变化？若使双缝到屏的距离减小，屏上的干涉条纹间距又将如何变化？　　　　　　　　　　　　　　　　　　　　　　　　（　　）

（A）变大，变小　　　　　　　　　（B）变小，变大

（C）都变大　　　　　　　　　　　（D）都变小

9. 如图 10 所示，波长为 λ 的平行单色光垂直入射在折射率为 n_2 的薄膜上，经上、下两个表面反射的两束光发生干涉。若薄膜厚度为 d，且 $n_1<n_2>n_3$，则两束反射光在相遇点的光程差为　　　　　　（　　）

（A）$n_2 d$　　　　　　　　　　（B）$2n_2 d$

（C）$n_2 d+\dfrac{\lambda}{2}$　　　　　　（D）$2n_2 d+\dfrac{\lambda}{2}$

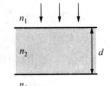

图 10

10. 一束光强为 I_0 的自然光，相继通过三个偏振片 P_1、P_2、P_3 后出射光强为 $I_0/8$。已知 P_1 和 P_3 的偏振化方向相互垂直。若以入射光线为轴旋转 P_2，要使出射光强为零，P_2 至少应转过的角度是　　　　　　　　　（　　）

（A）$30°$　　　　（B）$45°$　　　　（C）$60°$　　　　（D）$90°$

三、计算题（共 60 分）

1. 如图 11 所示，电荷 Q 均匀分布在半径为 R 的半圆周上，求半圆中心 O 处的电场强度 $\vec{E}$ 及电位 V。（12 分）

2. 一平行板电容器两极板间距离为 d，极板面积为 S，电荷面密度为 σ_0，将一块相对电容率 $\varepsilon_r=2$、厚度为 d 的均匀电介质插入到两极板间，如图 12 所示，求：

（1）插入前后电容器两极板间的电压；

（2）插入前后电容器的电容；

（3）插入前后电容器储存的电能。（12 分）

3. 一无限长圆柱形铜导体（磁导率 μ_0），半径为 R，通有均匀分布的电流 I。求：

（1）磁感应强度大小 B 的分布；

（2）今取一矩形平面（长为 L、宽为 $2R$），位置如图 13 中阴影部分所示，求通过该矩形平面的磁通量。（12 分）

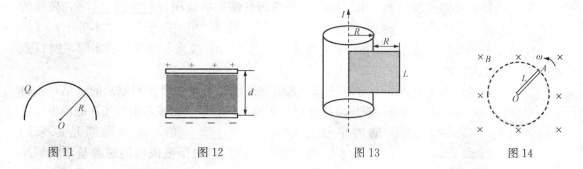

图11　　　　　　图12　　　　　　图13　　　　　　图14

4. 一根长为 L 的铜棒 OA，处在磁感应强度为 $\vec{B}$ 的均匀磁场中，并以角速度 ω 在与磁场方向垂直的平面上绕棒的一端 O 作匀速转动（见图14）。试求铜棒两端的感应电动势，棒的哪一端电位较高？（12分）

5. 单色平行光垂直入射到单缝上，单缝宽度 $b=0.10$mm。缝后的凸透镜焦距 $f=2.0$m，在透镜的焦平面上，测得中央明条纹两侧的两个第三级暗条纹之间的距离为 7.1cm。求入射光的波长。（12分）

试卷（十）

一、填空题（共 30 分，每空格 1 分）

1. 如图 1 所示，$AB=BO=R$，弧 BCD 是以 O 为圆心、R 为半径的半圆。空间中 A 点有电荷 $+q$，O 点有电荷 $-q$，则 B、D 点的电场强度大小 $E_B=$ _____、$E_D=$ _____；B 点的电位 $V_B=$ _____，若将一点电荷 $+q$ 从点 D 沿弧 DCB 移动到 B 点，则静电场力做的功 $W_e=$ _____。

2. 两块"无限大"的均匀带电平行平板，其电荷面密度分别为 σ（$\sigma>0$）及 -2σ，如图 2 所示。试写出各区域的电场强度 $\vec{E}$（方向填"向右"或"向左"）：Ⅰ区 $\vec{E}$ 的大小 _____，方向 _____；Ⅱ区 $\vec{E}$ 的大小 _____，方向 _____；Ⅲ区 $\vec{E}$ 的大小 _____，方向 _____。

3. 图3 所示为一球形电容器，导体球面半径分别为 R_1 和 R_2，若保持两球面所带电量不变，而增大内导体球半径 R_1，则两球面间的电位差 _____，球形电容器电容 _____，电场能量 _____。（选取"增大""减小""不变"作答）

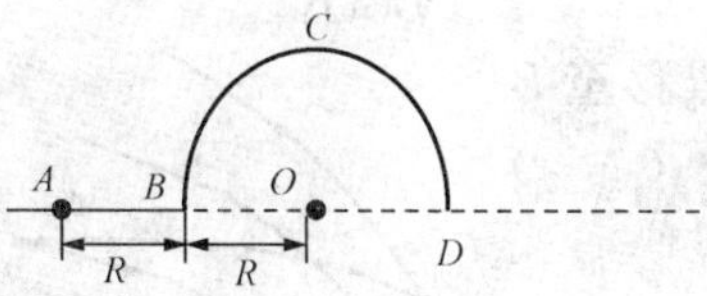

图1 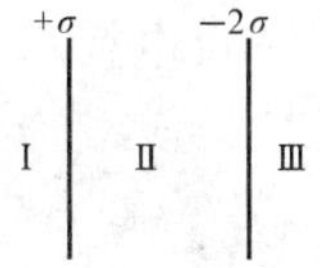　　　　　　图2 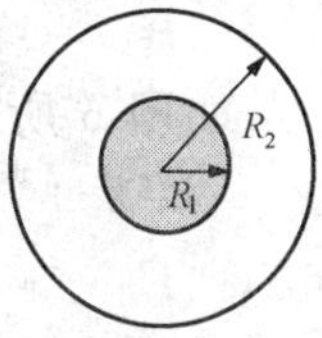　　　　　　图3 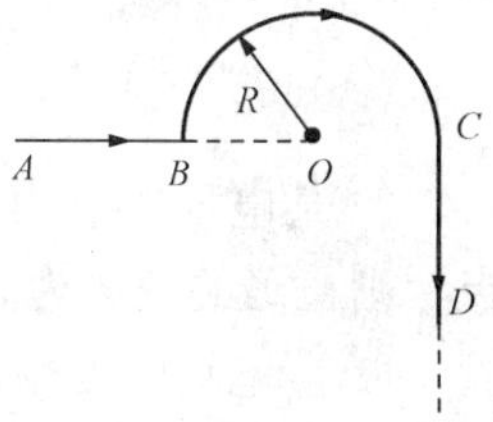　　　　　　图4

4. 一带电的空腔导体处于静电平衡（空腔内部不包含任何其他电荷），则其自身电荷将分布于 _____。（选取"内表面""外表面""导体内部"作答）

5. 静电场的环路定理表明：电场强度沿任意闭合路径的线积分_____零，磁场的高斯定理表明：通过任意闭合曲面的磁通量_____零。（填"等于"或"不等于"）

6. 无限长的导线弯成图 4 所示形状，所通电流为 I，BC 段为半径为 R 的半圆，则 O 点的磁感应强度大小为_____，方向为_____。

7. 一带电粒子垂直射入某一均匀磁场，如果该带电粒子质量增大到原来的 2 倍，入射速度增大到原来的 2 倍，磁场的磁感应强度增大到原来的 4 倍，则该带电粒子在磁场中作圆周运动的半径是原来的_____倍，运动周期是原来的_____倍。通过粒子运动轨道包围范围内的磁通量增大到原来的_____倍。

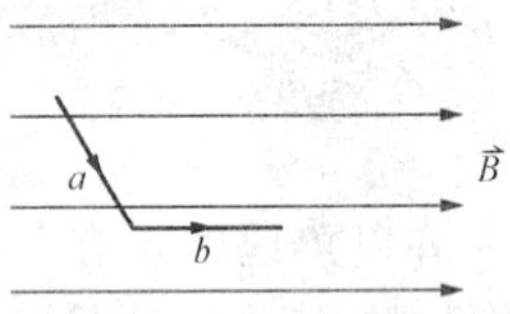

图 5

8. 有一根通有电流 I 的导线，被折成长度分别为 a、b，夹角为 $120°$ 的两段，如图 5 所示，并置于均匀磁场 $\vec{B}$ 中，若导线上长度为 b 的一段与 $\vec{B}$ 平行，则 a、b 两段载流导线所受的合磁力的大小为_____，方向为_____。

9. 在一个自感系数为 L 的线圈中通有电流 I，线圈中所储存的能量是_____。

10. 平行单色光垂直入射到平面衍射光栅上，若增大光栅常数，则衍射图样中明条纹的间距将_____，若增大入射光的波长，则明条纹间距将_____。（填"增大"或"减小"）

11. 一束自然光以布儒斯特角从一种介质射向另一种介质的界面，则反射光是_____偏振光，而折射光是_____偏振光。（填"部分"或"完全"）

12. 单缝夫琅禾费衍射，对第二级暗条纹来说，单缝处的波面可分为_____个半波带；对于第二级明条纹来说，单缝处的波面可分_____为个半波带。

二、选择题（共 20 分，每小题 2 分）

1. 关于电场强度定义式 $\vec{E} = \dfrac{\vec{F}}{q_0}$，下列说法中正确的是　　　　（　）

（A）场强 $\vec{E}$ 的大小与试探电荷 q_0 的大小成反比

（B）对场中某点，试探电荷受力 $\vec{F}$ 与 q_0 的比值不因 q_0 而变

（C）试探电荷受力 $\vec{F}$ 的方向就是场强 $\vec{E}$ 的方向

（D）若场中某点不放试探电荷 q_0，则 $\vec{F}=0$，从而 $\vec{E}=0$

2. 一导体球壳半径为 R，带电量为 Q，则离球心 $r(r<R)$ 处一点的电位为（设"无限远"处为电位零点）　　　　　　　　（　）

（A）0　　　（B）$\dfrac{Q}{4\pi\varepsilon_0 r}$　　　（C）$-\dfrac{Q}{4\pi\varepsilon_0 r}$　　　（D）$\dfrac{Q}{4\pi\varepsilon_0 R}$

3. 某电场的电力线分布如图 6 所示，一负电荷从 A 点移至 B 点，则正确的说法为　　　　（　）

（A）电场强度的大小 $E_A < E_B$

（B）电位 $V_A < V_B$

（C）电位能 $E_{pA} < E_{pB}$

（D）电场力做的功 $W > 0$

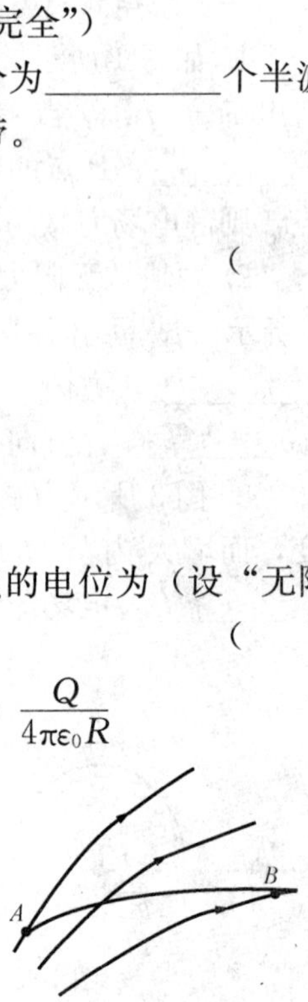

图 6

4. 如图 7 所示，在匀强电场 $\vec{E}$ 中，有一半径为 R 的开口半球面 S，S 边线所在平面的单位法线矢量 $\vec{e}_n$ 与电场强度 $\vec{E}$ 的夹角为 α，则通过该半球面的电场强度通量的大小为　　　　　（　　）

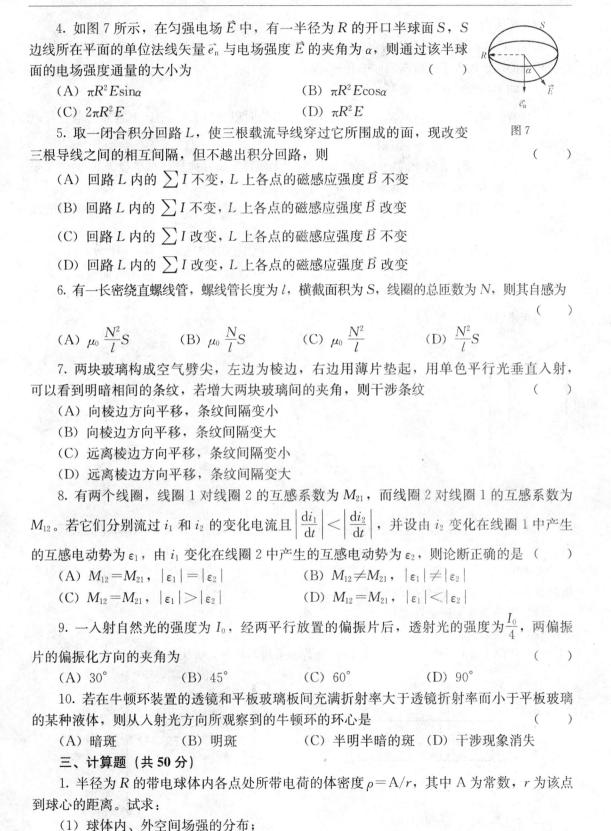

(A) $\pi R^2 E \sin\alpha$ 　　　　　　　　(B) $\pi R^2 E \cos\alpha$

(C) $2\pi R^2 E$ 　　　　　　　　(D) $\pi R^2 E$

图 7

5. 取一闭合积分回路 L，使三根载流导线穿过它所围成的面，现改变三根导线之间的相互间隔，但不越出积分回路，则　　　　　（　　）

(A) 回路 L 内的 $\sum I$ 不变，L 上各点的磁感应强度 $\vec{B}$ 不变

(B) 回路 L 内的 $\sum I$ 不变，L 上各点的磁感应强度 $\vec{B}$ 改变

(C) 回路 L 内的 $\sum I$ 改变，L 上各点的磁感应强度 $\vec{B}$ 不变

(D) 回路 L 内的 $\sum I$ 改变，L 上各点的磁感应强度 $\vec{B}$ 改变

6. 有一长密绕直螺线管，螺线管长度为 l，横截面积为 S，线圈的总匝数为 N，则其自感为　　　　　（　　）

(A) $\mu_0 \dfrac{N^2}{l} S$ 　　　　(B) $\mu_0 \dfrac{N}{l} S$ 　　　　(C) $\mu_0 \dfrac{N^2}{l}$ 　　　　(D) $\dfrac{N^2}{l} S$

7. 两块玻璃构成空气劈尖，左边为棱边，右边用薄片垫起，用单色平行光垂直入射，可以看到明暗相间的条纹，若增大两块玻璃间的夹角，则干涉条纹　　　　　（　　）

(A) 向棱边方向平移，条纹间隔变小

(B) 向棱边方向平移，条纹间隔变大

(C) 远离棱边方向平移，条纹间隔变小

(D) 远离棱边方向平移，条纹间隔变大

8. 有两个线圈，线圈 1 对线圈 2 的互感系数为 M_{21}，而线圈 2 对线圈 1 的互感系数为 M_{12}。若它们分别流过 i_1 和 i_2 的变化电流且 $\left|\dfrac{di_1}{dt}\right| < \left|\dfrac{di_2}{dt}\right|$，并设由 i_2 变化在线圈 1 中产生的互感电动势为 ε_1，由 i_1 变化在线圈 2 中产生的互感电动势为 ε_2，则论断正确的是　　　（　　）

(A) $M_{12} = M_{21}$，$|\varepsilon_1| = |\varepsilon_2|$ 　　　　(B) $M_{12} \neq M_{21}$，$|\varepsilon_1| \neq |\varepsilon_2|$

(C) $M_{12} = M_{21}$，$|\varepsilon_1| > |\varepsilon_2|$ 　　　　(D) $M_{12} = M_{21}$，$|\varepsilon_1| < |\varepsilon_2|$

9. 一入射自然光的强度为 I_0，经两平行放置的偏振片后，透射光的强度为 $\dfrac{I_0}{4}$，两偏振片的偏振化方向的夹角为　　　　　（　　）

(A) 30° 　　　　(B) 45° 　　　　(C) 60° 　　　　(D) 90°

10. 若在牛顿环装置的透镜和平板玻璃板间充满折射率大于透镜折射率而小于平板玻璃的某种液体，则从入射光方向所观察到的牛顿环的环心是　　　　　（　　）

(A) 暗斑 　　　　(B) 明斑 　　　　(C) 半明半暗的斑 　　(D) 干涉现象消失

三、计算题（共 50 分）

1. 半径为 R 的带电球体内各点处所带电荷的体密度 $\rho = A/r$，其中 A 为常数，r 为该点到球心的距离。试求：

(1) 球体内、外空间场强的分布；

（2）球体内、外空间的电位分布。（10分）

2. 如图8所示，有两平行的金属极板，每板的面积为 S，两板的内表面之间相距为 d，并使板面的线度远大于两板内表面的间距，求：

（1）此平行板电容器的电容；

（2）若将两极板间的距离减小到 $\dfrac{d}{2}$，每块极板的面积变为 $2S$，则此电容器的电容与原电容器的电容比值为多少？（10分）

3. 如图9所示，有两个同轴的半径为 R_1 的"无限长"圆柱体导体和半径为 R_2 的"无限长"圆柱面导体（$R_1<R_2$），其间为真空，导体的磁性可不考虑。求：

（1）当两导体通以相同方向的电流 I 时，$r<R_1$、$R_1<r<R_2$ 和 $r>R_2$ 三个范围内的磁感应强度；

（2）当两导体通以相反方向的电流 I 时，$r>R_2$ 范围内的磁感应强度。（10分）

4. 如图10所示，金属杆 abc 以恒定速度 $\vec{v}$ 在均匀磁场 B 中垂直于磁场方向运动。磁感应强度 $\vec{B}$ 的方向垂直于纸面向里。已知 $ab=bc=L$，与水平向右方向的夹角为 θ。求：金属杆中的动生电动势。（8分）

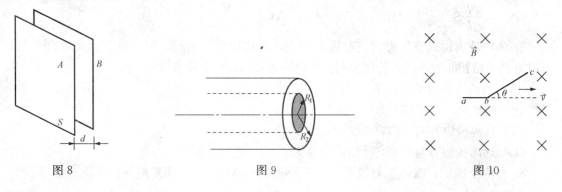

图8　　　　　　　　　　　图9　　　　　　　　　　　图10

5. 如图11所示，用白光（波长范围为 $400\sim700$nm）垂直照射厚度 $d=350$nm 的薄膜，若薄膜的折射率 $n_2=1.40$，且 $n_2<n_1$、$n_2<n_3$，则反射光中哪几种波长的光得到加强？（4分）

6. 如图12所示双缝，已知入射光波长 $\lambda=550$nm，将折射率 $n=1.58$ 的劈尖自下而上缓慢插入光线2中，在劈尖移动过程中，求：

（1）干涉条纹间距是否变化；

（2）条纹如何移动；

（3）当屏上原中央极大的所在点 O 改变为第五级明纹时，劈尖厚度 e。（8分）

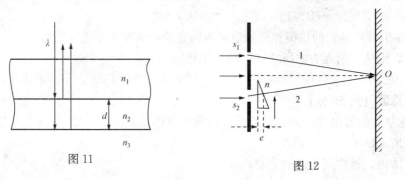

图11　　　　　　　　　　　　　　图12

单元习题参考答案

第1章　质点运动学

一、选择题

1. (D)　2. (B)　3. (C)　4. (C)　5. (D)

二、填空题

1. $Ae^{-\beta t}\left[(\beta^2-\omega^2)\cos\omega t+2\beta\omega\sin\omega t\right]$

2. $v=A\omega\cos\omega t$；$v=\pm\omega\sqrt{A^2-y^2}$

3. 15m；17m

4. $8s(1+s^2)\,\text{m/s}^2$

5. $25(-\sin5t\,\vec{i}+\cos5t\,\vec{j})\,\text{m/s}$；0；$125\text{m/s}^2$

三、计算题

1. $t>3\text{s}$；$t<3\text{s}$；$0<t<1\text{s}$，$t>3\text{s}$；$1\text{s}<t<3\text{s}$

2. $\vec{v}=\vec{i}+8t\,\vec{j}\,\text{m/s}$；$\vec{a}=8\vec{j}\,\text{m/s}^2$；$y=4x^2$

3. $\vec{v}=2t\,\vec{i}+(2-t^2)\vec{j}\,\text{m/s}$；$\vec{r}=(5+t^2)\vec{i}+\left(2t-\dfrac{1}{3}t^3\right)\vec{j}\,\text{m}$

4. $a_y=12\,\text{m/s}^2$；$y=10+8t+t^3\,\text{m}$；$v_y=15\text{m/s}$

5. $v=v_0\text{e}^{-kx}$；$v=\dfrac{v_0}{v_0kt+1}$；$x=\dfrac{1}{k}\ln(v_0kt+1)$

6. $y=(\sqrt{x}-1)^2$；$\vec{v}=4\vec{i}+2\vec{j}\,\text{m/s}$；$\vec{a}=2\vec{i}+2\vec{j}\,\text{m/s}^2$；$a_t=\dfrac{2(2t-1)}{\sqrt{t^2+(t-1)^2}}\text{m/s}^2$；$a_n=$

$\dfrac{2}{\sqrt{t^2+(t-1)^2}}\text{m/s}^2$

7. $a_t=7.8\,\text{m/s}^2$；$a_n=82.0\,\text{m/s}^2$

8. $v\cos\alpha$；$v\sin\alpha$

9. (1) $a_n=2.3\times10^2\,\text{m/s}^2$；$a_t=4.80\text{m/s}^2$；(2) $\theta=3.15\text{rad}$；(3) $t=0.55\text{s}$

10. $v_2=5.36\text{m/s}$

第2章　牛顿定律

一、选择题

1. (D)　2. (D)　3. (B)　4. (C)　5. (C)

二、填空题

1. $\sqrt{\dfrac{g}{\mu R}}$

2. $\dfrac{1}{4}mg$；mg

3. $g\tan\theta$；$g\cot\theta$

4. $\dfrac{m_2+m_3}{m_1+m_2+m_3}F$；$\dfrac{m_3}{m_1+m_2+m_3}F$

5. $\dfrac{mv^2}{R}-mg\cos\theta$；$g\sin\theta$

三、计算题

1. $6t^2-4t+6\text{m/s}$；$4+6t-2t^2+2t^3\text{m}$

2. 35m/s；517m

3. $-4000(9.8-12.62\sin4\pi t)\text{N}$

4. $v=v_0\text{e}^{-\frac{k}{m}t}$；$\dfrac{mv_0}{k}$

5. $v=\sqrt{\dfrac{mg}{k}\dfrac{\text{e}^{2t\sqrt{\frac{kg}{m}}}-1}{\text{e}^{2t\sqrt{\frac{kg}{m}}}+1}}$；$v_\text{T}=\sqrt{\dfrac{mg}{k}}$

6. $a=g\sin\theta-\mu g\cos\theta$；$N=Mg+mg\cos^2\theta+\mu mg\sin\theta\cos\theta$

7. $\omega\geqslant\sqrt{\dfrac{g}{R}}$；$(M+m)(R\omega^2-g)$；$(M+m)(R\omega^2+g)$

8. $h=R-\dfrac{g}{\omega^2}$

9. $t=\dfrac{mv_\text{m}}{2F}\ln3$；$x=\dfrac{mv_\text{m}^2}{2F}\ln\dfrac{4}{3}$

第3章　动量守恒定律和能量守恒定律

一、选择题

1. （D）　2. （A）　3. （D）　4. （A）　5. （B）

二、填空题

1. $54\vec{i}\text{N}\cdot\text{s}$；$27\text{m/s}$

2. 290J

3. $\dfrac{\sqrt{13}}{2}v_0$；$33.7°$

4. $mg(H_2-H_1)$；0

5. 282.8m/s

三、计算题

1. 26.5N；$-4.7\text{N}\cdot\text{s}$

2. $\Delta v=-\dfrac{mu}{M+m}$

3. -12J；12W

4. $v=\sqrt{\dfrac{F_0L}{m}}$

5. 13.4J；0.24

6. 0.16；240J

7. 0.06m；0.04m

8. $v=\sqrt{\dfrac{k}{m_A+m_B}}x_0$；$s=\left(1+\sqrt{\dfrac{m_A}{m_A+m_B}}\right)x_0$

9. $v_B=4.69\times10^7$m/s；$54°6'$；$22°20'$

10. $\dfrac{7mgr}{(\Delta l)^2}$

第4章　刚　体　转　动

一、选择题

1.（D）　2.（A）　3.（B）　4.（B）　5.（A）

二、填空题

1. 400；8000

2. $h=\dfrac{\omega_0^2R^2}{2g}$

3. 12N·m

4. $\dfrac{\omega_0}{3}$

5. $\alpha=18$rad/s^2；$\omega=6$rad/s

三、计算题

1.（1）$\dfrac{1}{2}mgl$；（2）$\dfrac{5}{8}ml^2$；（3）$\dfrac{4g}{5l}$

2. $\sqrt{\dfrac{3g}{L}}$

3. $\dfrac{3R\omega_0^2}{16\pi\mu g}$

4.（1）1.97×10^4J；（2）-1.75×10^4J

5. $\dfrac{3mv}{2ML}$

6. 0；$\sqrt{3gL}$

7. $-\dfrac{2\pi mr^2}{mr^2+\dfrac{1}{2}MR^2}$

8. $\arccos\left(1-\dfrac{54}{215}\dfrac{v^2}{gl}\right)$

9. $\sqrt{\dfrac{2mgh-kh^2}{m+M/2}}$

10. $\omega=8.4\dfrac{mu}{Ml}$；$t=\dfrac{2u}{5g}$

第5章　机　械　振　动

一、选择题

1. (C)　2. (B)　3. (D)　4. (C)　5. (D)　6. (B)　7. (D)

二、填空题

1. 4Hz；0.25s；0.05m；$-\dfrac{\pi}{2}$；0.4πm/s；3.2π²m/s²；0.032π²N

2. 0.2m；$\dfrac{\pi}{3}$

3. $x=0.04\cos\left(4t-\dfrac{\pi}{2}\right)$m

4. -0.2m；2J；6J

5.

x_1	x_2	x
		$9\cos\left(2\pi t-\dfrac{\pi}{3}\right)$
	$4\cos(3t+\pi)$	
$10\cos\left(2t-\dfrac{5\pi}{6}\right)$		

三、计算题

1. （证略）周期 $T=2\pi\sqrt{\dfrac{m}{k}}$

2. (1) $\omega=\dfrac{\pi}{2}$rad/s；$\varphi_0=-\dfrac{\pi}{2}$；(2) $x=2\cos\left(\dfrac{\pi}{2}t-\dfrac{\pi}{2}\right)$cm；$v=-\pi\sin\left(\dfrac{\pi}{2}t-\dfrac{\pi}{2}\right)$cm/s；$a=-\dfrac{1}{2}\pi^2\cos\left(\dfrac{\pi}{2}t-\dfrac{\pi}{2}\right)$cm/s²

3. (1) $x=A\cos\,(\omega t+\varphi)\rightarrow x=v_{\mathrm{m}}\sqrt{\dfrac{m}{k}}\cos\left(\sqrt{\dfrac{k}{m}}t-\dfrac{\pi}{2}\right)$；

(2) $x=A\cos\,(\omega t+\varphi)\rightarrow x=L\cos\sqrt{\dfrac{k}{m}}t$

4. (1) $x=10\cos\,(0.5\pi+\dfrac{2\pi}{3})=-10\sin\dfrac{2\pi}{3}=-8.66$cm；(2) $t_{\mathrm{p}}=\dfrac{\pi}{\omega}=1$s；

(3) $t_{\mathrm{p'}}=\dfrac{\dfrac{2\pi}{3}}{\omega}=\dfrac{2}{3}=0.67$s

5. $x=2.5\times10^{-2}\cos\left(40t+\dfrac{\pi}{2}\right)$m

6. (1) $T=\dfrac{2\pi}{\omega}=0.314$s；(2) $E_{\mathrm{k}}=E=\dfrac{1}{2}mA^2\omega^2=2\times10^{-3}$J

(3) $E_k = E - E_p = \dfrac{3}{4}E = 1.5 \times 10^{-3}$ J; (4) $x = \pm \dfrac{A}{\sqrt{2}} = \pm 0.707$ cm

7. $x = 10\cos(2t - 0.403)$ cm

8. $A_2 = \sqrt{A_1^2 + A^2 - 2AA_1\cos\theta} = 0.1$ m; $\Delta\varphi = \dfrac{\pi}{2}$

9. (1) 0.16J; (2) $x = 0.4\cos\left(2\pi t + \dfrac{\pi}{3}\right)$ m

第6章 机 械 波

一、选择题

1. (C)　2. (A)　3. (D)　4. (A)　5. (D)　6. (D)　7. (C)　8. (D)

二、填空题

1. 0.5Hz；50m/s；负

2. 3m；0.5m

3. $0.1\cos(4\pi t - \pi)$m；-1.26m/s

4. 2.5πrad/s；0.8s；0.2m/s；$3.0 \times 10^{-2}\cos\left[2.5\pi\left(t - \dfrac{x}{0.2}\right) + \dfrac{\pi}{2}\right]$m

5. $y_A = A\cos\omega\left(t - \dfrac{1}{u}\right)$；$y_B = A\cos\omega\left(t - \dfrac{2.5}{u}\right)$

$y = A\cos\left[\omega\left(t - \dfrac{x}{u}\right) - \dfrac{\omega}{u}\right]$

6. 3π；$|A_1 - A_2|$

三、计算题

1. (1) A、$\dfrac{B}{C}$、$\dfrac{2\pi}{B}$、$\dfrac{2\pi}{C}$；(2) 距离波源 L 处一点的振动方程为 $Y = A\cos(Bt - CL)$；

(3) 在波传播方向上相距为 D 的两点间的相位差为 CD。

2. (1) $T = 0.02$s、$\lambda = 0.4$m；(2) $y = 0.04\cos\left[100\pi\left(t - \dfrac{x}{20}\right) + \dfrac{\pi}{3}\right]$m；(3) $\Delta\varphi = \dfrac{\pi}{2}$

3. (1) $y = 0.1\cos\left[200\pi\left(t - \dfrac{x}{400}\right) - \dfrac{\pi}{2}\right]$m；

(2) $y = 0.1\cos\left[200\pi\left(t - \dfrac{8}{400}\right) - \dfrac{\pi}{2}\right]$m $= 0.1\cos\left(200\pi t - \dfrac{9}{2}\pi\right)$m；$\varphi = -\dfrac{9}{2}\pi$

4. (1) $y_0 = 0.5\cos\left(\dfrac{\pi}{2}t - \dfrac{\pi}{2}\right)$m；(2) $y = 0.5\cos\left[\dfrac{\pi}{2}\left(t + \dfrac{x}{0.5}\right) - \dfrac{\pi}{2}\right]$m

5. (1) $y = 0.01\cos\left[4\pi(t + 10x) + \dfrac{3}{10}\pi\right]$m；(2) $y = 0.01\cos\left(4\pi t + \dfrac{7}{10}\pi\right)$m

6. $y = 0.4\cos\left[\dfrac{\pi}{6}\left(t - \dfrac{x}{340}\right) - \dfrac{\pi}{3}\right]$m

7. (1) $y = 0.03\cos\left[4\pi\left(t - \dfrac{x}{0.2}\right) - \dfrac{\pi}{2}\right]$m；

(2) $y = 0.03\cos\left[4\pi\left(t - \dfrac{x}{0.2}\right) + \dfrac{\pi}{2}\right]$m；

(3) $y = 0.03\cos\left[4\pi\left(t - \dfrac{x}{0.2}\right) - 2.1\pi\right]$ m

8. 距 S_1 1、3、5、7、9m 处各点因干涉而静止。

第 7 章　气 体 动 理 论

一、选择题

1.（B）　2.（D）　3.（B）　4.（C）　5.（C）　6.（D）　7.（C）　8.（A）　9.（A）

二、填空题

1. $2.45 \times 10^{25}/\text{m}^3$；$6.21 \times 10^{-21}$J；$1.04 \times 10^{-20}$J；6233J

2. 1.04kg/m^3

3. $1 : 2$；$5 : 3$

4. （1）表示在温度为 T 的平衡状态下，理想气体分子每一自由度上具有的平均动能；

（2）表示在温度为 T 的平衡状态下，理想气体分子具有的平均平动动能；

（3）表示在温度为 T 的平衡状态下，自由度为 i 的理想气体分子的平均能量；

（4）表示在温度为 T 的平衡状态下，自由度为 i 的 1mol 理想气体的内能。

5. （1）不变；（2）变大；（3）变大

6. 方均根速率；最概然速率

7. 0.5；2

三、计算题

1. 76.2cmHg

2. $\bar{\varepsilon}_k = 6.21 \times 10^{-21}$J

3. $T = \dfrac{pV}{Nk} = 72.5\text{K}$；$\sqrt{\overline{v^2}} = \sqrt{\dfrac{3RT}{M}} = 9.51 \times 10^2 \text{m/s}^2$

4. $\bar{\varepsilon}_k = 5.65 \times 10^{-21}$J；$\bar{\varepsilon}_r = 3.77 \times 10^{-21}$J；354J

5. $m_H = 0.51\text{kg}$

6. $\Delta T = 6.16 \times 10^{-2}$K；$p = \upsilon\dfrac{R}{V}\Delta T = 0.51\text{Pa}$

7. $v_{pO_2} = 1000\text{m/s}$；$v_{pH_2} = 4000\text{m/s}$；$\sqrt{\overline{v_{O_2}^2}} = 1225\text{m/s}$

8. $\bar{Z} = \sqrt{2}\pi d^2 n\bar{v} = \sqrt{2}\pi d^2 \dfrac{p}{kT}\sqrt{\dfrac{8RT}{\pi M}} = 3.81 \times 10^6/\text{s}$

$\bar{\lambda} = \dfrac{1}{\sqrt{2}\pi d^2 n} = \dfrac{kT}{\sqrt{2}\pi d^2 p} = 2 \times 10^{-4}\text{m}$

第 8 章　热 力 学 基 础

一、选择题

1.（C）　2.（C）　3.（C）　4.（D）　5.（B）　6.（D）　7.（B）　8.（D）

9.（B）　10.（C）

二、填空题

1. $\Delta E = \dfrac{m'}{M}\dfrac{i}{2}R(T_B - T_A) = 0$；$W = \dfrac{3}{2}p_1 V_1$；$Q = W + \Delta E = \dfrac{3}{2}p_1 V_1$

2. 500J；700J

3. 9.1×10^4 Pa；5×10^{-2} m^3

4. 2.41mol

5. $A \rightarrow B$；$A \rightarrow B$

6. 500K

7. 不可能使热量自动地从低温物体传到高温物体而不引起其他变化；不可能只从单一热源吸收热量，使之变为有用的功而不引起其他变化。

过程	Q (J)	W (J)	ΔE (J)
AB（等温）	100	100	0
BC（等压）	-126	-42	-84
CA（等容）	84	0	84
η(%)		31.5	

三、计算题

1. （1）$W = \dfrac{p_1 + p_2}{2}(V_2 - V_1) = 4.5 \times 10^2$ J；（2）$\Delta E = \dfrac{5}{2}(p_2 V_2 - p_1 V_1) = 1.75 \times 10^3$ J；$Q = W + \Delta E = 2.2 \times 10^3$ J

2. （1）$W = p(V_2 - V_1) = vR(T_2 - T_1) = 8.31 \times 10^4$ J；（2）$\Delta E = v\dfrac{5}{2}R\Delta T = 2.08 \times 10^5$ J；

（3）$Q = \Delta E + W = 2.91 \times 10^5$ J

3. （1）940J；（2）1435J

4. （1）$W_{acb} = Q_{acb} = 700$ J；（2）$Q_{acbda} = W_{acb} + W_{bd} + p_a(V_a - V_b) = -500$ J

5. （1）$W_{ab} = p_a(V_b - V_a) = 2 \times 10^3$ J

$W_{bc} = 0$

$W_{ca} = vRT_a \ln\dfrac{V_a}{V_b} = p_a V_a \ln\dfrac{V_a}{V_b} = -1386$ J

（2）$Q_{ab} = v\dfrac{7}{2}R(T_b - T_a) = \dfrac{7}{2}P_a(V_b - V_a) = 7 \times 10^3$ J

$Q_{bc} = v\dfrac{5}{2}R(T_c - T_b) = \dfrac{5}{2}(P_c V_c - P_b V_b) = -5 \times 10^3$ J

$Q_{ca} = W_{ca} = -1.386 \times 10^3$ J

（3）$\eta = 1 - \dfrac{Q_2}{Q_1} = 1 - \dfrac{|Q_{bc}| + |Q_{ca}|}{Q_{ab}} = 8.8\%$

6. （1）$W_{净} = \dfrac{1}{2}(p_b - p_c)(V_c - V_a) = 10^2$ J；（2）$\eta = \dfrac{W_{净}}{Q_1} = 10.5\%$

7. （1）热机；（2）$\eta = 1 - \dfrac{Q_2}{Q_1} = 12.3\%$

8. 8.0kW·h

9. $\Delta E=0$；$W=550$J

10. (1) 29.4%；(2) 425K

第9章 静 电 场

一、选择题

1. (C)   2. (C)   3. (C)   4. (D)   5. (B)   6. (B)   7. (A) 8. (D)   9. (B)   10. (D)   11. (D)   12. (D)

二、填空题

1. $\dfrac{\lambda}{2\pi r\varepsilon_0}$；$\dfrac{h\lambda}{\varepsilon_0}$

2. 不变；变

3. $\dfrac{\sigma}{2\varepsilon_0}$，向右；$\dfrac{3\sigma}{2\varepsilon_0}$，向右；$\dfrac{\sigma}{2\varepsilon_0}$，向左

4. 0；$\dfrac{Q}{4\pi\varepsilon_0 R}$

5. 静电场

6. 保守

7. 不能

8. 0；$\dfrac{\rho r}{3\varepsilon_0}$

9. 有限空间

10. 离散的、不连续的

11. 点；小

12. 正电荷；负电荷

13. $\dfrac{q}{4\pi\varepsilon_0 R_1}+\dfrac{Q}{4\pi\varepsilon_0 R_2}$；$-\dfrac{R_1}{R_2}Q$

14. Q；600V

15. $\dfrac{q}{4\pi\varepsilon_0}\left(\dfrac{1}{r}-\dfrac{1}{R}\right)$

16. -900V；-1200V

17. $-\dfrac{2}{3}\varepsilon_0 E_0$；$\dfrac{4}{3}\varepsilon_0 E_0$

18. $\dfrac{\lambda^2}{2\pi\varepsilon_0 d}$；垂直导线，相互吸引的方向

19. 0；$\dfrac{Qq_0}{4\pi\varepsilon_0 R}$

三、计算题

1. $\dfrac{\sqrt{3}}{3}q$

2. $\dfrac{q}{24\varepsilon_0}$

3. $V = \dfrac{\rho R^3}{3\varepsilon_0 r}$；$V = \dfrac{\rho}{6\varepsilon_0}(3R^2 - r^2)$

4. 0；$\dfrac{\sqrt{2}q}{\pi\varepsilon_0 a}$

5. $\dfrac{q\mathrm{d}q}{4\pi\varepsilon_0 R}$；$\dfrac{Q^2}{8\pi\varepsilon_0 R}$

6. $\vec{E} = \dfrac{\lambda}{4\pi\varepsilon_0 r} \dfrac{L}{\sqrt{r^2 + \left(\dfrac{L}{2}\right)^2}} \vec{i}$

7. $900\mathrm{V}$；$450\mathrm{V}$

8. $E_x = \dfrac{1}{(x^2 + y^2)^2}\left[a(x^2 - y^2) + bx(x^2 + y^2)^{1/2}\right]$

$E_y = \dfrac{y}{(x^2 + y^2)^2}\left[2ax + b(x^2 + y^2)^{1/2}\right]$

第 10 章 静电场中的导体和电介质

一、选择题

1. (D)   2. (B)   3. (B)   4. (D)   5. (B)   6. (B)   7. (A)   8. (D)
9. (B)   10. (C)

二、填空题

1. $\dfrac{U}{\varepsilon_r d}$；$\dfrac{\varepsilon_r - 1}{\varepsilon_r}\dfrac{\varepsilon_0 U}{d}$；$\dfrac{\varepsilon_0 U}{d}$；$\dfrac{\varepsilon_r + 1}{2\varepsilon_r}U$

2. σ；$\dfrac{\sigma}{\varepsilon_r \varepsilon_0}$

3. $\dfrac{3}{4}$；$\dfrac{4}{3}$；$\dfrac{3}{4}$

4. 无极分子；电偶极子

5. $\varepsilon_r C_0$；$\dfrac{\sigma_0}{\varepsilon_0 \varepsilon_r}$；$\dfrac{C_0 u_0^2}{2\varepsilon_r}$

6. 增大、不变、减小、增大；减小、减小、减小

三、计算题

1. (1) $r < R_3$，$E_1 = 0$

$R_3 < r < R_2$，$E_2 = \dfrac{q}{4\pi\varepsilon_0 r^2}$

$R_2 < r < R_1$，$E_3 = 0$

$r > R_1$，$E_2 = \dfrac{2q}{4\pi\varepsilon_0 r^2}$

(2) $2.31 \times 10^3\,\mathrm{V}$

2. $3.33 \times 10^2\,\mathrm{V/m}$；$5.89 \times 10^{-6}\,\mathrm{C/m^2}$；$8.85 \times 10^{-6}\,\mathrm{C/m^2}$

3. (1) $E_2 = \dfrac{\lambda}{2\pi\varepsilon_0\varepsilon_r r}$、$D = \dfrac{\lambda}{2\pi r}$；

(2) 电介质两表面极化电荷面密度分别为 $\sigma'_1 = -(\varepsilon_r - 1)\dfrac{\lambda}{2\pi\varepsilon_r R_1}$，$\sigma'_2 = (\varepsilon_r - 1)\dfrac{\lambda}{2\pi\varepsilon_r R_2}$；

(3) $C = \dfrac{2\pi\varepsilon_0\varepsilon_r l}{\ln\dfrac{R_2}{R_1}}$

4. $q_1 + q_2 = 0$，$q_3 = q - q_2 = q + q_1$；$E = \dfrac{q_1}{4\pi\varepsilon_0 r^2}$ $(R_1 < r < R_2)$；$E = \dfrac{q_1 + q}{4\pi\varepsilon_0 r^2}$ $(r > R_3)$；在金属球与金属壳内部的电场强度为零；$U = \displaystyle\int_{R_1}^{R_2} \dfrac{q_1}{4\pi\varepsilon_0 r^2}\mathrm{d}r = \dfrac{q_1}{4\pi\varepsilon_0}\left(\dfrac{1}{R_1} - \dfrac{1}{R_2}\right)$；如果用导线将球和球壳接一下，$q_1 = 0$，$q_2 = 0$；球壳外表面仍保持有 $q_1 + q$ 的电量，而且均匀分布，$E = \dfrac{q_1 + q_2}{4\pi\varepsilon_0 r^2}$ $(r > R_3)$。

5. $1.47 \times 10^5\,\mathrm{V}$

第 11 章　恒 定 磁 场

一、选择题

1. (A)　2. (A)　3. (A)　4. (B)　5. (B)　6. (C)　7. (C)　8. (B)　9. (B)　10. (D)

二、填空题

1. 所围面积；电流；法线（$\vec{n}$）

2. (1) $\mu_0 I/(4R_1) + \mu_0 I/(4R_2)$，垂直于纸面向外；(2) $(\mu_0 I/4)(1/R_1^2 + 1/R_2^2)^{1/2}$，$\pi - \arctan(R_1/R_2)$

3. $\dfrac{2\mu_0 I}{\pi R^2}$

4. 环路 l 所包围的电流；环路 l 上的磁感应强度；内外

5. $\mu_0 I$；0；$2\mu_0 I$

6. $-\mu_0 I S_1/(S_1 + S_2)$

7. IBR

8. $6.67 \times 10^{-6}\,\mathrm{T}$；$7.20 \times 10^{-21}\,\mathrm{A \cdot m^2}$

9. 矫顽力 H_c 大；永久磁铁

三、计算题

1. $B = \dfrac{\mu_0 I_0}{4Rr}(R - r)$，垂直于纸面向外

2. $\Phi_2/\Phi_1 = 1$

3. $r < R_1$，$B_1 = 0$；$R_1 < r < R_2$，$B_2 = \dfrac{\mu_0 NI}{2\pi r}$；$r > R_2$，$B_3 = 0$

4. (1) $r < R_1$，$B_1 = 0$；$R_1 < r < R_2$，$B_2 = \dfrac{\mu_0 I}{2\pi r}$；$r > R_2$，$B_3 = 0$

(2) $r>R_2$，$B_3=\dfrac{\mu_0 I}{\pi r}$

5. (1) $M=9.4\times10^{-4}\text{N}\cdot\text{m}$；(2) $\theta=15°$

6. $\dfrac{\mu_0 I_1 I_2}{2\pi}\ln\dfrac{d+l}{l}$

7. (1) $F=F_x=\displaystyle\int\mathrm{d}F_x=\int\mathrm{d}F\sin\theta=\int\dfrac{\mu_0 I_0 I}{2\pi R\sin\theta}\sin\theta\mathrm{d}l$

$\qquad\quad =\dfrac{\mu_0 I_0 I}{2\pi R}\displaystyle\int\mathrm{d}l=\dfrac{\mu_0 I_0 I}{2\pi R}\pi R=\dfrac{\mu_0 I_0 I}{2}$

方向：沿 x 轴正向。

(2) $F_{AbB}=\dfrac{\mu_0 I_0 I}{2}$；$F=F_{AaB}+F_{AbB}=\dfrac{\mu_0 I_0 I}{2}+\dfrac{\mu_0 I_0 I}{2}=\mu_0 I_0 I$

8. $\dfrac{\mu_0 I}{4\pi}$

9. $4.73\times10^{-3}\text{m}$；$1.31\times10^{-3}\text{m}$；$3.57\times10^{-9}\text{s}$

第 12 章　电　磁　感　应

一、选择题

1. (D)　2. (B)　3. (A)　4. (D)　5. (C)　6. (A)　7. (B)

二、填空题

1. $>$；$<$；$=$

2. $\omega BR^2/2$；沿半径向外

3. $4L_0$；$4L_0$；$L_0/2$

4. $L=\dfrac{\mu_0 N^2 D}{2\pi}\ln3$；$W_{\mathrm{m}}=\dfrac{\mu_0 N^2 I^2 D}{4\pi}\ln3$

5. 匀速直线；匀速率圆周；等距螺旋

6. $qvB\sin\theta$；$\vec{v}\times\vec{B}$；螺旋线；$\dfrac{mv\sin\theta}{qB}$；$\dfrac{2\pi mv\cos\theta}{qB}$

7. 0；$\dfrac{\mu_0 I^2 r^2}{8\pi R^4}$

三、计算题

1. $-\omega\pi R^2 B/4$；负号表示 C 点电位高，A 点电位低

2. 大小为 $3.25\times10^{-3}\text{V}$，方向：$B$ 指向 A，A 端电位高

3. $E_i=-\dfrac{kr}{2}(r<R)$；$E_i=-\dfrac{kR^2}{2r}(r>R)$

4. $W_{\mathrm{m}}=\dfrac{1}{2}LI^2=\dfrac{\mu_0 N^2 S\varepsilon^2}{2lR^2}=3.28\times10^{-5}\text{J}$；$\omega_{\mathrm{m}}=\dfrac{W_{\mathrm{m}}}{Sl}=4.17\text{J/m}^3$

5. $L=\dfrac{2W_{\mathrm{m}}}{I^2}=29\text{H}$

6. $\dfrac{1}{2}\varepsilon_0 E^2=\dfrac{B^2}{2\mu_0}\Rightarrow E=1.51\times10^8\text{V/m}$

7. 9.7×10^{-6}V，D 端电位高。

8. 0.99A

9. 0.01A，0.01C

10. $\dfrac{\mu l}{2\pi} \ln \dfrac{d+b}{d}$

第 13 章 波 动 光 学

一、选择题

1. (C)   2. (D)   3. (D)   4. (B)   5. (A)   6. (B)   7. (C)   8. (C)
9. (B)   10. (B)   11. (C)   12. (B)   13. (A)   14. (B)   15. (D)   16. (C)
17. (B)   18. (C)   19. (C)

二、填空题

1. $\dfrac{2\pi\ (n-1)e}{\lambda}$；$4 \times 10^3$

2. $D\lambda/dn$

3. 1.40

4. $5\lambda/2n\theta$

5. 539.1

6. 916

7. 1×10^{-6}

8. 900

9. $60°$；$9I_0/32$

三、计算题

1. (1) $\Delta x = 0.11$m；(2) 七

2. 600nm；428.6nm

3. 400mm

4. 入射光中线偏振光光矢量方向与偏振片 P_1 的偏振化方向平行。

5. (1) 2.7×10^{-3}m；(2) 1.8×10^{-2}m

6. 略

7. 6.79m；4

8. 三；7

9. 第二级和第三级光栅光谱中的谱线有部分重叠

10. 5.8×10^{-5}m

第 14 章 狭 义 相 对 论

一、选择题

1. (D)   2. (B)   3. (A)

二、填空题

1. $\dfrac{4}{5}c$

2. 270

3. $m=\dfrac{2m_0}{\sqrt{1-v^2/c^2}}$

三、计算题

1. （1）$v=-1.5\times10^8\,\text{m/s}$，负号表示 S' 系沿 x 轴负向运动

（2）$x'_2-x'_1=5.2\times10^4\,\text{m}$

2. $x'_2-x'_1=-6\sqrt{5}\times10^8\,\text{m}$

3. 30m

4. $3.19\times10^{-2}\,\text{m}$

5. 3.2m

第15章　量　子　力　学

一、选择题

1. （D）　　2. （D）　　3. （D）　　4. （D）

二、填空题

1. $\dfrac{h}{\sqrt{3mkT}}$

2. $\lambda\propto\sqrt{\dfrac{1}{v^2}-\dfrac{1}{c^2}}$

3. $1/2a$

三、计算题

1. $\dfrac{p_0}{p_e}=1$；$\dfrac{E_0}{E_e}=4.12\times10^2$

2. （1）$p_a\approx7.29\times10^{-21}\,\text{kg}\cdot\text{m/s}$，$E_{k,a}\approx2.48\times10^4\,\text{eV}$；（2）$E_{e,\min}\approx1.37\,\text{MeV}$

3. $E_1=5.4\times10^{-37}\,\text{J}$；$E_2=5.5\times10^{-37}\,\text{J}$；$\Delta E=1\times10^{-38}\,\text{J}$

4. 40.2%

5. （1）$C=\dfrac{1}{\sqrt{\pi}}$；（2）$\omega(x)=\dfrac{1}{\pi(1+x^2)}$；（3）$x=0$ 处粒子出现的概率最大

6. $\lambda_{\max}=121.5\,\text{nm}$；$\lambda_{\min}=91.2\,\text{nm}$；否

7. $2.58\times10^{-2}\,\text{nm}$

自 测 试 卷 答 案

试卷（一）答案

一、填空题（共 30 分，每空格 2 分）

1. $\pi/4$；v_0^2/g

2. $\dfrac{m_2+m_3}{m_1+m_2+m_3}F$；$\dfrac{m_3}{m_1+m_2+m_3}F$

3. 不等于；等于

4. $\dfrac{ml^2}{3}$；$\dfrac{mr^2}{2}$

5. $\dfrac{\pi}{3}$；$\dfrac{4\pi}{3}$

6. 1

7. 0.5；2

8. 准静态；不可逆

二、选择题（共 20 分，每小题 2 分）

1. （A）　2. （B）　3. （B）　4. （A）　5. （C）　6. （C）　7. （D）　8. （C）
9. （D）　10. （B）

三、计算题（共 50 分）

1. （8 分）(1) $\theta=\pi t^2+10\pi t$，$\omega=\dfrac{\mathrm{d}\theta}{\mathrm{d}t}=2\pi t+10\pi$，$\alpha=\dfrac{\mathrm{d}\omega}{\mathrm{d}t}=2\pi$，将 $t=8\mathrm{s}$ 代入上式得：
$\omega=26\pi\mathrm{rad/s}$，$\alpha=2\pi\mathrm{rad/s^2}$；

   (2) $a_\mathrm{t}=R\alpha=\pi\ \mathrm{m/s^2}$，$a_\mathrm{n}=R\omega^2=338\pi^2\ \mathrm{m/s^2}$。

2. （8 分）由牛顿第二定律得 $a=\dfrac{F}{m}$，将 $x=5\mathrm{m}$、$m=2\mathrm{kg}$ 代入得 $a=23\mathrm{m/s^2}$，因为 $a=\dfrac{\mathrm{d}v}{\mathrm{d}t}=\dfrac{\mathrm{d}x}{\mathrm{d}t}\dfrac{\mathrm{d}v}{\mathrm{d}x}=v\dfrac{\mathrm{d}v}{\mathrm{d}x}$，所以 $v\mathrm{d}v=a\mathrm{d}x$，两边积分并代入初始条件得

$$\int_0^v v\mathrm{d}v=\int_0^x a\mathrm{d}x=\int_0^x \frac{8x+6}{m}\mathrm{d}x$$

解得 $v=\sqrt{\dfrac{2(4x^2+6x)}{m}}$，将 $x=5\mathrm{m}$、$m=2\mathrm{kg}$ 代入得

$$v=\sqrt{130}=11.4\mathrm{m/s}$$

3. （9 分）此问题分为三个阶段：

   (1) 单摆自由下摆（机械能守恒），与杆碰前速度 $v_0=\sqrt{2gh_0}$；

   (2) 摆与杆弹性碰撞（摆、杆）：

   角动量守恒：$mlv_0=J\omega+mlv$

机械能守恒：$\dfrac{1}{2}mv_0^2=\dfrac{1}{2}mv^2+\dfrac{1}{2}J\omega^2$

解得 $v=\dfrac{1}{2}v_0$，$\omega=\dfrac{3v_0}{2l}$

（3）碰后杆上摆，机械能守恒（杆、地球）：

$$\dfrac{1}{2}J\omega^2=mgh_c,h=2h_c=\dfrac{3}{2}h_0$$

4.（10分）（1）$\varphi_0=-\dfrac{\pi}{2}$，$\omega=\dfrac{2\pi}{T}=\dfrac{2\pi}{0.01}=200\pi$ rad/s 波源运动学方程：$y_0=0.1\cos$
$\left(200\pi t-\dfrac{\pi}{2}\right)$m

（2）$\lambda=uT=4$m

$$波动方程：y=0.1\cos\left[200\pi\left(t-\dfrac{x}{400}\right)-\dfrac{\pi}{2}\right]m$$

（3）$x=4$m 处的振动方程为

$$y_{(8)}=0.1\cos\left[200\pi\left(t-\dfrac{4}{400}\right)-\dfrac{\pi}{2}\right]m=0.1\cos\left(200\pi t-\dfrac{5}{2}\pi\right)m$$

（4）距波源为 3.0m 和 5.0m 处两点的相位差

$$\Delta\varphi=\dfrac{2\pi}{\lambda}(x_2-x_1)=\dfrac{2\pi}{4}(5-3)=\pi$$

5.（5分）（1）由理想气体的内能公式 $E=v\dfrac{i}{2}RT$ 及物态方程 $pV=vRT$ 得

$$E=\dfrac{i}{2}pV$$

所以 $p=\dfrac{2E}{iV}=1.35\times10^5$Pa

（2）由 $pV=NkT$ 得：$T=\dfrac{pV}{Nk}=3.62\times10^2$K

平均平动动能：$\overline{\varepsilon_k}=\dfrac{3}{2}kT=7.49\times10^{-21}$J

6.（10分）

过程	W (J)	ΔE (J)	Q (J)
$A\to B$	400	0	400
$B\to C$	−200	−600	−800
$C\to A$	0	600	600
$\eta(\%)$		20	

试卷（二）答案

一、填空题（共 26 分，每空格 1 分）

1. $2+6t$；6；$1+3t$

2. 15；17

3. 50；5

4. 4；0.25；0.05；$-\dfrac{\pi}{2}$；0.4π；$3.2\pi^2$；$0.032\pi^2$

5. A

6. 0.5；2

7. 6806；4537；1122

8. 395；445；483

9. 1.22

10. $\dfrac{3g}{2l}$；$\sqrt{\dfrac{3g}{l}}$

二、选择题（共 20 分，每题 2 分）

1.（C）　2.（C）　3.（B）　4.（C）　5.（B）　6.（B）　7.（B）　8.（B）
9.（D）　10.（C）

三、计算题（共 54 分）

1.（12 分）（1）$y=(\sqrt{x}-1)^2$

（2）$\vec{v}=4\,\vec{i}+2\,\vec{j}\,\mathrm{m/s}$；$\vec{a}=2\,\vec{i}+2\,\vec{j}\,\mathrm{m/s^2}$

（3）$a_\mathrm{t}=\dfrac{2(2t-1)}{\sqrt{t^2+(t-1)^2}}\mathrm{m/s^2}$；$a_\mathrm{n}=\dfrac{2}{\sqrt{t^2+(t-1)^2}}\mathrm{m/s^2}$

2.（10 分）（1）动量守恒：$mv=Mv_\mathrm{M}+mv'$

机械能守恒：$\dfrac{1}{2}Mv_\mathrm{M}^2=\dfrac{1}{2}kx^2$

解得 $x=0.06\mathrm{m}$。

（2）动量守恒：$mv=(M+m)v_\text{共}$

机械能守恒：$\dfrac{1}{2}(M+m)v_\text{共}^2=\dfrac{1}{2}kx^2$

解得 $x=0.04\mathrm{m}$。

3.（8 分）列方程

$$mg-T=ma；T'R=\dfrac{MR^2}{2}\alpha；T=T'；a=R\alpha$$

解得

$$a=2mg/(2m+M)；T=mMg/(2m+M)；\alpha=2mg/[(2m+M)R]$$

4.（10 分）（1）$y_0=0.5\cos\left(\dfrac{\pi}{2}t-\dfrac{\pi}{2}\right)\mathrm{m}$；

（2）$y_0=0.5\cos\left(\dfrac{\pi}{2}t+\pi x-\dfrac{\pi}{2}\right)\mathrm{m}$；

（3）$\Delta\varphi=\dfrac{2\pi}{\lambda}\Delta x=\pi$

5.（14 分）（1）$W_{ab}=p_a\,(V_b-V_a)=4\times10^3\mathrm{J}$；$W_{bc}=0$；$W_{ca}=vRT_a\ln\dfrac{V_a}{V_b}=p_aV_a\ln\dfrac{V_a}{V_b}$
$=-2.773\times10^3\mathrm{J}$。

(2) $Q_{ab} = v \frac{7}{2} R (T_b - T_a) = \frac{7}{2} p_a (V_b - V_a) = 1.4 \times 10^4 \text{J}$;

$Q_{bc} = v \frac{5}{2} R (T_c - T_b) = \frac{5}{2} (p_c V_c - p_b V_b) = -1 \times 10^4 \text{J}$;

$Q_{ca} = W_{ca} = -2.773 \times 10^3 \text{J}$。

(3) $\eta = \frac{W}{Q_1} = 1 - \frac{Q_2}{Q_1} = 1 - \frac{|Q_{bc}| + |Q_{ca}|}{Q_{ab}} = 8.8\%$。

试卷（三）答案

一、填空题（共 26 分，每空格 2 分）

1. 0；16

2. $4t^2 R$；2

3. 10

4. $2v$；$\frac{3}{2} mv^2$

5. 8 : 1

6. 1

7. 4×10^{25}；5.175×10^{-21}

8. 250

9. 无序

二、选择题（共 20 分，每小题 2 分）

1. (B) 2. (B) 3. (C) 4. (C) 5. (C) 6. (A) 7. (C) 8. (C)
9. (A) 10. (A)

三、计算题（共 54 分）

1. （10 分）(1) $\vec{v} = \frac{\mathrm{d}\vec{r}}{\mathrm{d}t} = 2\vec{i} + 2t\vec{j} \text{ m/s}$，从而得 $\vec{a} = \frac{\mathrm{d}\vec{v}}{\mathrm{d}t} = 2\vec{j} \text{ m/s}^2$。

(2) $x = 2t$，$y = t^2$，消去 t，得 $y = \frac{x^2}{4}$。

(3) $\vec{p} = m\vec{v}_2 - m\vec{v}_1 = 5(2\vec{i} + 4\vec{j}) - 5(2\vec{i} + 2\vec{j}) = 10\vec{j} \text{ N} \cdot \text{s}$，故冲量大小 $|\vec{p}| = 10 \text{N} \cdot \text{s}$。

2. （8 分）打击过程，动量守恒

$$mv = m\frac{v}{3} + Mv' \tag{1}$$

摆锤运动过程，机械能守恒

$$\frac{1}{2} Mv'^2 = Mg \times 2l + \frac{1}{2} Mv''^2 \tag{2}$$

最高处

$$Mg = M\frac{v''^2}{l} \tag{3}$$

由方程（1）~(3)，得 $v = \frac{3M}{2m}\sqrt{5gl}$。

3. （10分）由刚体定轴转动定律 $M=J\alpha$

当细杆转到水平位置时，有 $\frac{1}{2}mgL=\frac{1}{3}mL^2\alpha$

得角加速度 $\alpha=\frac{3g}{2L}$；

棒在转动过程中，机械能守恒，有

$$mg\frac{L}{2}=\frac{1}{2}J\omega^2,J=\frac{1}{3}mL^2$$

得 $\omega=\sqrt{3g/L}$。

4. （6分）$A=0.1\mathrm{m}$

$T=\frac{2\pi}{\omega}=\frac{2\pi}{20\pi}=0.1\mathrm{s}$

$v_{\max}=\omega A=2\pi\mathrm{m/s}$

$a_{\max}=\omega^2 A=40\pi^2\mathrm{m/s^2}$

5. （10分）（1）$A=0.5\mathrm{m}$，$\omega=2\pi\nu=100\pi\mathrm{rad/s}$，$k=\frac{\omega}{u}=\frac{\pi}{2}/\mathrm{m}$，由旋转矢量法得 $\varphi=\frac{\pi}{2}$，由于此振动沿 x 轴正方向传播，所以波动方程为 $y=0.5\cos\left(100\pi t-\frac{\pi}{2}x+\frac{\pi}{2}\right)\mathrm{m}$。

（2）$x=2\mathrm{m}$ 处点 P 的振动方程为

$$y=0.5\cos\left(100\pi t-\frac{2\pi}{2}+\frac{\pi}{2}\right)=0.5\cos\left(100\pi t-\frac{1}{2}\pi\right)\mathrm{m}$$

（3）距波源分别为 $1\mathrm{m}$ 和 $2\mathrm{m}$ 的两质点间的相位差大小

$$\Delta\varphi=k(x_2-x_1)=\frac{\pi}{2}(2-1)=\frac{\pi}{2}$$

6. （10分）（1）$W_{ab}=0$

$$W_{bc}=p_b(V_c-V_b)=\frac{3}{4}p_1V_1$$

$$W_{ca}=\nu RT_a\ln\frac{V_a}{V_c}=p_aV_a\ln\frac{V_a}{V_c}=p_1V_1\ln\frac{1}{4}$$

（2）$\Delta E_{bc}=\nu\frac{i}{2}R(T_c-T_b)=\frac{i}{2}(p_cV_c-p_bV_b)=\frac{3}{2}\left(\frac{p_1}{4}4V_1-\frac{p_1}{4}V_1\right)=\frac{9}{8}p_1V_1$

$$Q_{bc}=\Delta E_{bc}+W_{bc}=\frac{15}{8}p_1V_1$$

试卷（四）答案

一、填空题（共32分）

1. （1）$\omega=2+6t-3t^2\mathrm{rad/s}$；（2）$\alpha=6-6t\mathrm{rad/s^2}$；（3）$v=1+3t-1.5t^2\mathrm{m/s}$

2. （1）$W_G=\left(1-\frac{\sqrt{3}}{2}\right)mgl$，$W_T=0$；（2）$E_k=\left(1-\frac{\sqrt{3}}{2}\right)mgl$，$T=(3-\sqrt{3})mg$

3. $24\mathrm{cm}$；$12\mathrm{cm/s}$

4. $\frac{3}{2}kT$；$\frac{5}{2}kT$；$\frac{5}{2}RT$

5.（热机效率 2 分，其余每格 1 分）

过程	Q（J）	W（J）	ΔE（J）
AB（等温）	100	100	0
BC（等压）	−126	−42	−84
CA（等容）	84	0	84
$\eta(\%)$		31.5	

二、选择题（18 分）

1.（D）　2.（B）　3.（C）　4.（D）　5.（A）　6.（C）

三、计算题（共 50 分）

1.（8 分）（1）$\vec{v}=2\vec{i}-2t\vec{j}$ m/s，$\vec{a}=-2\vec{j}$ m/s²。

（2）$v=\sqrt{4+4t^2}$，$a_t=\dfrac{\mathrm{d}v}{\mathrm{d}t}=\dfrac{2t}{\sqrt{1+t^2}}$。

2.（8 分）联立方程组 $\begin{cases} mv_0=(m+M)V \\ \mu(m+M)gS=\dfrac{1}{2}(m+M)V^2 \end{cases}$

解得 $v_0=560$ m/s。

3.（10 分）（1）$\dfrac{\pi}{2}$，$\dfrac{3\pi}{2}$。或 $-\dfrac{\pi}{2}$。

（2）$x=2\cos\left(\dfrac{\pi}{2}t+\dfrac{3\pi}{2}\right)$ cm，或 $x=2\cos\left(\dfrac{\pi}{2}t-\dfrac{\pi}{2}\right)$ cm；$v=-\pi\sin\left(\dfrac{\pi}{2}t+\dfrac{3\pi}{2}\right)$ cm/s，或 $v=-\pi\sin\left(\dfrac{\pi}{2}t-\dfrac{\pi}{2}\right)$ cm/s；$a=-\dfrac{1}{2}\pi^2\cos\left(\dfrac{\pi}{2}t+\dfrac{3\pi}{2}\right)$ cm/s²，或 $a=-\dfrac{1}{2}\pi^2\cos\left(\dfrac{\pi}{2}t-\dfrac{\pi}{2}\right)$ cm/s²。

4.（12 分）（1）振幅 A、波速 $\dfrac{B}{C}$、周期 $\dfrac{2\pi}{B}$、波长 $\dfrac{2\pi}{C}$。

（2）距离波源 L 处一点的振动方程 $Y=A\cos(Bt-CL)$。

（3）在波传播方向上相距为 D 的两点间的相位差为 CD。

5.（12 分）$W=\dfrac{3}{2}p_1V_1$，$\Delta E=\dfrac{m'}{M}\dfrac{i}{2}R(T_B-T_A)=0$，$Q=W+\Delta E=\dfrac{3}{2}p_1V_1$。

试卷（五）答案

一、填空题（每小格 1 分，共 25 分）

1.（1）$\vec{v}=-9t^2\vec{i}+(6t+2)\vec{j}$ m/s，$\vec{a}=-18t\vec{i}+6\vec{j}$ m/s²；

（2）$\Delta\vec{r}=-21\vec{i}+11\vec{j}$ m，$\vec{v}=-21\vec{i}+11\vec{j}$ m/s

2.　$\dfrac{F+(m_1-m_2)g}{m_1+m_2}$；$\dfrac{m_2}{m_1+m_2}(F+2m_1g)$

3. 18N·s

4. 10m/s；127°

5. 2；4；$\frac{\pi}{2}$rad/s；$-\frac{\pi}{2}$；$2\cos\left(\frac{\pi}{2}t-\frac{\pi}{2}\right)$；$\pi$

6. $\frac{2\pi}{B}$；$\frac{B}{C}$

7. 0.04m；$\pi/2$

8. $y=3\cos[4\pi(t+x/20)]$m；$y=3\cos(4\pi t-\pi)$m

9. $-\frac{3\pi}{2}$或$\frac{3\pi}{2}$；$\sqrt{2}A$

10. 2.45×10^{25}/m³；6.21×10^{-21}J

二、选择题（每题 3 分，共 21 分）

1. (B) 2. (A) 3. (B) 4. (A) 5. (B) 6. (D) 7. (B)

三、计算题（共 54 分）

1. （10 分）(1) 由 $mv=(M+m)v'$ 得

$$v'=\frac{mv}{M+m}$$

(2) 由 $\frac{1}{2}(m+M)v'^2=\frac{1}{2}kx^2$ 得

$$x=mv\sqrt{\frac{1}{(M+m)k}}$$

2. （10 分）(1) $v=r\omega=3\pi t$m/s；$a_t=r\alpha=3\pi$m/s²；$a_n=r\omega^2=3\pi^2t^2$m/s²

(2) $S=r\theta=1.5\pi$m；$W=\frac{1}{2}mv_1^2-\frac{1}{2}mv_0^2=9\pi^2$J

3. （10 分）(1) $\lambda=0.4$m，$T=\frac{\lambda}{u}=5$s

(2) $y=0.04\cos\left(\frac{2\pi}{5}t+\frac{\pi}{2}\right)$m

(3) $y=0.04\cos\left[\frac{2\pi}{5}\left(t-\frac{x}{0.08}\right)+\frac{\pi}{2}\right]$m

(4) a 向上，b 向下

4. （14 分）解：氧气机械运动动能转化为氧气热运动的能量为

$$\Delta E=\frac{1}{2}Mv^2\times0.8=\frac{1}{2}\times32\times10^{-3}\times10^2\times0.8=1.28\text{J}$$

由 $\Delta E=N_A\times\frac{5}{2}k\Delta T$ 得

$$\Delta T=\frac{\Delta E}{2.5R}=\frac{1.28}{2.5\times8.31}=6.61\times10^{-2}\text{K}$$

由 $pV=RT$ 得

$$\Delta pV=R\Delta T$$

$$\Delta p=\frac{R\Delta T}{V}=\frac{8.31\times6.61\times10^{-2}}{1}=0.51\text{Pa}$$

5.（10分）

过程	W（J）	ΔE（J）	Q（J）
$A \rightarrow B$	400	0	400
$B \rightarrow C$	-200	-500	-700
$C \rightarrow A$	0	500	500
$\eta(\%)$		22.2	

试卷（六）答案

一、填空题（共26分，每空格1分）

1. 匀速圆周；$\dfrac{mv}{qB}$；螺旋线

2. $>$；$<$

3. $\dfrac{\sigma\ (x,\ y,\ z)}{\varepsilon_0}$；垂直于导体表面；0

4. 不变，减小；增大，增大

5. BIR；垂直于纸面向里；$\dfrac{1}{4}BI\pi R^2$；竖直向下

6. 4×10^{-3} A；1.65×10^{-2} C

7. $4L_0$；$\dfrac{1}{2}L_0$

8. $\dfrac{N\mu_0 a\ln2}{2\pi}$

9. 变小；变小

10. 143nm

11. 2m

12. 5∶1

二、选择题（共20分，每题2分）

1.（A）　2.（A）　3.（D）　4.（C）　5.（C）　6.（B）　7.（B）　8.（A）
9.（D）　10.（D）

三、计算题（共54分）

1.（10分）解：（1）$\dfrac{3q}{4\pi\varepsilon_0 d^2}i-\dfrac{3q}{4\pi\varepsilon_0 d^2}j$

（2）$\dfrac{q}{2\pi\varepsilon_0 d}$

2.（12分）解：（1）当 $R_1<r<R_2$ 时，

由高斯定理 $\oint\vec{D}\cdot\mathrm{d}\vec{S}=\sum q \Rightarrow D\times4\pi r^2=Q, D=\dfrac{Q}{4\pi r^2}$

$$E=\dfrac{Q}{4\pi\varepsilon r^2}$$

(2) $U = \int_{R_1}^{R_2} E\mathrm{d}r = \int_{R_1}^{R_2} \dfrac{Q}{4\pi\varepsilon}\dfrac{1}{r^2}\mathrm{d}r = \dfrac{Q}{4\pi\varepsilon}\left(\dfrac{1}{R_1}-\dfrac{1}{R_2}\right)$

$$C = \dfrac{Q}{U} = 4\pi\varepsilon\dfrac{R_1 R_2}{R_2-R_1}$$

(3) $W_e = \dfrac{1}{2}\dfrac{Q^2}{C} = \dfrac{Q^2}{8\pi\varepsilon}\left(\dfrac{1}{R_1}-\dfrac{1}{R_2}\right)$

3. （12 分）(1) 由安培环路定理 $\oint_l \vec{B}\cdot\mathrm{d}\vec{l} = \mu_0 I$

当 $r<R_1$ 时，$B\times 2\pi r = \mu_0\dfrac{r^2}{R_1^2}I \Rightarrow B = \dfrac{\mu_0 Ir}{2\pi R_1^2}$

当 $R_1<r<R_2$ 时，$B\times 2\pi r = \mu_0 I \Rightarrow B = \dfrac{\mu_0 I}{2\pi r}$

当 $R_2<r<R_3$ 时，$B\times 2\pi r = \mu_0\left[I - I\dfrac{\pi\ (r^2-R_2^2)}{\pi\ (R_3^2-R_2^2)}\right]\Rightarrow B = \dfrac{\mu_0 I}{2\pi r}\dfrac{R_3^2-r^2}{R_3^2-R_2^2}$

当 $r>R_3$ 时，$B\times 2\pi r = \mu_0(I-I) = 0 \Rightarrow B = 0$

(2) 当 $R_1<r<R_2$ 时，$B = \dfrac{\mu_0 I}{2\pi r}$

$$\varphi = \int_{R_1}^{R_2} Bl\,\mathrm{d}r = \dfrac{\mu_0 Il}{2\pi r}\ln\dfrac{R_2}{R_1}$$

4. （10 分）在导线 ab 所在区域，$B = \dfrac{\mu_0 I}{2\pi r}$，方向垂直于纸面向外。

$$\mathrm{d}\varepsilon_i = (\vec{v}\times\vec{B})\cdot\mathrm{d}\vec{r} = vB\mathrm{d}r\cos\left(\dfrac{\pi}{2}-\theta\right) = v\dfrac{\mu_0 I}{2\pi r}\sin\theta\mathrm{d}r$$

$$\varepsilon_{ab} = \int_d^{d+L} v\dfrac{\mu_0 I}{2\pi r}\sin\theta\mathrm{d}r = \dfrac{v\mu_0 I}{2\pi}\sin\theta\ln\dfrac{d+L}{d}$$

电动势的方向为 $a\to b$，b 端电位较高。

5. （10 分）(1) 由 $(a+b)\sin\theta = k\lambda$，得 $\lambda = 697\mathrm{nm}$；

(2) $k = \dfrac{a+b}{a}k'$，$k'=1$ 时，a 最小，$a = 1.67\times 10^{-6}\mathrm{m}$；

(3) $k = \dfrac{(a+b)\sin\theta}{\lambda}$，$\theta = 90°$ 时，k 最大，$k_{max} = 9.6$，取 $k=9$。因为 $k=4$、8 为缺级，所以一共可以观察到 $2\times(9-2)+1 = 15$ 条明纹。

试卷（七）答案

一、填空题（共 26 分，每空格 2 分）

1. $\dfrac{Q}{2\pi\varepsilon_0 R^2}$；$-\dfrac{Q}{6\pi\varepsilon_0 R}$

2. 0；垂直

3. 10

4. 2

5. $2RvB$

6. 50；0.5

7. 7

8. 1.03×10^{-6}，1 级

9. $54.5°$

二、选择题（共 20 分，每小题 2 分）

1.（B） 2.（D） 3.（B） 4.（B） 5.（B） 6.（A） 7.（B） 8.（D）

9.（B） 10.（C）

三、计算题（共 54 分）

1.（12 分）（1）由高斯定理 $\oiint_S \vec{E} \cdot \mathrm{d}\vec{S} = \dfrac{q}{\varepsilon_0}$ 得

$$r < R_1, E = 0$$

$$R_1 < r < R_2, E = \frac{Q_1}{4\pi\varepsilon_0 r^2}$$

$$r > R_2, E = \frac{Q_1 + Q_2}{4\pi\varepsilon_0 r^2}$$

（2）$r < R_1, V_1 = \displaystyle\int_r^\infty E\mathrm{d}r = 0 + \int_{R_1}^{R_2} \frac{Q_1}{4\pi\varepsilon_0 r^2}\mathrm{d}r + \int_{R_2}^\infty \frac{Q_1 + Q_2}{4\pi\varepsilon_0 r^2}\mathrm{d}r = \frac{1}{4\pi\varepsilon_0}\left(\frac{Q_1}{R_1} + \frac{Q_2}{R_2}\right)$

$R_1 < r < R_2, V_2 = \displaystyle\int_r^\infty E\mathrm{d}r = \int_r^{R_2} \frac{Q_1}{4\pi\varepsilon_0 r^2}\mathrm{d}r + \int_{R_2}^\infty \frac{Q_1 + Q_2}{4\pi\varepsilon_0 r^2}\mathrm{d}r = \frac{1}{4\pi\varepsilon_0}\left(\frac{Q_1}{r} + \frac{Q_2}{R_2}\right)$

$r > R_2, V_3 = \displaystyle\int_r^\infty E\mathrm{d}r = \int_r^\infty \frac{Q_1 + Q_2}{4\pi\varepsilon_0 r^2}\mathrm{d}r = \frac{1}{4\pi\varepsilon_0}\frac{Q_1 + Q_2}{r}$

2.（8 分）假定两极板分别带等量异号电荷 $\pm Q$，由 $\oiint_S \vec{E} \cdot \mathrm{d}\vec{S} = \sum q_i$ 得

$$E = \frac{\sigma}{\varepsilon_0} = \frac{Q}{\varepsilon_0 S}$$

$$U = Ed = \frac{Qd}{\varepsilon_0 S}$$

$$C = \frac{Q}{U} = \frac{\varepsilon_0 S}{d}$$

3.（9 分）由真空中的安培环路定理，得

（1）当 $r < R_1$ 时，$B_1 = 0$

（2）当 $R_1 < r < R_2$ 时，$B_2 = \dfrac{\mu_0 I}{2\pi r}$

（3）当 $r > R_2$，$B_3 = 0$

4.（9 分）（1）设线圈顺时针方向为回路的绕行方向

$$B = \frac{\mu_0 I}{2\pi x}$$

$$\mathrm{d}\Phi = \vec{B} \cdot \mathrm{d}\vec{S} = B\mathrm{d}S = \frac{\mu_0 I}{2\pi x}b\,\mathrm{d}x$$

$$\Phi = \int_a^{a+b} \frac{\mu_0 I}{2\pi x}b\,\mathrm{d}x = \frac{\mu_0 Ib}{2\pi}\ln\frac{a+b}{a}$$

（2）$\left|\varepsilon\right| = \left|-\dfrac{\mathrm{d}\Phi}{\mathrm{d}t}\right| = \left|-\dfrac{\mu_0 I_0 \omega b}{2\pi}\cos\omega t \ln\dfrac{a+b}{a}\right| = \dfrac{\mu_0 I_0 \omega b}{4\pi}\ln\dfrac{a+b}{a}$

方向：顺时针。

5. （6 分）明环半径 $r_k^2 = \left(k - \dfrac{1}{2}\right)R\lambda$

$$r_{k+4}^2 = \left(k + 4 - \dfrac{1}{2}\right)R\lambda$$

$$r_{k+4}^2 - r_k^2 = 4R\lambda$$

从而得

$$R = \frac{r_{k+4}^2 - r_k^2}{4\lambda} = \frac{(9-1) \times 10^{-6}}{4 \times 589.3 \times 10^{-9}} = 3.4\,\text{m}$$

6. （10 分）设云母的厚度为 d。有云母时，光程差 $\delta = r_2 - r_1 - (n-1)d$。中央明纹处 $r_2 = r_1$，光程差 $\delta = (n-1)d$；第 $k = 9$ 级明纹时，$\delta = (n-1)d = k\lambda$，所以

$$d = k\frac{\lambda}{n-1} = 9 \times \frac{550 \times 10^{-9}}{1.58 - 1} = 8.53 \times 10^{-6}\,\text{m}$$

试卷（八）答案

一、填空题（共 26 分，每空格 2 分）

1. $\dfrac{\mu_0 I v q}{2\pi a}$；竖直向上

2. 离散的

3. 等于；等于

4. 10；2.5

5. $\dfrac{1}{2}B\pi R^2$；$2BIR$

6. 3.14

7. $\dfrac{\mu_0 I}{4R} + \dfrac{\mu_0 I}{2\pi R}$

8. $\dfrac{1}{2}LI^2$

9. 向着

二、选择题（共 20 分，每题 2 分）

1. （C）　2. （C）　3. （D）　4. （B）　5. （D）　6. （D）　7. （A）　8. （B）
9. （C）　10. （C）

三、计算题（共 54 分）

1. （8 分）（1）A 在 B 点的电位 $V_{B1} = \dfrac{q}{4\pi\varepsilon_0 R}$，$O$ 在 B 点的电位 $V_{B2} = \dfrac{-3q}{4\pi\varepsilon_0 R}$

所以 $V_B = V_{B1} + V_{B2} = -\dfrac{q}{2\pi\varepsilon_0 R}$

A 在 D 点的电位 $V_{D1} = \dfrac{q}{4\pi\varepsilon_0 3R}$，$O$ 在 D 点的电位 $V_{D2} = \dfrac{-3q}{4\pi\varepsilon_0 R}$

所以 $V_D = V_{D1} + V_{D2} = -\dfrac{2q}{3\varepsilon_0 R}$

（2）电场力做功：$W_{BD} = Q(V_B - V_D) = \dfrac{qQ}{6\pi\varepsilon_0 R}$

（3）电场力做功：$W_{D\infty} = -Q(V_D - V_\infty) = \dfrac{2qQ}{3\pi\varepsilon_0 R}$

2．（10分）（1）由高斯定理 $\oint_S \vec{E} \cdot d\vec{S} = \dfrac{q}{\varepsilon_0}$ 得

$r < R_1$，$E = 0$

$R_1 < r < R_2$，$E = \dfrac{q}{4\pi\varepsilon_0 r^2} = \dfrac{9\times10^6}{r^2}$

$R_2 < r < R_3$，$E = 0$

$r > R_3$，$E = \dfrac{q}{2\pi\varepsilon_0 r^2} = \dfrac{1.8\times10^7}{r^2}$

（2）金属球和金属球壳的电位差

$$V_1 - V_2 = \int_{R_1}^{R_2} E\,dr = \int_{R_1}^{R_2} \frac{q}{4\pi\varepsilon_0 r^2}\,dr = \frac{q}{4\pi\varepsilon_0}\left(\frac{1}{R_1} - \frac{1}{R_2}\right) = 5.14\times10^7\,\text{V}$$

3．（12分）（1）由真空中的安培环路定理 $\oint_l \vec{B} \cdot d\vec{l} = \mu_0 \sum I$

当 $r < R_1$ 时，$B_1 = 0$

当 $R_1 < r < R_2$ 时，$B_2 = \dfrac{\mu_0 I}{2\pi r}$

当 $r > R_2$，$B_3 = \dfrac{\mu_0(I - I)}{2\pi r} = 0$

（2）当 $r > R_2$ 时，$B_3 = \dfrac{\mu_0 \times 2I}{2\pi r} = \dfrac{\mu_0 I}{\pi r}$

4．（8分）AB 段导线上的动生电动势

$$\varepsilon_{AB} = \int_A^B (\vec{v} \times \vec{B}) \cdot d\vec{l} = \int_A^B vB\sin90°\,dl\cos150° = vBL\cos150°$$
$$= 1.5 \times 2.5\times10^{-2} \times 0.1 \times \cos150° = -3.25\times10^{-3}\,\text{V}$$

大小为 $3.25\times10^{-3}V$，方向为 B 指向 A。A 端电位高。

5．（8分）（1）杨氏双缝干涉明条纹条件 $x = \pm k\dfrac{D\lambda}{d}$ （$k = 0$，1，2，3，…）

将 $k = 1$ 和 $k = 4$ 代入上式，得 $\Delta x_{14} = x_4 - x_1 = \dfrac{D\lambda}{d}(4 - 1) = \dfrac{3D\lambda}{d}$，从而得

$$\lambda = \frac{\Delta x_{14} d}{3D} = \frac{7.5 \times 0.2}{3 \times 1 \times 10^3}\,\text{mm} = 5\times10^{-4}\,\text{mm} = 500\text{nm}$$

（2）根据杨氏双缝干涉纹间距公式 $\Delta x = \dfrac{D\lambda}{d}$，得

$$\Delta x = \frac{1 \times 10^3 \times 600}{0.2} = 3\times10^6\,\text{nm} = 3\text{mm}$$

6．（8分）部分偏振光可由强度为 I_1 的自然光和强度为 I_2 的线偏振光混合而成。透过偏振片的总透射光强为

$$I = \frac{I_1}{2} + I_2\cos^2\theta$$

最大的透射光强

$$I_{max} = \frac{I_1}{2} + I_2$$

最小的透射光强

$$I_{min} = \frac{I_1}{2}$$

依题意知

$$I_{max} = 3I_{min}$$

解得

$$I_1 = I_2, \frac{I_2}{I_1 + I_2} = \frac{1}{2}$$

即线偏振光的强度是总强度的 1/2。

试卷（九）答案

一、填空题（共 20 分，每空格 1 分）

1. $\dfrac{\sigma}{2\varepsilon_0}$

2. $V = \dfrac{q}{2\pi\varepsilon_0 a}$；0

3. $\dfrac{q_2 + q_4}{\varepsilon_0}$

4. $\dfrac{\mu_0 I}{4\pi a}$；垂直向里

5. 向 B 移动

6. 变化磁场；是

7. $\dfrac{1}{2}LI^2$

8. 密；向着

9. 上；$(n-1)e$

10. 4；一；亮

11. 三

12. 线偏振；部分偏振

二、选择题（共 20 分，每小题 2 分）

1.（D）　2.（D）　3.（C）　4.（C）　5.（B）　6.（B）　7.（D）　8.（A）
9.（D）　10.（B）

三、计算题（共 60 分）

1.（12 分）$dE = \dfrac{dq}{4\pi\varepsilon_0 R^2} = \dfrac{\lambda dl}{4\pi\varepsilon_0 R^2} = \dfrac{\lambda R d\theta}{4\pi\varepsilon_0 R^2}$

$$E_x = \int dE_X = 0$$

$$E_y = \int dE_Y = \int dE \sin\theta = \int_0^{\pi} \frac{\lambda d\theta}{4\pi\varepsilon_0 R} \sin\theta = \frac{\lambda}{2\pi\varepsilon_0 R} = \frac{Q}{2\pi^2\varepsilon_0 R^2}$$

$$\vec{E} = -\frac{Q}{2\pi^2\varepsilon_0 R^2}\vec{j}$$

$$dV = \frac{dq}{4\pi\varepsilon_0 R}$$

$$V = \int dV = \int_{半圆} \frac{dq}{4\pi\varepsilon_0 R} = \frac{Q}{4\pi\varepsilon_0 R}$$

2. （12 分）(1) $U_0 = \frac{Q_0}{C_0} = \frac{\sigma_0 d}{\varepsilon_0}$, $U = \frac{Q}{C} = \frac{Q_0}{\varepsilon_r C_0} = \frac{\sigma_0 d}{2\varepsilon_0}$

(2) $C_0 = \frac{\varepsilon_0 S}{d}$, $C = \varepsilon_r C_0 = 2\frac{\varepsilon_0 S}{d}$

(3) $W_0 = \frac{Q_0^2}{2C_0} = \frac{\sigma_0^2 S d}{2\varepsilon_0}$, $W = \frac{Q^2}{2C} = \frac{Q_0^2}{4C_0} = \frac{\sigma_0^2 S d}{4\varepsilon_0}$

3. （12 分）(1) $r < R$ 时：$\oint \vec{B} \cdot d\vec{l} = 2\pi r B = \mu_0 I \frac{r^2}{R^2}$, $B = \frac{\mu_0 I r}{2\pi R^2}$

$r > R$ 时：$\oint \vec{B} \cdot d\vec{l} = 2\pi r B = \mu_0 I$, $B = \frac{\mu_0 I}{2\pi r}$

(2) $\int_S \vec{B} \cdot d\vec{S} = \int_0^R \frac{\mu_0 I r}{2\pi R^2} L dr + \int_R^{2R} \frac{\mu_0 I}{2\pi r} L dr = \frac{\mu_0 IL}{4\pi} + \frac{\mu_0 IL}{2\pi} \ln 2$

4. （12 分）$d\varepsilon_i = (\vec{v} \times \vec{B}) \cdot d\vec{l} = Bv dl$

$$\varepsilon_i = \int_L d\varepsilon_i = \int_0^L B\omega l \, dl = \frac{1}{2} B\omega L^2$$

O 端电位较高。

5. （12 分）第三级暗纹 $b\sin\theta_3 = 3\lambda$, $\tan\theta_3 \approx \sin\theta_3 = \frac{3\lambda}{b}$，两个第三级暗纹的间距 $\Delta x_3 = 2f\tan\theta_3 = 2f \times \frac{3\lambda}{b}$，从而得

$$\lambda = \frac{b}{6f}\Delta x_3 = \frac{0.10 \times 10^{-3}}{6 \times 2.0} \times 7.1 \times 10^{-2} = 5.9 \times 10^{-7}\text{m}$$

试卷（十）答案

一、填空题（共 30 分，每空格 1 分）

1. $\frac{q}{2\pi\varepsilon_0 R^2}$; $\frac{2q}{9\pi\varepsilon_0 R^2}$, 0; $-\frac{q^2}{6\pi\varepsilon_0 R}$

2. $\frac{\sigma}{2\varepsilon_0}$, 向右; $\frac{3\sigma}{2\varepsilon_0}$, 向右; $\frac{\sigma}{2\varepsilon_0}$, 向左

3. 减小；增大；减小

4. 外表面

5. 等于；等于

6. $\frac{\mu_0 I}{4R} + \frac{\mu_0 I}{4\pi R}$; 垂直于纸面向里（或：向里）

7. 1；$\dfrac{1}{2}$；4

8. $\dfrac{\sqrt{3}aIB}{2}$，垂直于纸面向外（或：向外）

9. $\dfrac{1}{2}LI^2$

10. 减小；增大

11. 完全；部分

12. 4；5

二、选择题（共 20 分，每题 2 分）

1.（B） 2.（D） 3.（C） 4.（B） 5.（B） 6.（A） 7.（A） 8.（C）
9.（B） 10.（B）

三、计算题（共 50 分）

1.（10 分）（1）由高斯定理 $\oiint_S \vec{E} \cdot \mathrm{d}\vec{S} = \dfrac{q}{\varepsilon_0}$ 得

当 $r<R$ 时，$\dfrac{A}{2\varepsilon_0}$

当 $r>R$ 时，$\dfrac{A}{2\varepsilon_0}\dfrac{R^2}{r^2}$

（2）当 $r<R$ 时，$\dfrac{A}{2\varepsilon_0}(2R-r)$

当 $r>R$ 时，$\dfrac{AR^2}{2\varepsilon_0 r}$

2.（10 分）（1）令两平行金属极板分别带电 $\pm Q$，则 $\sigma=\dfrac{Q}{S}$

两极板中间区域电场强度：$E=\dfrac{\sigma}{\varepsilon_0}=\dfrac{Q}{\varepsilon_0 S}$

两极板的电位差：$U=Ed=\dfrac{Q}{\varepsilon_0 S}d$

所以 $C=\dfrac{Q}{U}=\dfrac{\varepsilon_0 S}{d}$

（2）$C'=\dfrac{\varepsilon_0 S'}{d'}=4C$

3.（10 分）（1）由真空中的安培环路定理 $\oint_l \vec{B} \cdot \mathrm{d}\vec{l} = \mu_0 \sum I$ 可得

当 $r<R_1$ 时，$B_1=\dfrac{\mu_0 Ir}{2\pi R_1^2}$

当 $R_1<r<R_2$ 时，$B_2=\dfrac{\mu_0 I}{2\pi r}$

当 $r>R_2$ 时，$B_3=\dfrac{\mu_0 I}{\pi r}$

（2）当 $r>R_2$ 时，$B_4=0$

4.（8 分）由动生电动势 $\xi_i = \displaystyle\int_l (\vec{v} \times \vec{B}) \cdot \mathrm{d}\vec{l}$ 可得

导体棒中的动生电动势 $\xi_{ac} = \xi_{bc} = vBL\sin\theta$，方向为 $b \rightarrow c$。

5.（4分）因 $n_1 > n_2 < n_3$，所以反射光中有半波损失，即 $2n_2d + \dfrac{\lambda}{2} = k\lambda$。当 $k=2$ 时，可得，$\lambda = 653.3\text{nm}$ 的光得到加强。

6.（8分）（1）由 $\Delta x = \dfrac{D\lambda}{d}$ 知，条纹间距不发生变化；

（2）由劈尖插入后，由中央明纹位置处的光程差 $\delta = (n-1)e + r_2 - r_1 = 0$ 知，条纹向下移动；

（3）由 $(n-1)e = 5\lambda$ 可得 $\lambda = 4.741 \times 10^{-6}\text{m}$。

参 考 文 献

［1］马文蔚，周玉青. 物理学教程［M］. 北京：高等教育出版社，2006.

［2］李桦，郑倚罗. 大学物理基础知识与训练［M］. 上海：华东理工大学出版社，2005.

［3］王小力，张孝林，徐忠锋. 大学物理典型题解题思路与技巧［M］. 西安：西安交通大学出版社，2002.

［4］黄伯坚. 大学物理学解题方法与复习备考［M］. 武汉：华中科技大学出版社，2002.

［5］胡盘新. 大学物理总复习［M］. 上海：上海交通大学出版社，2002.

［6］汤钧民，邹勇，廖红. 大学物理学习与解题指导［M］. 武汉：华中科技大学出版社，2002.

［7］钟晓春. 大学物理解题一本通［M］. 西安：电子科技大学出版社，2004.